普通高等学校计算机类精品教材

计算机应用基础教程

主　编　江大洪

副主编　高劲松　张绍涛

编写人员（以姓氏笔画为序）

　　　江大洪　张　娟　张绍涛

　　　高劲松　戴玉倩

中国科学技术大学出版社

内 容 简 介

本书紧跟计算机科学技术的发展,以 Windows 10 和 Office 2016 为基础,以实用性和前沿性为编写原则,以强化学生应用技能为核心教学目标,深入研究和吸取了同类图书的优点精心编写而成。本书不仅涵盖了计算机基础知识、操作系统、办公软件(如 Word、Excel、PowerPoint)等核心内容,还结合当前技术发展趋势,介绍了因特网基础知识及应用、信息安全与网络道德法规等前沿内容。本书通过大量的实例操作和案例分析,引导学生将理论知识与实际应用相结合,提高解决实际问题的能力。

本书可以作为各类高等院校"计算机基础"课程配套教材和计算机等级考试辅导用书,也可作为各类自学考试、函授"计算机基础"课程教材和参考书。

图书在版编目(CIP)数据

计算机应用基础教程/江大洪主编.--合肥:中国科学技术大学出版社,2024.8.-- ISBN 978-7-312-06040-3

Ⅰ.TP3

中国国家版本馆 CIP 数据核字第 2024D5C791 号

计算机应用基础教程

JISUANJI YINGYONG JICHU JIAOCHENG

出版	中国科学技术大学出版社
	安徽省合肥市金寨路 96 号,230026
	http://press.ustc.edu.cn
	https://zgkxjsdxcbs.tmall.com
印刷	合肥市宏基印刷有限公司
发行	中国科学技术大学出版社
开本	787 mm×1092 mm 1/16
印张	15.75
字数	400 千
版次	2024 年 8 月第 1 版
印次	2024 年 8 月第 1 次印刷
定价	45.00 元

前　　言

随着信息技术的飞速发展,计算机已广泛应用于社会的各个领域,成为推动社会进步的重要力量。在这样的背景下,掌握计算机基础知识和技能对于提高个人综合素质、适应社会发展具有重要意义。本书的编写正是基于这一认识,旨在为读者提供一本内容全面、结构清晰、实用性强的计算机基础教材。

本书在编写过程中,始终坚持以提升学生应用技能为核心教学目标,注重理论与实践相结合,力求使读者在学习过程中能够掌握计算机的基本知识和操作技能。同时,我们还特别关注信息技术的最新发展趋势,力求将最前沿的知识和技术引入到教材中,使本书具有一定的前瞻性和较强的指导性。

在编写过程中,我们深入研究了教育部高等学校计算机科学与技术教学指导委员会所颁布的相关教学指导文件,并结合多年的教学经验和对学生的深入了解,力求使本书既符合教育部的教学要求,又贴近学生的学习需求和实际应用。我们针对非计算机专业大学生的特点,充分考虑师生之间教、学、用、考四位一体的需求,以培养学生应用技能为主线,精讲必要的理论基础,注重应用技术实训,力求实现知识性、实用性和前沿性相结合。

本书内容全面、系统,讲解深入浅出,层次清晰,图文并茂,贴近读者。全书配有丰富的习题,可以作为各类高等院校"计算机基础"课程配套教材和计算机等级考试辅导用书,也可作为各类自学考试、函授"计算机基础"课程教材和参考书。

本书详尽地介绍了计算机的基础理论、基本知识及操作技术,主要包括计算机基础知识、中文 Windows 10 操作系统、Word 2016 文字处理软件、Excel 2016 电子表格处理软件、PowerPoint 2016 演示文稿制作软件、因特网基础知识及应用、信息安全与网络道德法规七章内容。

本书由江大洪担任主编,高劲松、张绍涛担任副主编,具体编写任务分工如下:江大洪编写第 1 章、第 4 章,张娟编写第 2 章,高劲松编写第 3 章,张绍涛编写第 5 章,戴玉倩编写第 6 章、第 7 章。全书的统稿工作由江大洪完成。

在本书的编写过程中,我们参考了相关专家、学者的相关教材、论文和著作。在此向他们表示最诚挚的敬意和衷心的感谢!合肥北大青鸟协同学校参与了本书大量案例资料的搜集与整理,在此一并表示衷心感谢。

由于时间和水平有限,书中难免有不足之处,希望广大读者提供宝贵的意见和建议,以便修订时加以完善(联系邮箱:1050563423@qq.com)。

编 者

目　　录

第1章 计算机基础知识

信息是当今社会较为流行的词汇,随着网络信息高速公路的兴起,全球信息化进入了一个全新的发展时期。计算机强大的信息处理功能,已直接或间接地改变了人们的生活方式。计算机是一种能自动且高效地完成信息处理的电子设备,它能够按照预先编写的程序对信息进行加工、处理和存储。本章将介绍计算机的起源、发展、分类、特点,计算机中信息的表示以及一些简单的和计算机系统有关的知识。

1.1 计算机基础概述

1.1.1 引言

人类离不开计算,然而人的计算速度又是极低的。人类在漫长的文明进化过程中,发明了许多计算工具,以帮助人类来完成繁重的计算。早期具有历史意义的计算工具如下:

(1)算筹。计算工具的源头可以追溯到春秋战国时代,古代中国人发明的算筹实际上是一根根同样长短和粗细的小棍子。

(2)算盘。它是世界上第一种手动式计数器,许多人认为算盘是最早的数字计算机,而珠算口诀是最早的算法。

(3)计算器。它是德国数学家莱布尼茨设计制造的一种能演算加、减、乘、除和开方的计算器。

(4)差分机和分析机。英国科学家查尔斯·巴贝奇设计的差分机和分析机,是现代计算机的雏形。

1.1.2 计算机的诞生和发展

20世纪上半叶,图灵机、电子数字积分计算机(Electronic Numerical Integrator and Calcula,ENIAC)和冯·诺依曼体系结构的出现在理论上、工作原理及体系结构上奠定了现代电子计算机的基础,具有划时代的意义。

1. 图灵和图灵机

阿兰·图灵(图1.1)是英国科学家,他提出的图灵机模型,奠定了可计算理论的基础。他的另一个卓越贡献是提出了图灵测试,回答了什么样的机器具有智能,是人工智能的理论基础。为纪念图灵的贡献,美国计算机学会1966年创立了"图灵奖",号称计算机业界和学术界的诺贝尔奖。

图1.1 阿兰·图灵

2. 第一台现代电子计算机(ENIAC)

世界上第一台电子计算机(图1.2)于1946年诞生在美国宾夕法尼亚大学,取名
ENIAC。它用了18 000个电子管、1 500个继电器,占地170 m²,30 t重,功率150 kW,每秒
执行5 000次加法运算,在美国陆军服役十年。ENIAC的问世,表明了电子计算机时代的来
临,然而由于没有存储器,其效率较低,ENIAC的发明仅仅表明计算机的问世,对以后研制
的计算机在体系结构和工作原理上并没有影响。

图1.2　ENIAC

3. 冯·诺依曼体系结构计算机

冯·诺依曼(图1.3)是20世纪较为重要的数学家,在计算机科学、
数学和物理学等领域都作出了重大贡献,被誉为"现代计算机之父",是现
代计算机的奠基人之一。冯·诺依曼在1945年提出了计算机应具有的
五个基本组成部分,包括运算器、存储器、控制器、输入设备和输出设备,
这一理论被称为"冯·诺依曼体系结构",奠定了现代计算机的基本设计
原则。此外,他还在计算机程序设计、存储程序式计算机的设计等方面作
出了重要贡献。

图1.3　冯·诺依曼

1.1.3　计算机的分代及分类

1. 计算机的分代

计算机具有运算速度快,计算精确度高,可靠性好,记忆和逻辑判断能力强,存储容量大
而且不易损失,以及具备多媒体和网络功能等特点。根据计算机采用的物理器件,一般将计
算机分为四个阶段,目前计算机正在向第五代(人工智能阶段,由信息处理转为知识处理)过
渡。每一个发展阶段在技术上都是一次新的突破,在性能上都是一次质的飞跃。

(1) 第一代(1946—1957年),电子管计算机。其主要特征如下:

① 采用电子管元件,体积庞大、耗电量高、可靠性差、维护困难。

② 运算速度慢,一般为每秒钟1 000次到10 000次。

③ 使用机器语言,没有系统软件。

④ 采用磁鼓、小磁芯作为存储器,存储空间有限。

⑤ 输入/输出设备简单,采用穿孔纸带或卡片。

⑥ 主要用于科学计算。

(2) 第二代(1958—1964 年),晶体管计算机。

晶体管的发明给计算机技术带来了革命性的变化。第二代计算机采用的主要元件是晶体管,称为晶体管计算机。计算机软件有了较大发展,采用了监控程序,这是操作系统的雏形。第二代计算机有如下特征:

① 采用晶体管元件作为计算机的器件,体积大大缩小,可靠性增强,寿命延长。

② 运算速度加快,达到每秒几万次到几十万次。

③ 提出了操作系统的概念,开始出现了汇编语言,产生了如 FORTRAN(Formula Translation)和 COBOL(Common Business Oriented Language)等高级程序设计语言和批处理系统。

④ 普遍采用磁芯作为内存储器,采用磁盘、磁带作为外存储器,容量得到大大提升。

⑤ 计算机应用领域扩大,从军事研究、科学计算扩大到数据处理和实时过程控制等领域,并开始进入商业市场。

(3) 第三代(1965—1971 年),中小规模集成电路计算机。

20 世纪 60 年代中期,随着半导体工艺的发展,人们已制造出了集成电路元件。集成电路可在几平方毫米的单晶硅片上集成十几个甚至上百个电子元件。计算机开始采用中小规模的集成电路元件,这一代计算机比晶体管计算机体积更小,耗电更少,功能更强,寿命更长,综合性能也得到了进一步提高。它具有如下主要特征:

① 采用中小规模集成电路元件,体积进一步缩小,寿命更长。

② 内存储器使用半导体存储器,性能优越,运算速度加快,每秒可达几百万次。

③ 外围设备开始出现多样化。

④ 高级语言进一步发展。操作系统的出现,使计算机功能更强,提出了结构化程序的设计思想。

⑤ 计算机应用范围扩大到企业管理和辅助设计等领域。

(4) 第四代(1972 年至今),大规模集成电路计算机。

随着 20 世纪 70 年代初集成电路制造技术的飞速发展,出现了大规模集成电路元件,使计算机进入了一个新的时代,即大规模和超大规模集成电路计算机时代。这一时期的计算机的体积、重量、功耗进一步减少,运算速度、存储容量、可靠性有了大幅度的提高。其主要特征如下:

① 采用大规模和超大规模集成电路逻辑元件,体积与第三代相比进一步缩小,可靠性更高,寿命更长。

② 运算速度加快,每秒可达几千万次到几十亿次。

③ 系统软件和应用软件获得了巨大的发展,软件配置丰富,程序设计部分自动化。

④ 计算机网络技术、多媒体技术、分布式处理技术有了很大的发展,微型计算机大量进入家庭,产品更新速度加快。

⑤ 计算机在办公自动化、数据库管理、图像处理、语言识别和专家系统等各个领域得到应用,计算机的发展进入到了一个新的历史时期。

2. 计算机的分类

（1）计算机按原理分类可分为模拟电子计算机和数字电子计算机。

① 模拟电子计算机：简称模拟计算机，其各个主要部件的输入量及输出量都是连续变化着的电压、电流等物理量。日常生活中，人们基本不会接触模拟电子计算机。

② 数字电子计算机：简称数字计算机。其内部用于传送、存储和运算的信息，都是以电磁信号形式表示的数字。典型的数字电子计算机由中央处理器、计算机存储系统和计算机输入/输出系统组成。日常生活中，人们使用的计算机基本上是数字计算机。

（2）计算机按用途分类可分为专用计算机和通用计算机。

专用与通用计算机在其效率、速度、配置、结构复杂程度、造价和适应性等方面是有区别的。

专用计算机针对某类问题能显示出最有效、最快速和最经济的特性，但它的适应性较差，不适用于其他方面的应用。如导弹和火箭上使用的计算机很大部分就是专用计算机。

通用计算机适应性很强，应用面很广，但其运行效率、速度和经济性依据不同的应用对象会受到不同程度的影响。

通用计算机按其规模、速度和功能等可分为：巨型机、大型机、小型机、微型机、单片机、工作站和服务器等。这种分类标准不是固定不变的，只能针对某一个时期。例如现在是大型机，过了几年后可能成了小型机。

① 巨型机：有极高的速度、极大的容量，常用于国防尖端技术、空间技术等方面。其研制水平、生产能力及应用程度，已成为衡量一个国家经济实力与科技水平的重要标志。

② 大型机：这类计算机具有极强的综合处理能力和极大的性能覆盖面。在一台大型机中可以使用几十个甚至上百个微机芯片，用以完成特定的操作，主要应用在政府部门、银行、大公司等。

③ 小型机：小型机的机器规模小、结构简单。它们广泛应用于工业自动控制、大型分析仪器、测量设备、企业管理等方面，可以作为巨型与大型计算机系统的辅助计算机。

④ 微型机：又称个人计算机（Personal Computer，PC），是使用微处理器作为中央处理器（Central Processing Unit，CPU）的计算机。其技术在近年内发展迅速，平均每 18 个月芯片的集成度可提高一倍，性能提高一倍，价格降低一半。微型机已经广泛应用于办公自动化、数据库管理、图像识别、语音识别、专家系统、多媒体技术等领域。

⑤ 单片机：单片微型计算机简称单片机，是典型的嵌入式微控制器。当代单片机系统已经被广泛应用于智能汽车、智能家电、现代工厂自动化设备等领域。

⑥ 工作站：介于微型机与小型机之间的高档微型计算机系统，通常配有高分辨率的大屏幕显示器和大容量内外存储器，具有较强的信息处理、图像处理功能，主要应用在动画设计、图像处理等领域。

⑦ 服务器：在网络环境下提供服务的计算机，与微型机相比，服务器在稳定性、安全性、性能等方面要求更高。

1.1.4　计算机的应用领域

计算机在应用领域已渗透到社会的各行各业，已经改变了人们传统的工作、学习和生活方式，推动着社会的发展。计算机的主要应用领域如下：

（1）科学计算：如天气预报、天文研究、高能物理中涉及的大量运算。

（2）数据处理（信息处理）：数据处理是对数据（信息）记录、整理、加工、统计、检索、传送等一系列活动的总称，数据处理的目的是从大量数据中抽出有价值的信息，为决策作依据。目前计算机的主要应用领域是数据处理，占 80% 以上。

（3）过程控制（实时控制、自动控制）：指用计算机及时采集数据，处理数据后对受控对象进行最佳自动控制和自动调节。如自动化流水线、无人车间，可大大提高质量、减少成本、改善劳动条件、降低能耗。其在冶金、化工、机械、航天、纺织、交通等方面的应用有目共睹。

（4）计算机辅助系统：

① 计算机辅助设计（Computer Aided Design，CAD），利用计算机帮助各类人员开展设计工作，使精度、质量、效率大大提高。

② 计算机辅助制造（Computer Aided Manufacturing，CAM），通过计算机进行生产设备的管理、控制和操作，与 CAD 配合可提高效率、质量，降低成本、劳动强度。

③ 计算机辅助教育（Computer Aided Engineering，CAE），包括计算机辅助教学（Computer Aided Instruction，CAI）和计算机管理教学（Computer Managed Instruction，CMI）。CAI 通过人机交互方式，帮助学生自学、自测，针对学生具体情况开展教学。

④ 计算机集成制造系统（Computer Integrated Manufacturing Systems，CIMS），包括 CAD、CAM、CAQ（Computer Aided Quality）等，是集计算机设计、制造和管理于一体的现代化工厂生产系统。

⑤ 计算机辅助测试（Computer Aided Test，CAT），利用计算机协助对学生的学习效果进行测试。

⑥ 计算机模拟（Computer Simulation，CS），用来帮助企业经理在模拟实况条件下进行决策。

（5）办公自动化（Office Automation，OA）：将现代化办公和计算机技术结合起来的一种新型的办公方式。它涵盖了计算机网络、现代化办公、计算机技术等多个领域，具有极强的综合性。在政府机构、金融机构、医疗机构、教育机构等机构、行业领域得到广泛应用。随着云计算和软件即服务（SaaS）模式的普及，以及智能化办公趋势的兴起，办公自动化的应用场景还将进一步扩展和深化。这些新趋势不仅提高了工作效率，还为企业提供了更准确和可靠的信息支持，推动了办公系统自动化市场的持续增长。

（6）人工智能（Artificial Intelligence，AI）：是指计算机模拟人类的感知、推理、学习和理解等智能行为，实现自然语言的理解与生成、定理证明、自动程序设计、自动翻译、图像和声音识别、疾病诊断、机器人制造等。

（7）多媒体与娱乐：涉及文字、声音、图像等媒体的表示、传播和处理，为用户提供更为丰富和生动的信息交互体验。计算机在电子游戏、虚拟现实、电影特效等方面发挥着重要作用，为人们提供了多样化的娱乐方式。

随着技术的不断发展，应用领域还将继续拓展和深化。

1.1.5　计算机的发展方向

计算机的发展方向是多元化和综合性的，涉及硬件、软件、应用等多个层面。以下是一些关键的发展方向：

（1）高性能计算：巨型化，即为了满足尖端科学技术的需求，发展运行高速、大存储容量、功能强大的超级计算机。这包括高性能计算的"四算聚变"，即高性能计算集群、量子计算、云计算和边缘计算的融合,以及量子芯片的模块化和芯片互联的推进。

(2) 网络化:互联网连接全世界的电脑,使得人们可以通过网络进行沟通、交流、教育资源共享、信息查阅共享等。网络技术的进一步发展将推动终端重构的空前硬件创新,以适应大模型放置在终端硬件上,且终端要为了自然语言交互而重新设计。

(3) 人工智能化:计算机人工智能是未来发展的必然趋势。随着生成式人工智能(GenAI)的普及,越来越多的 AI 产品将出现在市场中,如 ChatGPT、文心一言等,它们可以实现自动化客户服务、内容创作、音频视频处理、编程设计等多种功能。此外,AI 将在各个领域发挥更大的作用,如医疗、教育、娱乐等。

(4) 多媒体化:传统的计算机处理的信息主要是字符和数字,而人们更习惯于包括图片、文字、声音和图像等各种形式的多媒体信息。因此,计算机将更多地处理多媒体信息,提供更丰富、更生动的用户体验。

(5) 微型化:随着微处理器(CPU)的出现和软件行业的快速发展,计算机体积不断缩小,成本降低,为人们提供便捷的服务。微型化不仅体现在个人电脑上,还体现在各种嵌入式系统中,如智能家居、智能穿戴设备等。

(6) 应用领域拓展:计算机将在更多领域发挥作用,如科学计算、数据处理、计算机辅助系统、过程控制等。此外,随着物联网、区块链、5G 等新技术的发展,计算机的应用领域将进一步拓展。

计算机的发展方向是多元化和综合性的,既包括硬件和软件的进步,也包括应用领域的拓展和新技术的融合。这些发展方向将共同推动计算机技术的持续创新和发展。

1.1.6　我国计算机的发展情况

我国计算机科技的发展始于 20 世纪 50 年代末,经历了从萌芽、成长到现今的蓬勃发展阶段。在这一过程中,我国不仅建立了完整的计算机产业体系,还在多个计算机科学的关键领域取得了举世瞩目的成就。

1. 初期的探索与国产计算机的诞生

1958 年,我国成功研制出第一台模拟计算机,成为中国计算机科技发展的起点。1960年,中国科学院计算技术研究所研制出了我国第一台数字电子计算机——103 机,这是一台采用真空管和晶体管混合技术的小型计算机。此后,我国计算机科技进入了快速发展期,相继研制成功了一系列计算机,包括大型、小型和微型计算机等。这些成就为我国的科研和国防建设提供了重要的技术支持。

2. 改革开放后的技术引进与自主创新

改革开放以来,我国计算机科技的发展进入了新的阶段。在 20 世纪 80 年代,通过引进国外先进技术和设备,国内计算机技术得到了飞速发展。同时,国家积极推动计算机科技的自主创新,相继制定了一系列扶持政策,促进了计算机产业的全面发展。20 世纪 90 年代中期,随着互联网的兴起,我国计算机科技开始从传统的制造转向信息服务,以及软件和网络技术的研发。

3. 21 世纪的超级计算与人工智能

进入 21 世纪,我国计算机科技取得了更加显著的进步。特别是在超级计算领域,我国自主研发的天河一号、天河二号等一系列超级计算机屡次登顶全球超算排行榜。这些超级计算机的研制成功,不仅展示了我国在高性能计算领域的强大实力,也极大地推动了生物医学、气候模拟、精密工程等多个领域的科研工作。

同时,人工智能作为计算机科学的一个重要分支,在我国也得到了迅速发展。政府的大力支持和市场的需求推动了人工智能技术在语音识别、图像处理、自然语言处理等领域的应用。企业和研究机构在这些领域内的突破性进展,不仅提高了生活和工作的效率,更是推动了智能制造、智慧城市建设等新兴产业的快速发展。

4. 面向未来的产业升级与国际合作

展望未来,我国计算机科技的发展方向将更加注重产业结构的优化升级和国际合作的深化。随着全球数据量的爆炸式增长,大数据处理、云计算和边缘计算等将成为重点发展方向。此外,随着 5G 网络的商用化,未来计算机技术将更加重视在网络速度和数据传输效率上的突破。

国际合作方面,我国计算机产业将积极参与全球技术交流与合作,引进外资和技术,同时将自主创新成果推向世界。在全球化的背景下,加强与国际先进水平的接轨和合作,不仅可以帮助我国企业获取更多的市场机会,也能提升我国在国际计算机科技领域中的地位和影响力。

我国计算机科技经过半个多世纪的发展,已经形成了完整的产业体系和创新体系。面对未来,我国将继续坚持自主创新与开放合作并重的发展策略,推动计算机科学与技术的进一步发展,为经济社会发展提供更强大的科技支撑。

1.2　计算机系统的组成

计算机系统是一个复杂而精细的体系,主要由硬件和软件两大系统(表 1.1)组成。硬件是计算机系统的物质基础,包括中央处理器(CPU)、内存、硬盘、输入输出设备等。CPU 是计算机的核心部件,负责执行指令、处理数据和控制各种硬件设备。内存则是 CPU 进行运算时临时存储数据和指令的地方,主要包括随机存取存储器(RAM)和只读存储器(ROM)。硬盘则用于永久性地存储数据和程序。此外,输入输出设备也是硬件的重要组成部分,它们使得用户可以与计算机进行交互,如键盘用于输入数据,显示器用于显示信息。

软件是计算机系统的灵魂,负责管理和控制硬件的运行,以及为用户提供各种功能和服务。软件包括操作系统、应用软件和工具软件等。操作系统是计算机的“大管家”,负责管理和协调计算机的各个部件和软件程序,使它们能够有条不紊地工作。应用软件则是根据用户需求开发的,用于解决各种实际问题,如办公软件、图像处理软件等。

计算机系统的硬件和软件是相互依存、密不可分的,缺一不可,部分功能在一定的条件下可相互转化。未来,随着新材料、新技术和新应用的不断涌现,计算机系统的组成将更加多样化和智能化,为人类社会的进步和发展贡献更多的力量。

表 1.1　计算机系统的组成

硬件	主机	CPU	运算器
			控制器
		内存	随机存储器（RAM）
			只读存储器（ROM）
	外部设备	输入设备（键盘、鼠标、扫描仪）	
		输出设备（显示器、打印机）	
		外存储器（硬盘、软盘、光盘、U 盘）	
软件	系统软件（DOS、Windows、UNIX 及各种语言处理程序等）		
	应用软件（Office、Photoshop、各种播放器等）		

1.2.1　计算机的基本工作原理

计算机的发展日新月异，随着需求的多元化出现了许多不同类型的计算机，尽管各种类型的计算机在性能、结构、应用等方面存在着差异，但是它们的基本组成结构和工作原理是相同的，都是由美籍匈牙利人冯·诺伊曼提出的存储程序和程序控制原理。

冯·诺依曼的计算机设计思想（图 1.4）可简要概括为以下三点：

（1）计算机应包含运算器、存储器、控制器、输入设备、输出设备。

（2）计算机内部采用二进制来表示指令与数据，一条指令一般具有一个操作码和一个地址码。其中操作码表示操作性质，地址码指出操作数在存储器中的地址。

（3）将编好的程序送入内存储器中，然后启动计算机工作。计算机不需要操作人员干预，能自动逐条取出指令并执行指令。

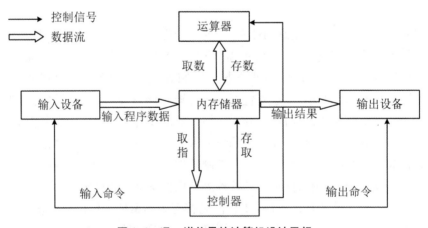

图 1.4　冯·诺依曼的计算机设计思想

1.2.2　计算机硬件系统

下面从配置计算机硬件的角度来看看计算机硬件系统的组成。假设我们需要组装一台计算机，一般需要购买以下配件，各配件之间的关系如图 1.5 所示。

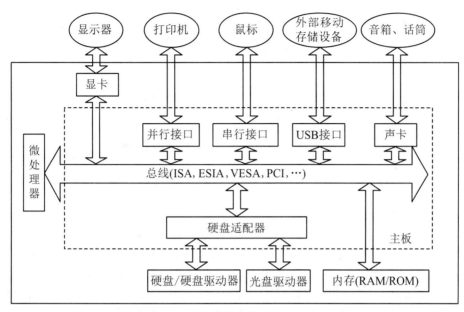

图 1.5 计算机硬件系统的组成

1. 主板

主板,又叫母板(Motherboard),如图 1.6 所示,它安装在机箱内,是微机最基本的也是较为重要的部件。主板采用开放式结构,主板上一般都有 6～15 个扩展插槽,供微机外围设备的控制卡(适配器)插接。通过更换插卡,可以对微机的相应子系统进行局部升级,使厂家和用户在配置机型方面有更大的灵活性。主板在整个微机系统中扮演着举足轻重的角色,主板的类型决定着整个微机系统的类型。

2. 中央处理器

中央处理器(Central Processing Unit,CPU),简称 CPU,如图 1.7 所示,是计算机系统的核心与大脑。它负责解释计算机指令和处理软件中的数据,是计算机中读取指令、对指令译码并执行指令的核心部件。CPU 主要包括控制器和运算器,控制器是计算机的指挥中心,负责控制各部件运行程序和执行指令;运算器则是数据处理中心,执行各种算术和逻辑运算。此外,CPU 还包含高速缓存存储器和总线,以实现数据和控制信息的快速传输。

随着技术的发展,CPU 不断进化,多核技术成为发展趋势,通过整合多个处理器核心来提高性能和效率。同时,高性能处理器也日益受到关注,其运算速度和数据处理能力不断提升,为计算机性能的飞跃提供了强大动力。

中央处理器是计算机的心脏,CPU 品质的高低直接决定了计算机系统的档次。能够处理数据位数的多少是 CPU 的一个最重要的品质指标,称为字长。我们常说的 8 位机、16 位机、32 位机、64 位机,就是基于 CPU 的字长来划分的。8 位机意味着 CPU 能同时处理 8 位二进制数据,而 64 位机则能处理 64 位二进制数据。随着技术的不断进步,CPU 的字长也在不断提升,从最初的 8 位到如今的 64 位,甚至更高,这使得计算机的处理能力得到了质的飞跃。

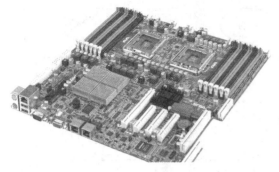

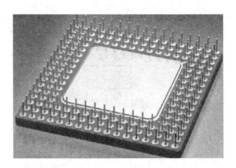

图 1.6　主板　　　　　　　　　　　　　　　图 1.7　CPU

3. 存储器

在计算机的组成结构中,有一个很重要的部分,就是存储器。存储器是用来存储程序和数据的部件,对于计算机来说,有了存储器,才有记忆功能,才能保证正常工作。存储器的种类很多,按其用途可分为内存储器和外存储器,内存储器有只读存储器(Read Only Memory, ROM)、高速缓存(Cache)、随机存储器(Random Access Memory,RAM)三种,外存储器一般有硬盘、光盘、U 盘等。CPU 直接访问的是内存,外存中的程序若要被 CPU 处理,必须先调入内存。

(1) 内存储器。计算机运行过程中所用到的程序和数据,以及一些中间结果都放在内存中。编程时,输入的程序和要处理的数据均存放在内存中。若要执行外存中已有的程序,操作系统首先将程序调入内存,然后供 CPU 直接访问执行。CPU 可以访问内存,但不能直接访问硬盘等外存中的信息。将程序调入内存再执行可提高执行速度,因为内存的存取速度快。

对于随机存储器,存储单元的内容可按需随意取出或存入,且存取的速度与存储单元的位置无关。这种存储器在断电时将丢失其存储的内容,故主要用于存储短时间使用的程序。按照存储信息的不同,随机存储器又分为静态随机存储器(Static RAM,SRAM)和动态随机存储器(Dynamic RAM,DRAM)。静态随机存储器速度快、使用简单、不需刷新、静态功耗极低,常用作 Cache。动态随机存储器集成度远高于 SRAM,功耗低,价格也低,但速度相对慢些。

主板上互补金属氧化物半导体(Complementary Metal Oxide Semiconductor,CMOS)芯片是一种特殊的 RAM,主要用来保存一些配置信息即系统参数,例如系统日期和时间、开机密码、计算机引导的先后顺序、硬盘参数设置等。这些参数不必经常改动,但又不是一成不变,在系统升级或更换设备时要作适当更改。CMOS 靠主板上的可充电后备电池供电,只要一开机就对它充电,因此若长时间不用计算机,比如几个月不用,可充电电池电能耗尽,CMOS 将因失电而丢失数据。开机后必须重新设置系统日期和时间、开机密码等。基于此,一旦开机密码被遗忘,我们就可以用导线将 CMOS 电池两端短路放电,待系统启动后再设置新密码。

ROM 一般在装入整机前由厂家事先写好,计算机工作过程中只能读出,而不像随机存储器那样能快速、方便地加以改写。ROM 所存数据稳定,断电后所存数据也不会改变;其结构较简单,读出较方便,因此常用于存储各种固定程序和数据。主板上的基本输入输出系统(Basic Input Output System,BIOS)就带有 ROM 性质,一般情况下不能修改。BIOS 中存放了一些计算机输入设备和输出设备的基本驱动程序、开机自检及初始化程序、硬件中断处理程序、系统设置程序等。

（2）外存储器。外存储器是指除计算机内存及 CPU 缓存以外的存储器，此类存储器一般在断电后仍然能保存数据。常见的外存储器有硬盘、光盘、U 盘等。

硬盘（图 1.8）是重要的外部存储器。目前，常见的硬盘类型包括机械硬盘（HDD）和固态硬盘（SSD）。机械硬盘采用磁存储技术，虽然读写速度相对较慢，但其容量较大，价格相对较低，因此在许多场景下仍被广泛使用。而固态硬盘则采用闪存技术，读写速度更快，性能更稳定，但价格相对较高。不过，随着固态硬盘技术的不断成熟和成本的不断降低，它在市场上的应用也越来越广泛。

现在的硬盘一般可达到上百 GB 的容量，甚至更高，用户可以根据自己的需求选择合适的硬盘类型和容量。机械硬盘存储容量计算公式如下：

$$存储容量＝磁头数×柱面数×扇区数×每扇区字节数$$

图 1.8　硬盘

硬盘中存储文件信息的基本单位是簇（Cluster）。一个簇的存储容量为若干个扇区，具体与硬盘的总容量有关。一个新的大容量硬盘使用前要进行分区、低级格式化和高级格式化。硬盘转速对读写速度有直接影响，一般转速是 5 400 rpm 和 7 200 rpm，甚至是 10 000 rpm。硬盘接口普遍使用 IDE 接口、SATA 接口或 SCSI 接口。硬盘是全封闭的，灰尘不会进入，因为结构很精密，怕震动，尤其是高速运转工作时，特别需要防震。此外还有移动硬盘，容量从几十 GB 到几百 GB 不等，采用 USB 接口，使用方便。

光盘（Compact Disc，CD）是以光信息作为存储物的载体，用来存储数据的一种设备。光盘表面镀有光学介质，用激光束扫描光盘片，将其表面介质烧蚀为微小的凹凸模式，使其具有不同的折光率，以表示二进制数据的 0 与 1。计算机光盘的分类多种多样，每种类型都有其特定的用途。只读光盘（CD-ROM）是其中最为常见的一种，数据只能由生产厂家预先写入，用户只能读取，不能写入或修改。它通常用于存储软件、操作系统、游戏等，用户可以通过计算机的光驱轻松读取光盘上的内容。可写一次性光盘（CD-R）允许用户写入数据，但只能写入一次，写入后不能再修改。这种光盘常用于数据备份、资料归档等场景，确保数据的长期保存和不变性。可擦写光盘（CD-RW）允许用户多次写入和擦除数据，非常适合需要频繁更新数据的场合，无论是临时文件的存储，还是多媒体内容的编辑，CD-RW 都能提供灵活便捷的数据管理方案。除了上述几种常见的光盘类型,还有数字视频光盘(DVD)和蓝光光盘(Blu-ray Disc)等,它们分别适用于高清视频、大容量数据存储等高端需求。

U 盘(USB Flash Disk)是一个无须物理驱动器的微型高容量移动存储产品,可以通过 USB 接口与电脑连接,实现即插即用,U 盘小巧便于携带、存储容量大、价格便宜、性能可靠。U 盘根据不同的功能和特点,可以分为普通 U 盘、加密 U 盘、高速 U 盘、防水 U 盘等多种类型。普通 U 盘适用于日常的文件存储和传输,加密 U 盘则提供了数据加密功能,确保数据的安全性;高速 U 盘则具备更快的传输速度,满足大文件或大量数据的快速传输需求;而防水 U 盘则适用于特殊环境下的数据存储,确保数据的完整性。在速率方面,低速 U 盘的传输速度为 1～10 MB/s,适用于一般文件的传输;中速 U 盘的传输速度为 10～50 MB/s,可以满足影音文件的传输需求;而高速 U 盘和超高速 U 盘则具备更快的传输速度,适用于大容量文件的快速传输。

4. 显卡

显卡全称显示接口卡(Video Card,Graphics Card),又称为显示适配器(Video Adapter),是个人计算机的基本组成部分,主要作用是对 CPU 提供的图像信号和视频信息进行处理,并转换成显示器能够接受的文字或图像后显示出来。显卡通过连接显示器和个人计算机主板,成为“人机对话”的重要设备,确保用户能够继续运行或终止程序。

显卡的用途广泛,尤其在图形处理方面发挥着关键作用。对于游戏爱好者来说,显卡的性能直接影响游戏体验。高端显卡能够处理更复杂的图像和特效,使得 3D 游戏画面更加逼真、流畅,为玩家带来更好的娱乐体验。此外,显卡在视频编辑、图形设计等专业领域也扮演着重要角色。

显卡的分类多种多样,常见的有独立显卡、集成显卡、双显卡等类型。独立显卡以独立板卡形式存在,性能强劲,适合视频、绘画制作和游戏用户;集成显卡则与主板一体,分为独立显存集成显卡、内存划分集成显卡和混合式集成显卡;双显卡则通过桥接器协同处理图像数据,提升运算效能和图形性能。

在技术指标方面,显卡的性能主要通过显存容量、像素填充率、GPU 核心频率、纹理填充率和输出分辨率等指标来衡量。显存容量决定了显卡能够存储的图像数据量,像素填充率和纹理填充率则影响图像的渲染速度和质量,GPU 核心频率决定了显卡处理图形数据的速度,而输出分辨率则决定了显卡能够支持的最大显示分辨率。

5. 显示器

显示器是计算机的主要输出设备,是人机交互的重要设备之一。

(1)显示器的分类。计算机显示器主要有以下几种类型:阴极射线管显示器(CRT),通过显像管显示图像,具有色彩鲜艳、反应速度快等特点,但体积较大、耗电量高;液晶显示器(LCD),利用液晶材料在电场作用下的光学特性变化来显示图像,具有体积小、重量轻、功耗低等优点,广泛应用于笔记本电脑和台式电脑。等离子显示器(PDP),利用气体放电产生紫外线激发荧光物质发光,具有画面鲜艳、对比度高、视角宽等特点。此外,还有 OLED 显示器、曲面显示器等多种类型,各具特色,满足了不同用户的需求。

(2)显示器的性能参数。显示器的主要指标包括分辨率、刷新率、响应时间、色域覆盖率等。分辨率决定了显示图像的清晰度,刷新率影响画面的流畅度,响应时间决定了画面变化的反应速度,而色域覆盖率则决定了显示器能够呈现的色彩范围。这些参数直接影响着用户的使用体验,因此在选择显示器时,需要根据自己的需求来权衡这些参数。

6. 声卡和音箱

计算机声卡和音箱是多媒体系统中不可或缺的两个组成部分。声卡是负责处理声音信号的硬件设备,它能接收来自各种音频输入设备(如麦克风、乐器等)的模拟信号,并将其转换为数字信号,以便在计算机中进行处理和存储。同时,声卡还能将处理后的数字信号转换回模拟信号,并输出到音箱等音频设备。

音箱则是将音频信号转换为声音的设备,它通常包括功率放大器、扬声器等部件,能够将声卡输出的音频信号放大并播放出来,使人们能够听到清晰、逼真的声音。音箱的性能参数如功率、频率响应等,决定了其播放声音的质量和效果。

声卡和音箱的协同工作,使得计算机能够呈现出高质量的音频效果,为用户带来更好的听觉体验。无论是听音乐、看电影还是玩游戏,声卡和音箱都发挥着至关重要的作用。

7. 键盘

键盘(图 1.9)是最基本的计算机输入设备,它广泛应用于微型计算机和各种终端设备上。计算机操作者通过键盘向计算机输入各种指令、数据,指挥计算机的工作。计算机的运行情况输出到显示器,操作者可以很方便地利用键盘和显示器与计算机对话,对程序进行修改、编辑,控制和观察计算机的运行。PC 键盘有 104、107 键,笔记本一般是 86 键,所有的按键可分为四个区:打字键区、功能键区、编辑控制键区和数字小键盘区。

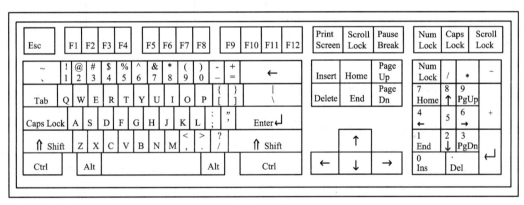

图 1.9　键盘

8. 鼠标

鼠标也是一种重要的输入设备,鼠标主要用于屏幕定位,它的使用更为简单、灵活,通常通过点击便可以完成相应的操作。现在市面上的鼠标种类很多,按其结构可分为机械式、光电式。鼠标和键盘一般都采用 PS/2、USB 接口。

1.2.3　微型计算机主要性能指标

1. 位、字节与字

(1) 位(bit):存放一个二进制信息的最小单位。计算机中任何信息,包括程序、指令、数据等均以二进制形式存取和操作。计算机内采用二进制的主要原因是受物理器件(两种状态)的限制。找不到合适的有十种稳定状态的物理器件来表示 0~9 十个数码,但很容易找到具有两种稳定状态并能高速相互转换的器件,比如晶体管。晶体管工作时有导通状态(表示 0)和截止状态(表示 1),并在一定的条件下可以高速转换。采用了二进制后也相应带来了其他一些好处,如电路简单、运算法则简单、速度得到提高等。

(2) 字节(Byte):计算机中存储信息的基本单位,字节和位的换算公式如下:

$$1 \text{ Byte} = 8 \text{ bit}$$

习惯上用小写 b 表示位(bit),用大写 B 表示字节(Byte)。如通信时,串行口的传输率为 128 kbps,网络下载速度为 100 kbps,内存容量为 1 GB 等。换算关系如下:

$$1 \text{ KB} = 1\ 024 \text{ B} = 2^{10} \text{ B}$$
$$1 \text{ MB} = 1\ 024 \times 1\ 024 \text{ B} = 2^{20} \text{ B}$$
$$1 \text{ GB} = 1\ 024 \times 1\ 024 \times 1\ 024 \text{ B} = 2^{30} \text{ B}$$
$$1 \text{ TB} = 1\ 024 \times 1\ 024 \times 1\ 024 \times 1\ 024 \text{ B} = 2^{40} \text{ B}$$

(3) 字:微处理器处理数值数据的基本单位。通常一个字由若干个字节构成,可以是 8 位(单字节字)、16 位(双字节字)、32 位(四字节字或称长字)、64 位(八字节字)等。一个字的位数叫字长。

2. 微型计算机的技术指标

(1) 字长。在 CPU 中,作为一个整体加以处理和传送的二进制数据的位数,称为该计算机的字长,如 8 位、16 位、32 位、64 位。字长总是 8 的倍数。平时所说的 32 位计算机就是指字长为 32 位的计算机。字长越长,运算速度越快、计算精度越高、处理能力越强。

(2) 主频(主时钟频率)。计算机内部时钟发生器产生的时钟信号频率,即 CPU 的时钟频率。它在很大程度上决定了计算机的处理速度。例如,P4 2.8G CPU 是指 CPU 的时钟频率为 2.8 GHz。同样是 P4 CPU,不同的时钟频率,价格差别很大。

(3) 运算速度。主频是影响计算机速度的主要因素,但不是唯一因素。比如计算机的体系结构和其他技术措施也影响计算机运算速度。有时,CPU 速度上去了,但如 RAM 速度上不去,综合处理速度也受影响。运算速度的单位通常是 MIPS(Million Instructions Per Second)。P4 3.0G 的速度已达亿次/秒。运算速度有多种表示法,如每秒浮点运算速度,8TFLOPS 代表每秒执行 8 万亿次浮点运算。还有按平均速度、加法指令速度等方法表示。

(4) 内存容量。指内存储器中 RAM 的容量,即能够存储数据的总字节数,单位是 GB。如目前主流微机中配置的内存为 4 GB、8 GB 等。内存的大小直接影响能否运行大程序,或能否快速运行大程序。比如一个 3D 游戏,如果内存足够大,一次可以将整个程序装入内存,运行速度就快;若内存容量小,一次只能装入一部分程序,运行时必然造成对硬盘反复进行读写操作,速度必然下降。

(5) 系统总线的传输速率。也称为总线数据传输速率或带宽,是指总线上每秒钟传输的最大字节数,单位为 MBps。它是制约计算机系统整体性能的最大因素。总线的数据传输速率可以通过公式"数据传输速率(带宽)=总线时钟频率×总线宽度/8"来计算。总线的位宽指的是总线能同时传送的二进制数据的位数,或数据总线的位数,如 32 位、64 位等。总线的位宽越宽,每秒钟数据传输率越大,总线的带宽越宽。此外,总线的工作时钟频率以 MHz 为单位,工作频率越高,总线工作速度越快,总线带宽越宽。高速总线、中速总线和低速总线是根据传输速率来划分的。高速总线如 PCI Express(PCIe)、USB 3.0 等,最大传输速率可以达到几十 GBps。中速总线如 USB 2.0、FireWire(IEEE 1394)等,最大传输速率通常在几百 Mbps 到几 GBps 之间。而低速总线如 RS-232、PS/2 等,最大传输速率通常在几十 kbps 到几百 kbps 之间。

（6）系统配置。微型计算机系统配置包括核心硬件和必要软件两部分。硬件方面，主要有中央处理器（CPU）、内存、硬盘、显卡、显示器、电源等，这些部件协同工作，为计算机提供强大的计算和存储能力。软件方面，操作系统是计算机的灵魂，负责管理和调度硬件资源，确保它们能够高效、稳定地运行。合理配置微型计算机系统对于提升性能、提高工作效率和节省资源成本至关重要。只有根据实际需求，选择性能适当的硬件和软件，才能确保计算机的稳定运行和高效工作。同时，随着科技的不断发展，微型计算机的配置也在不断更新和升级，以满足人们日益增长的需求。

1.2.4　计算机软件系统

计算机软件（Computer Software）是指为管理、运行、维护和应用计算机系统而开发的程序、数据和相关文档的集合。软件由程序、数据和文档构成，程序是计算任务的处理对象和处理规则的描述，文档是为了便于了解程序所需的阐明性资料。程序必须装入电脑才能工作，文档一般是给人看的。软件又由系统软件和应用软件组成。

1. 系统软件

系统软件是指控制和协调计算机及外部设备，支持应用软件开发和运行的系统，是无须用户干预的各种程序的集合，主要功能是调度、监控和维护计算机系统；负责管理计算机系统中各种独立的硬件，使得它们可以协调工作。系统软件使得计算机使用者和其他软件将计算机当作一个整体而不需要顾及底层每个硬件是如何工作的。系统软件一般包含以下几种类型。

（1）操作系统。它是最底层的软件，控制所有计算机运行的程序并管理整个计算机的资源，是计算机裸机与应用程序及用户之间的桥梁。没有它，用户也就无法使用某种软件或程序。操作系统对计算机的软、硬件资源进行管理，其中有关硬件资源的管理包括处理器管理、存储器管理和外部设备的管理；对软件资源的管理包括文件管理和作业管理。操作系统的种类比较多，它们分别适应于不同的机型和不同的处理需求。按使用方式可以把操作系统分为单用户操作系统、多用户操作系统和网络用户操作系统。按用户界面又可分为命令行字符界面操作系统和窗口图形界面操作系统。

（2）数据库管理系统。数据库管理系统是用来帮助用户建立、使用和管理数据库的软件，它由一系列的系统软件组成。数据库是存放和组织数据的仓库，数据库应用可以说是近年来计算机学科中发展较快、应用较为广泛的领域，主要用于处理档案管理、财务管理和仓库管理等行业的大量数据的存储、查询、修改、排序和分类等操作。

（3）语言处理程序。语言处理程序一般是由汇编程序、编译程序、解释程序和相应的操作程序等组成的。它是为用户设计的编程服务软件，其作用是将高级语言源程序翻译成计算机能识别的目标程序。

用机器语言编写的程序叫机器语言程序，又称目标程序，计算机能直接执行。但是，机器语言程序与机器硬件有关，因机而异，通用性差，难记忆，难查错，难掌握。

用助记符来表示的指令叫汇编指令。可以说，汇编语言是符号化的机器语言。用汇编语言编写的程序叫汇编语言源程序。汇编语言和机器语言都是低级语言，因为它们与机器（CPU）有关，都是面向具体机器的。不同种类的CPU，所使用的机器语言和汇编语言不同，因此通用性差。汇编语言源程序必须经过汇编程序的汇编，使之变成机器语言的目标程序方能执行。汇编程序执行速度快，汇编后的目标程序比用高级语言编译后的目标程序占用内存少,由于每条汇编指令的执行时间是已知的,所以汇编程序执行的时间可以计算出来,因此,汇编程序特别适合用于过程控制。

高级语言可以是面向过程的语言,也可以是面向对象的程序设计语言,它与机器结构无关,通用性强,接近人们的自然语言和数学语言,易学、易懂、易调试。如 FORTRAN、BASIC、PASCAL、C 等都是面向过程的第三代语言;可视化的面向对象的程序设计语言、数据库语言以及由于网络及多媒体技术的发展产生的一些语言属于第四代语言,如 Visual FoxPro、Visual C++、Visual Basic、Oracle、Java 等;人工智能语言常称为第五代语言,如 Lisp、Prolog。用高级语言编写的程序叫高级语言源程序,必须经过翻译方能执行,如下所示:

$$\text{高级语言源程序} \xrightarrow{\text{编译程序的编译}} \text{机器语言的目标程序} \xrightarrow{\text{执行}} \text{结果}$$

$$\text{汇编语言源程序} \xrightarrow{\text{汇编程序的汇编}} \text{机器语言的目标程序} \xrightarrow{\text{执行}} \text{结果}$$

高级语言源程序也可以通过解释程序的逐条解释执行。解释程序并不产生目标程序,解释一句执行一句,适合初学者。但要再次执行程序时,又要解释一句执行一句,因此效率低、速度慢。早期的 BASIC 源程序被称为解释 BASIC,后来出现了编译 BASIC。现在的高级语言都是经过编译变成目标程序后再执行的。

(4) 系统服务程序。系统服务程序主要包括:测试程序、诊断程序、调试程序和监控程序。测试程序用于检查程序中的错误;诊断程序可以帮助系统管理员和程序员确定错误的位置;调试程序用来跟踪程序的执行,以便发现和纠正程序中的错误;监控程序用于分配、管理主机和外设的操作。

2. 应用软件

应用软件是为了解决特定问题而设计、开发的软件。由于不同的用户对计算机的处理要求不一样,所以针对用户的需求开发出了许多的应用软件。例如以下几种:

(1) 文字处理软件。文字处理软件是用于对文档输入和编辑、排版的软件,通过它,用户可以轻松地制作并打印出符合各种要求的文档。常见的中文文字处理软件有 Word、WPS 等,Windows 操作系统中自带了两个简单、易用的文字处理程序:"写字板"和"记事本"。

(2) 表格处理软件。这类软件可以用来建立和编辑表格,并且兼有对表格中的数据进行计算、统计、排序等功能。

(3) 图形图像处理软件。用户在很多场合可能需要对图形图像进行创建和编辑,如工程绘图、照片修饰等。图形图像处理软件专门满足这方面的需求,现在有很多这方面的软件,较为著名的有 Photoshop、CorelDraw 等。Windows 系统中自带的"画图"就是一个简单的图形处理软件。

应用软件根据功能和使用范围,可以进一步分类为专用软件和通用软件。专用软件是指专为某些单位和行业开发的软件,是为了解决特定的具体问题而设计的,其使用范围限定在某些特定的单位和行业,如火车站或汽车站的票务管理系统、人事管理部门的人事管理系统和财务部门的财务管理系统等。而通用软件则是为实现某种特殊功能而精心设计的、结构严密的独立系统,它满足同类通用的许多用户所需要的软件,具有广泛的应用领域和普遍性,例如 Microsoft 公司发布的 Office 通用软件包。

1.3　计算机中信息的表示

我们把通过计算机处理的信息称为数据,数据在计算机中可以分为两大类:数值型数据及非数值型数据。这些数据在计算机中被表示成二进制数,即由 0 和 1 构成的数。在计算机中使用二进制表示法主要原因有以下四点。

(1)在计算机中,二进制数易于表示。二进制数中只包含 0 和 1 两个基本数字符号,因此,若要表示这两个符号只需要找到具有两种稳定状态的电子元件即可。而具备两种稳定状态的电子元件很多,如电灯的关和开、晶体管的导通和截止、双稳态电路输出端的高电位和低电位、门电路的正脉冲和负脉冲、磁芯的正剩磁和负剩磁等。

(2)二进制的算术运算比较简单。二进制数在进行运算时只进行加法运算和减法运算,它的乘法可以用"移位加"来实现,而除法用"移位减"来实现,这就可以大大简化计算机的运算结构。

(3)采用二进制可节省设备状态。我们通过电子元件的不同状态表示计算机中的不同数字。假如需要表示 100 个不同的数字:用十进制数表示范围 0～99 中的数,表示它们需两位设备,每位设备具有十个状态,状态总数为 $10 \times 2 = 20$ 个;如果用二进制表示,范围为 0000000～1100011,需要 7 位设备,每位设备具有两个状态,状态总数为 $2 \times 7 = 14$ 个,节省 6 个设备状态。

(4)二进制可以实现逻辑运算。计算机具有"智能"的基础是逻辑运算,即判断是非。我们可以通过二进制数 1 或 0 表示真或假,让计算机具有判断能力,最终实现一些复杂的条件判断和逻辑推理。

1.3.1　计算机中的数制

1. 数制

计算机内部并不像我们在实际生活中使用的十进制,而是使用只包含 0 和 1 两个数值的二进制。我们输入计算机中的十进制被转换成二进制进行计算,计算后的结果又由二进制转换成十进制,这些由操作系统自动完成,不需要人们手工去做。数制也称计数制,是用一组固定的符号和统一的规则来表示数值的方法。人们通常采用的数制有十进制、二进制、八进制和十六进制。

2. 基本概念

(1)基数:某种计数制中每一个数位上可用字符的个数。如:二进制的基数为 2,十进制的基数为 10,八进制的基数为 8,十六进制的基数为 16。

(2)数码:某种计数制中每个数位上可用的字符。如:二进制的数码为 0,1,十进制的数码为 0～9,八进制的数码为 0～7,十六进制的数码为 0～9 和 A～F。

(3)进位规则:二进制是逢二进一,八进制是逢八进一,十进制是逢十进一,十六进制是逢十六进一 。

(4)位权:数制中某一位上的 1 所表示数值的大小(所处位置的价值)。

例如,十进制的 1234.5,1 的位权是 10^3,2 的位权是 10^2,3 的位权是 10^1,4 的位权是 10^0,5 的位权是 10^{-1}。

$$1234.5 = 1 \times 10^3 + 2 \times 10^2 + 3 \times 10^1 + 4 \times 10^0 + 5 \times 10^{-1}$$

3. 进位计数制对应表

进位计数制的对应如表 1.2 所示。

表 1.2　进位计数制对应表

十进制(D)	二进制(B)	八进制(Q)	十六进制(H)
0	0	0	0
1	1	1	1
2	10	2	2
3	11	3	3
4	100	4	4
5	101	5	5
6	110	6	6
7	111	7	7
8	1000	10	8
9	1001	11	9
10	1010	12	A
11	1011	13	B
12	1100	14	C
13	1101	15	D
14	1110	16	E
15	1111	17	F

1.3.2　数制转换

1. 二、八、十六进制数转化成十进制数

方法:按权展开,相加之和。

例

$$10110.011B = 1 \times 2^4 + 0 \times 2^3 + 1 \times 2^2 + 1 \times 2^1 + 0 \times 2^0 + 0 \times 2^{-1}$$
$$+ 1 \times 2^{-2} + 1 \times 2^{-3}$$
$$= 22.375D$$
$$A01BH = 10 \times 16^3 + 0 \times 16^2 + 1 \times 16^1 + 11 \times 16^0 = 40987D$$

2. 十进制数转化成二、八、十六进制数

方法:将十进制数分为整数部分和小数部分。

(1) 整数部分:基数除法,除以 N 取余数,直到商为 0,第一个余数是 N 进制数的最低位,最后的余数是最高位（其中 N 为 2,8,16）。

(2) 小数部分:基数乘法,乘以 N 取整数,直到小数部分变成零为止,或者达到预定的要求。第一个整数是 N 进制数的最高位,最后的整数是最低位(其中 N 为 2,8,16)。

例　100.125D 转化为二、八、十六进制。

100.125D＝1100100.001B

100.125D＝144.1Q

100.125D＝64.2H

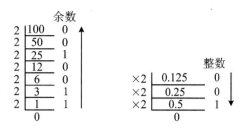

3. 二进制数转化成八进制数

方法：三位一组，整数部分从右向左进行分组，小数部分从左向右进行分组，不足三位补零。

例　001101101110.110100(B)＝1556.64Q

4. 八进制数转化成二进制数

方法：一分为三，一位八进制数对应三位二进制数。

例　2371.23Q＝010011111001.010011B

$$
\begin{array}{ccccccc}
2 & 3 & 7 & 1 & . & 2 & 3 \\
010 & 011 & 111 & 001 & . & 010 & 011
\end{array}
$$

5. 二进制数转化成十六进制数

方法：四位一组，整数部分从右向左进行分组，小数部分从左向右进行分组，不足四位补零。

例　001101101110.11011000B＝36E.D8H

6. 十六进制数转化成二进制数

方法：一分为四，一位十六进制数对应四位二进制数。

例　2B7C.9A＝10101101111100.10011010B

$$
\begin{array}{ccccccc}
2 & B & 7 & C & . & 9 & A \\
0010 & 1011 & 0111 & 1100 & . & 1001 & 1010
\end{array}
$$

7. 八进制数与十六进制数互换

八进制和十六进制互换时不能直接进行，一般先把它们转换成二进制，再换成另一种进制；或者先转换成十进制后，再换成另一种进制。一般而言，通过二进制进行中间转换应该简单一些。

1.3.3　计算机中的编码

计算机中除了数值型数据外，还有大量的非数值型数据，如英文字母、中文汉字、符号等，这些非数值型数据在计算机中也必须用二进制存储和运算。用一组二进制数来代表符号，使计算机能对非数值型数据进行处理的方法称为计算机编码。目前普遍使用的针对英文字符、数字和基本符号的编码称为 ASCII 码（American Standard Code for Information Interchange，美国信息交换标准代码），是一种基于拉丁字母的字符编码集，旨在统一表示和交换英语使用的基本字符集。

1. ASCII 码

ASCII 定义了一个包含 128 个字符的编码表，包括 26 个大写字母、26 个小写字母、数字 0 至 9、标点符号以及一些特殊控制字符。每个字符都使用 7 位二进制数（0 到 127）表示。ASCII 字符集分为控制字符和可显示字符两部分。控制字符（前 32 个字符）用于控制打印和显示设备，通常不可见，包括换行、回车、制表符等。可显示字符（32 到 126 号字符）包括大写字母、小写字母、数字、标点符号和一些特殊字符。

表 1.3　基本 ASCII 码字符集

低位码	高 位 码							
	111	000	001	010	011	100	101	110
0000	NUL	DLE	SP	0	@	P	、	p
0001	SOM	DC	!	1	A	Q	a	q
0010	STX	DC	"	2	B	R	b	r
0011	ETX	DC	♯	3	C	S	c	s
0100	EOT	DC	$	4	D	T	d	t
0101	ENQ	NAK	％	5	E	U	e	u
0110	ACK	SYN	&	6	F	V	f	v
0111	BEL	ETB	,	7	G	W	g	w
1000	BS	CAN	(	8	H	X	h	x
1001	HT	EM	)	9	I	Y	i	y
1010	LF	SUB	∗	:	J	Z	j	z
1011	VT	ESC	＋	;	K	"	k	|
1100	FF	FS	,	＜	L	\	l	l
1101	CR	GS	—	＝	M	"	m	}
1110	SO	RS	.	＞	N	↑	n	—
1111	SI	US	/	?	O	↓	o	DEL

1 位二进制数可以表示 $2^1 = 2$ 种状态：0、1；而 2 位二进制数可以表示 $2^2 = 4$ 种状态：00、01、10、11；依次类推，7 位二进制数可以表示 $2^7 = 128$ 种状态，每种状态都为一个 7 位的二进制码，对应一个字符（或控制码），这些码可以排列成一个十进制序号 0～127。所以，7 位 ASCII 码是用 7 位二进制数进行编码的，可以表示 128 个字符。

实际存储时，由于信息存储的基本单位是字节，而一个字节中包含 8 个二进制位，所以基本 ASCII 码值的最前面补 0。

2. 汉字的编码

（1）输入码。在计算机系统中使用汉字，首先遇到的问题就是如何把汉字输入到计算机内。为了能直接使用西文标准键盘进行输入，必须为汉字设计相应的输入方法。汉字的输入编码主要有三种：数字编码、拼音码和字形码。

① 数字编码。数字编码就是用数字串代表一个汉字的输入，汉字编码主要有汉字国标码、GBK 码、BIG5 码等。汉字国标码是 1981 年颁布的 GB 2312—80 汉字国家标准，共规定了 682 个字符代码和 6 763 个汉字代码；GBK 码是 2001 年 7 月 1 日实施的 GB 18030，它是 GB 2312 的扩展，共收录 2.7 万多个汉字；BIG5 编码是目前台湾和香港普遍使用的一种繁体汉字的编码标准，包括 440 个符号、5 401 个一级汉字、7 652 个二级汉字，共计 13 053 个汉字。

② 拼音码。拼音码是以汉语读音为基础的输入方法，如全拼、双拼、智能 ABC 等输入法都属于拼音码。但由于汉字同音字太多，输入重码率很高，因此，按拼音输入后还必须进

行同音字选择,影响了输入速度。

③ 字形编码。字形编码是以汉字的形状确定的编码。把汉字的笔画部件用字母或数字进行编码,按笔画书写的顺序依次输入,就能表示一个汉字,五笔字型码是典型的字形编码。

(2) 汉字内码。内码是指计算机内部进行存储、传递和运算时所使用的代码,由于计算机内只能存储和运算二进制数字,所以汉字内码就是用二进制数来表示汉字。GB码的机内码为 2 字节长的代码,每字节最高位为 1。

(3) 字形码。汉字字形码是表示汉字字形的编码,通常用点阵、矢量函数等方法表示,用点阵(图 1.10)表示字形时,汉字字形码指的就是这个汉字字形点阵的代码。一般根据输出汉字的要求不同,点阵的多少也不同。如 24×24 点阵、32×32 点阵、48×48 点阵、72×72 点阵等。字模点阵的信息量是很大的,所占存储空间也很大,以 24×24 点阵为例,点阵中的每个点用 1 位(bit)表示,则存储24×24 点阵就需要 24×24/8＝72 字节。

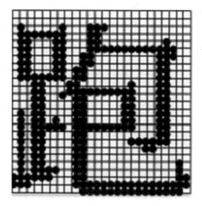

图 1.10　汉字点阵

习　题　1

1.1　单项选择题

1. 下列叙述中不属于电子计算机特点的是_____。
A. 运算速度快　　　B. 计算精度高　　　C. 高度自动化　　　D. 高度智能的思维方式
2. 计算机按所处理的信息形态可以分为_____。
A. 巨型机、大型机、小型机、微型机和工作站
B. 286 机、386 机、486 机、Pentium 机
C. 专用计算机、通用计算机
D. 数字计算机、模拟计算机、混合计算机
3. 现在日常所使用的计算机属于_____。
A. 电子数字计算机　　　　　　　B. 电子模拟计算机
C. 工业控制计算机　　　　　　　D. 模拟计算机
4. 把计算机分巨型机、大中型机、小型机和微型机本质上是按_____划分的。
A. 计算机的体积　　　　　　　　B. CPU 的集成度
C. 计算机的总体规模和运算速度　D. 计算机的存储容量
5. 从第一代计算机到第四代计算机,计算机的体系结构都是相同的,都是由运算器、控制器存储器以及输入输出设备组成的这种体系结构称为_____体系结构。
A. 阿兰·图灵　　　　　　　　　B. 罗伯特·诺依斯
C. 比尔·盖茨　　　　　　　　　D. 冯·诺依曼
6. 在计算机中,_____是冯·诺依曼体系结构的基本思想。
A. 存储程序并按地址顺序执行　　B. 使用高级语言编程
C. 采用二进制数表示数据和指令　D. 使用微处理器作为核心部件

7. 以微处理器为核心组成的微型计算机属于_____计算机。

A. 第一代　　　　　B. 第二代　　　　　C. 第三代　　　　　D. 第四代

8. 根据系统规模大小与功能的强弱来分类,笔记本电脑属于_____。

A. 大型机　　　　　B. 中型机　　　　　C. 小型机　　　　　D. 微型机

9. 下列关于计算机的叙述中错误的一条是_____。

A. 世界上第一台计算机诞生于美国,主要元件是晶体管

B. 银河计算机是我国自主生产的巨型机

C. 笔记本电脑也是一种微型计算机

D. 计算机的字长一般都是 8 的整数倍

10. 电子计算机的分代主要是根据_____来划分的。

A. 年代　　　　　B. 电子元件　　　　　C. 工作原理　　　　　D. 操作系统

11. 计算机中的 BIOS 是指_____。

A. 基本输入输出系统　　　　　　　　B. 操作系统

C. 应用软件　　　　　　　　　　　　D. 硬件设备

12. 在计算机中,BIOS 的主要功能是_____。

A. 负责启动计算机并进行自检　　　　B. 负责编写和编译程序

C. 负责数据的输入和输出　　　　　　D. 负责管理计算机的网络连接

13. 下列_____不是计算机中的基本输入输出系统(BIOS)的功能。

A. 初始化硬件设备B. 检测硬件设备　C. 加载操作系统　D. 编写程序

14. 下列_____不是计算机中的总线类型。

A. 数据总线　　　　B. 地址总线　　　　C. 控制总线　　　　D. 电源总线

15. 在计算机中,RAM_____。

A. 断电后数据不会丢失　　　　　　　B. 只能读不能写

C. 断电后数据会丢失　　　　　　　　D. 存储容量大且价格低

16. 下列关于计算机内存的说法,正确的是_____。

A. 内存越大,计算机速度越快　　　　B. 内存中的数据不会因断电而丢失

C. 内存的存取速度比硬盘慢　　　　　D. 内存的容量通常比硬盘大

17. 微型计算机的发展以_____技术为特征标志。

A. 操作系统　　　　B. 微处理器　　　　C. 磁盘　　　　　D. 软件

18. 用户可挑选来自不同厂家生产的组件来组装成一台完整的电脑,体现了计算机组件具有_____。

A. 适应性　　　　　B. 统一性　　　　　C. 兼容性　　　　　D. 包容性

19. 我国具有自主知识产权 CPU 的名称是_____。

A. 东方红　　　　　B. 银河　　　　　C. 曙光　　　　　D. 龙芯

20. 电子计算机与其他计算工具的本质区别是_____。

A. 能进行算术运算　　　　　　　　　B. 运算速度高

C. 计算精度高　　　　　　　　　　　D. 存储并自动执行程序

21. 计算机自诞生以来,在性能、价格等方面都发生了巨大的变化,但是_____并没有发生多大的改变。

A. 耗电量　　　　　B. 体积　　　　　C. 运算速度　　　　D. 基本工作原理

22. 构成计算机的电子和机械的物理实体称为_____。

A. 主机　　　　　B. 外部设备　　　　C. 计算机系统　　D. 计算机硬件系统

23. "神舟"飞船应用计算机进行飞行状态调整属于_____。

A. 科学计算　　　B. 数据处理　　　　C. 实时控制　　　D. 计算机辅助设计

24. 现在的网上银行系统在计算机应用上属于_____。

A. 过程控制　　　B. 文件处理　　　　C. 数据处理　　　D. 人工智能

25. CAD是计算机主要应用领域之一,其含义是_____。

A. 计算机辅助制造　　　　　　　　　B. 计算机辅助设计

C. 计算机辅助测试　　　　　　　　　D. 计算机辅助教学

26. 在计算机术语中,英文CAM是指_____。

A. 计算机辅助制造　　　　　　　　　B. 计算机辅助设计

C. 计算机辅助测试　　　　　　　　　D. 计算机辅助教学

27. 门禁系统的指纹识别功能所运用的计算机技术是_____。

A. 机器翻译　　　B. 自然语言理解　　C. 过程控制　　　D. 模式识别

28. 广泛使用的航空(火车)售票系统、财务管理等软件,按计算机应用分类,应属于_____。

A. 实时控制　　　B. 科学计算　　　　C. 数据处理　　　D. 计算机辅助工程

29. 淘宝网的网上购物属于计算机现代应用领域中的_____。

A. 办公自动化　　B. 电子政务　　　　C. 电子商务　　　D. 计算机辅助系统

30. 计算机在实现工业自动化方面的应用主要属于_____。

A. 数据处理　　　B. 科学计算　　　　C. 实时控制　　　D. 计算机辅助设计

31. 微型计算机中使用的关系数据库,就应用领域而言属于_____。

A. 数据处理　　　B. 科学计算　　　　C. 实时控制　　　D. 计算机辅助设计

32. 按计算机应用的分类,办公自动化属于_____。

A. 科学计算　　　B. 信息处理　　　　C. 实时控制　　　D. 辅助设计

33. 型号为Pentium 4/2.8G微机的CPU主时钟频率为_____。

A. 2.8 KHz　　　B. 2.8 MHz　　　　C. 2.8 Hz　　　　D. 2.8 GHz

34. 在计算机中,_____是CPU的主频。

A. CPU的运算速度　　　　　　　　　B. CPU的时钟频率

C. CPU的型号　　　　　　　　　　　D. CPU的缓存大小

35. 在计算机中,_____负责执行程序中的指令。

A. 输入设备　　　　　　　　　　　　B. 输出设备

C. 中央处理器(CPU)　　　　　　　　D. 存储设备

36. 以下描述错误的是_____。

A. 计算机的字长即为一个字节的长度

B. 一个常用汉字占用两个字节

C. 计算机文件是用二进制存储的

D. 计算机内部存储的信息都是由0、1这两个数字组成的

37. 微型机的中央处理器主要集成了_____。

A. 控制器和CPU　　　　　　　　　　B. 控制器和存储器

C. 运算器和 CPU   D. 运算器和控制器

38. 在计算机中，_____是硬盘的主要作用。

A. 提供临时存储空间   B. 提供永久存储空间

C. 负责数据的输入   D. 负责数据的输出

39. 计算机的 CPU 每执行一个_____，就完成一步基本运算或判断。

A. 语句   B. 指令   C. 程序   D. 软件

40. 在微型计算机内存储器中，不能用指令修改其存储内容的部分是_____。

A. RAM   B. DRAM   C. ROM   D. SRAM

41. 硬盘分区的目的是_____。

A. 把一个物理硬盘分为几个逻辑硬盘

B. 把一个逻辑硬盘分为几个物理硬盘

C. 把 DOS 系统分为几个部分

D. 把一个物理硬盘分成几个物理硬盘

42. 下列有关存储器读写速度的排序，正确的是_____。

A. RAM＞Cache＞硬盘＞光盘   B. Cache＞RAM＞硬盘＞光盘

C. Cache＞硬盘＞RAM＞光盘   D. RAM＞硬盘＞软盘＞Cache

43. "死机"是指_____。

A. 计算机处于读数状态   B. 计算机处于运行不正常状态

C. 计算机处于自检状态   D. 计算机处于运行状态

44. MIPS 是用以衡量计算机_____的性能指标。

A. 传输速率   B. 存储容量   C. 字长   D. 运算速度

45. 当用户购买微机时，衡量微型计算机价值最主要的依据是_____。

A. 显示器大小   B. 性能价格比   C. 能否无线上网   D. 操作次数

46. 现在采用的双核处理器，双内核的主要作用是_____。

A. 加快了处理多媒体数据的速度

B. 处理信息的能力和单核相比，加快了一倍

C. 加快了处理多任务的速度

D. 加快了从硬盘读取数据的速度

47. 下列_____是计算机的基本组成单位。

A. 字节   B. 比特   C. 字   D. 字节和字

48. 计算机软件通常分为_____两大类。

A. 系统软件和应用软件   B. 操作系统和数据库

C. 办公软件和娱乐软件   D. 编程软件和图像处理软件

49. 在计算机中，_____是操作系统的主要任务。

A. 管理计算机的硬件和软件资源   B. 编写和编译程序

C. 负责数据的输入和输出   D. 负责数据的存储和检索

50. 下列_____不是操作系统的功能。

A. 管理文件   B. 分配内存   C. 编译程序   D. 控制设备

51. 在计算机中，_____是操作系统的内核。

A. 操作系统的核心部分，负责管理和控制计算机的硬件和软件资源

B. 操作系统的用户界面部分,负责提供用户与计算机交互的接口

C. 操作系统的外部设备驱动程序部分,负责管理和控制计算机的外部设备

D. 操作系统的文件管理系统部分,负责管理和控制计算机的文件和目录

52. 下列_____是计算机中存储程序和数据的基本单位。

A. 文件　　　　　　B. 文件夹　　　　　C. 指令　　　　　D. 程序

53. 在计算机中,二进制数的基本单位是_____。

A. 比特　　　　　　B. 字节　　　　　　C. 字　　　　　　D. 块

54. 下列_____不是计算机中的基本运算。

A. 算术运算　　　　B. 逻辑运算　　　　C. 关系运算　　　D. 图形运算

55. 在微型计算机性能的衡量指标中,_____用以衡量计算机的稳定性和质量。

A. 可用性　　　　　B. 兼容性　　　　　C. 性能价格比　　D. 平均无障碍工作时间

56. "64位微型机"中的"64"是指_____。

A. 微型机型号　　　B. 机器字长　　　　C. 内存容量　　　D. 显示器规格

57. "第五代计算机"是指_____。

A. 多媒体计算机　　　　　　　　　　　B. 神经网络计算机

C. 人工智能计算机　　　　　　　　　　D. 生物细胞计算机

58. 通常所讲的PC机是指体积小、功能强、价格低、可靠性高、适用范围广的_____。

A. 单片机　　　　　B. 小型计算机　　　C. 微型计算机　　D. 单板机

59. 运算器的主要功能是_____。

A. 进行算术运算　　　　　　　　　　　B. 进行逻辑运算

C. 分析指令并进行译码　　　　　　　　D. 实现算术运算和逻辑运算

60. 计算机中主板上所采用的电源为_____。

A. 交流电　　　　　　　　　　　　　　B. 直流电

C. 可以是交流电,也可以是直流电　　　D. UPS

61. 计算机能直接识别和执行的语言是_____。

A. 机器语言　　　　B. 高级语言　　　　C. 数据库语言　　D. 汇编程序

62. 对运行速度有高要求的计算机程序,编写时建议采用_____。

A. Visual Basic　　B. 汇编语言　　　　C. Foxpro　　　　D. C语言

63. 下列_____不是计算机程序设计语言。

A. Java　　　　　　B. Python　　　　　C. C++　　　　　D. Word

64. 关于计算机中的ASCII码,以下说法正确的是_____。

A. 是用于表示音频信息的编码　　　　　B. 是用于表示图像的编码

C. 是用于表示字符信息的编码　　　　　D. 是用于表示视频信息的编码

65. 将二进制数10000001B转换为十进制数,应该是_____。

A. 126　　　　　　　B. 127　　　　　　C. 128　　　　　D. 129

66. 将十进制的整数化为八进制整数的方法是_____。

A. 乘以八取整法　　　　　　　　　　　B. 除以八取余法

C. 除以八取整法　　　　　　　　　　　D. 乘以八取小数法

67. 下面的数值中,可能是二进制数的是_____。

A. 1011　　　　　　B. 120　　　　　　C. 58　　　　　　D. 11A

68. 十六进制数"BD"转换为等值的八进制数是_____。

A. 274   B. 275   C. 254   D. 264

69. 用十六进制数给存储器进行地址编码。若编码为 0000H～FFFFH,则该存储器的容量是_____KB。

A. 32   B. 64   C. 128   D. 256

70. 位是计算机中表示信息的最小单位,则微机中 1KB 表示的二进制位数是_____。

A. 1000   B. 8×1000   C. 1024   D. 8×1024

71. 十六进制数 3FC3H 转换为相应的二进制数是_____。

A. 11111111000011B   B. 01111111000011B

C. 01111111000001B   D. 11111111000001B

72. 二进制数 11001001 与 00100111 算术加的结果是_____。

A. 11101111   B. 11110000   C. 00000001   D. 10100010

73. 用 8 位带符号的二进制数表示整数范围是_____。

A. −127～+127   B. −127～+128

C. −128～+127   D. −128～+128

74. 如果用 8 位二进制补码表示带符号的整数,则能表示的十进制数的范围是_____。

A. −127～+127   B. −127～+128

C. −128～+127   D. −128～+128

75. 下列二进制数中,_____与十进制数 510 等值。

A. 111111111B   B. 100000000B   C. 111111110B   D. 110011001B

76. 二进制数 10001000B 转化成的十六进制数为_____。

A. 88H   B. 88   C. 136H   D. 136

77. 下列各种进制的数中最小的数是_____。

A. 52Q   B. 2BH   C. 44D   D. 101001B

78. 执行逻辑或运算 0101∨1100 的结果为_____。

A. 0101   B. 1100   C. 1001   D. 1101

79. 用一个字节表示无符号整数,能表示的最大整数是_____。

A. 无穷大   B. 128   C. 256   D. 255

80. 下列不同进制的四个数中,最大的一个数是_____。

A. 1010011   B. B557Q   C. 512D   D. 1FFH

81. 在计算机内部,机器码的形式是_____。

A. ASCII 码   B. BCD 码   C. 二进制   D. 十六进制

82. 已知字母"a"的 ASCII 码是 61H,则字母"d"的 ASCII 码是 _____。

A. 64   B. 64H   C. 65   D. 65H

83. 通常在微型计算机内部,汉字"计算机"一词占_____字节。

A. 2   B. 6   C. 3   D. 1

84. 以下说法中,正确的是_____。

A. 由于存在着多种输入法,所以也存在着很多种汉字内码

B. 在多种的输入法中,五笔字型是最好的

C. 一个汉字的内码由两个字节组成

D. 拼音输入法是一种音型码输入法

85. 按点阵输出汉字,假设为 32×32 点阵,需要_____字节的存储空间。

A. 32　　　　　　　B. 64　　　　　　　C. 128　　　　　　　D. 256

1.2　多项选择题

1. 下列关于计算机发展历史的描述中,正确的是_____。

A. 第一台电子计算机是由查尔斯·巴贝奇发明的

B. 微型计算机的出现标志着计算机进入了普及化时代

C. 计算机经历了从电子管到集成电路的发展过程

D. 个人计算机(PC)的出现使得计算机更加个人化和便捷化

2. 下列关于计算机系统的组成,正确的是_____。

A. 计算机系统由硬件和软件两部分组成

B. 中央处理器(CPU)是计算机的核心部件

C. 内存是计算机中用于存储数据的唯一设备

D. 输入/输出设备是计算机与外界进行信息交互的桥梁

3. 下列关于计算机硬件的描述中,正确的是_____。

A. 主板是计算机各个部件的载体

B. 显示器是计算机的输出设备

C. 声卡和显卡都是计算机的输入设备

D. 硬盘是计算机中用于存储数据的主要设备

4. 下列有关总线的描述中正确的是_____。

A. 总线的性能主要由总线宽度和总线频率表示

B. 总线宽度为一次能串行传输的二进制位数

C. 总线宽度为一次能并行传输的二进制位数

D. 总线按功能分为控制总线、数据总线和地址总线三种

5. 下列关于计算机存储设备的描述中,正确的是_____。

A. RAM 是计算机中的随机存取存储器

B. ROM 是只读存储器,其内容在制造时就已经确定

C. 硬盘是计算机的主要存储设备

D. 光盘是一种可读写的存储设备

6. 下列会影响计算机的性能的因素是_____。

A. CPU 的速度　　　B. 内存的大小　　　C. 硬盘的容量　　　D. 显示器的分辨率

7. 下列关于计算机内存的描述,正确的是_____。

A. RAM 是随机存取存储器,断电后数据会丢失

B. ROM 是只读存储器,数据在制造时就已经确定

C. 内存的大小会影响计算机的运行速度

D. 内存是计算机长期存储数据的设备

8. 微机硬件系统中地址总线的宽度对_____影响最大。

A. 可直接访问的存储器空间大小　　　B. 存储器的访问速度

C. 存储器的稳定性　　　　　　　　　D. 存储器的字长

9. 下列属于人工智能应用领域的是_____。

A. 机器学习　　　　B. 自然语言处理　　C. 计算机视觉　　　D. 数值计算

10. 计算机辅助工程应用中,常见的有_____。

A. CAI　　　　　　B. OA　　　　　　　C. CAD　　　　　　D. CAM

11. 计算机最具有代表的应用领域是科学计算、辅助设计_____。

A. 算术运算　　　　B. 实时控制　　　　C. 数据处理　　　　D. 人工智能

12. 下列说法中正确的是_____。

A. 每一台计算机都有一套自己的机器指令系统

B. 为解决某一问题而设计的一系列指令就是程序

C. 机器语言与其他语言相比,执行效率高

D. 指令包括操作码和操作数两部分

13. 下列关于计算机软件的描述中,正确的是_____。

A. 系统软件是计算机运行所必需的软件

B. 应用软件是为了解决特定问题而编写的软件

C. 编译程序是将高级语言编写的程序翻译成机器语言程序

D. 所有的软件都可以在不同的操作系统上运行

14. 下列关于计算机操作系统的描述中,正确的是_____。

A. 操作系统是计算机系统的核心软件

B. 操作系统负责管理和控制计算机的硬件和软件资源

C. 常见的操作系统有 Windows、Linux、Mac OS 等

D. 操作系统只能管理计算机的硬件资源

15. 下列软件_____是系统软件。

A. 操作系统　　　　　　　　　　　B. 数据库管理系统

C. 文字处理软件　　　　　　　　　D. 设备驱动程序

16. 下列关于计算机编程语言的描述中,正确的是_____。

A. 机器语言是计算机可以直接执行的语言

B. 汇编语言比机器语言更容易编写和理解

C. 高级语言比低级语言更接近自然语言

D. 所有的编程语言都有相同的语法和语义

17. 下列关于二进制说法,正确的是_____。

A. 0+0=0　　　　　B. 0+1=1　　　　　C. 1+1=2　　　　　D. 0−1=1

18. 下列叙述中正确的是_____。

A. 汉字也是字符,要进行编码后才能被计算机接受

B. GB2312—80 汉字交换码简称内码

C. 计算机内部使用的汉字码简称机内码

D. ASCII 是单字节码,在计算机内部将最高位设为 1

19. 关于汉字处理代码及其相互关系叙述中,_____是正确的。

A. 汉字输入时采用输入码　　　　　B. 汉字库中寻找汉字字模时采用机内码

C. 汉字输出打印采用点阵码　　　　D. 存储或处理汉字时采用机内码

1.3　判断题(正确画"√",错误画"×")

1. 计算机发展的阶段通常是按计算机采用的程序设计语言来划分的。(　　)
2. 计算机的核心部件是中央处理器(CPU),它负责执行程序中的指令。(　　)
3. 计算机中的存储器分为内部存储器和外部存储器,其中内部存储器通常指的是RAM。(　　)
4. 计算机的运算速度仅取决于 CPU 的时钟频率。(　　)
5. 计算机的软件系统包括系统软件和应用软件两大类。(　　)
6. 操作系统是计算机的基本软件,用于管理和控制计算机的硬件和软件资源。(　　)
7. 计算机的字长越长,其处理数据的能力就越强。(　　)
8. 计算机中的内存(RAM)在断电后数据会丢失。(　　)
9. 计算机的硬件和软件是相互独立的,没有直接联系。(　　)
10. 计算机的硬件系统包括 CPU、内存、硬盘、显示器、键盘等。(　　)
11. 计算机中的软件都是用高级语言编写的。(　　)
12. 计算机的操作系统是唯一的,每台计算机只能使用一个操作系统。(　　)
13. 计算机的操作系统是用户与计算机硬件之间的接口。
14. 计算机的硬件升级一般可以提高计算机的性能。(　　)
15. 计算机的 CPU 是由大量的晶体管组成的,用于执行程序中的指令。(　　)
16. 计算机的存储容量通常用字节(B)、千字节(KB)、兆字节(MB)等表示。(　　)
17. 计算机中的位(bit)是数据的最小单位,字节(Byte)是常用的基本数据单位。(　　)
18. 文字信息处理时,各种文字符号都以二进制数的形式存储在计算机中。(　　)
19. 在计算机中,一个字节由 8 个二进制组成。(　　)

1.4　实训题

计算机硬件组装与识别。

1. 实训目的
(1) 熟悉计算机硬件组成及其功能。
(2) 掌握计算机硬件组装的基本步骤。
2. 实训内容
(1) 准备一套完整的计算机硬件组件,包括主板、CPU、内存、硬盘、显卡、电源、机箱等。
(2) 根据硬件组装的基本原则和步骤,将各个硬件组件正确安装到机箱内。
(3) 在组装过程中,注意识别各个硬件组件的型号、规格和接口类型,并理解它们的作用。
(4) 组装完成后,开机检查硬件是否正常工作,并记录下任何异常或问题。
3. 实训要求
(1) 在实训前,了解计算机硬件组装的基本知识和步骤。
(2) 在实训过程中,注意操作规范和安全,避免损坏硬件或造成人员伤害。
(3) 实训完成后,撰写实训报告,总结实训过程和收获。

第2章　中文 Windows 10 操作系统

操作系统用于统一管理计算机软件资源和硬件资源，是合理地组织计算机工作流程，协调计算机系统各部件之间关系的一组系统程序，它提供了用户使用计算机的一个友好界面。

Windows 的第一个版本是 Windows 1.0，之后微软公司又相继推出 Windows 95、Windows 97、Windows 98、Windows 98SE、Windows Me、Windows XP、Windows 7、Windows 8、Windows 10 等后续版本。Windows 10 操作系统在易用性和安全性方面有了极大的提升，除了针对云服务、智能移动设备、自然人机交互等新技术进行融合外，还对固态硬盘、生物识别、高分辨率屏幕等硬件进行了优化完善与支持。

2.1　Windows 10 概述

2.1.1　Windows 10 的版本

Windows 10 操作系统包含家庭版、专业版、企业版、教育版、移动版、企业移动版和物联网核心版多个不同版本。

1. 家庭版(Windows 10 Home)

家庭版主要面向大部分普通用户，拥有 Windows 10 的主要功能，如语音助手 Cortana、Microsoft Edge 浏览器、面向触控屏设备的 Continuum 平板电脑模式、Windows Hello 生物识别系统及其他所有内置应用。

2. 专业版(Windows 10 Professional)

专业版主要面向中小型企业用户，除具有家庭版的功能外，还可以管理各种设备和应用，以及保护敏感的企业数据，同时还支持远程和移动办公。

3. 企业版(Windows 10 Enterprise)

企业版主要面向大中型企业用户，它在专业版的基础上增加了大中型企业用来防范针对设备、身份、应用和企业敏感信息的现代安全威胁的先进功能，以供微软批量许可客户使用，并且为部署"关键任务"的机器提供了接入长期服务分支的选项。

4. 教育版(Windows 10 Education)

教育版面向学校职员、管理人员、教师和学生，它以企业版为基础，具备企业版的安全、管理及连接功能。

5. 移动版(Windows 10 Mobile)

移动版适用于尺寸较小、配置触控屏的移动设备，如智能手机和小尺寸平板计算机。这些移动设备集成有与 Windows 10 家庭版相同的通用 Windows 应用和针对触控操作优化的

Office 软件。

6. 企业移动版(Windows 10 Mobile Enterprise)

企业移动版以移动版为基础,面向企业用户,适用于智能手机和小型平板设备。企业移动版供批量许可客户使用,增加了企业管理更新功能,并可及时获得更新和安全补丁软件。

7. 物联网版(Windows 10 IoT Core)

物联网版适用于小型低价设备,主要针对物联网设备,如 ATM(自动取款机)、零售终端、手持终端和工业机器人等。

以上版本中最为常见的是家庭版、专业版、企业版和教育版。本章基于专业版编写,主要介绍 Windows 10 的相关知识和使用方法。

2.1.2　Windows 10 的新功能

1. "开始"菜单回归

在 Windows 10 中,微软公司恢复了在 Windows 8 中取消的"开始"菜单,并在它的右侧增加了一个具有"Modern 风格"的区域,实现了传统风格与现代风格的有机结合。如图 2.1所示。

图 2.1　"开始"菜单界面

2. 虚拟桌面

Windows 10 新增了虚拟桌面功能,该功能可以让用户在同一台计算机上使用多个虚拟桌面,即用户可以根据自己的需要创建多个桌面,并可以快速地在不同桌面之间进行切换。

3. 语音助手 Cortana

语音助手 Cortana 是微软在机器学习和人工智能领域的探索与尝试,它会记录用户的行为和使用习惯,利用云计算、搜索引擎和非结构化数据分析读取和"学习"包括文本文件、电子邮件、图片、视频等数据,来理解用户所表述内容的语义和语境,从而实现人机交互。

4. 文件资源管理器升级

在 Windows 10 中,打开文件资源管理器时默认打开的是"快速访问"窗口,该窗口将用户最近常用的文件搜集在一起,并显示桌面、文档、图片、视频和音乐等用户文件夹,这使得用户管理及操作文件更加方便、人性化。

5. Microsoft Edge 浏览器

Windows 10 推出了新一代浏览器"Microsoft Edge"。与传统的 IE 浏览器相比,Edge 浏览器拥有全新内核,能更好地支持 HTML 5 等新标准或新媒体,使得用户的浏览速度得以大幅提升。

2.1.3　桌面组成和桌面基本操作

打开计算机外部设备电源(显示器等),再打开计算机主机电源,计算机开始进行自检、硬件检测,成功启动后,就会出现如图 2.2 所示的 Windows 10 桌面。

图 2.2　Windows 10 桌面

桌面基本操作如下:

1. 调整桌面图标大小

桌面图标大小可以通过使用不同的视图进行调整,操作步骤如下。

(1) 右击桌面空白区域,指向"查看"选项,如图 2.3 所示。

(2) 执行"大图标""中等图标"或"小图标"命令来调整不同视图。

图 2.3　"查看"选项

2. 向桌面上添加快捷方式

要在 Windows 10 操作系统的桌面上添加快捷方式,可以按照以下两种方法操作:

(1) 拖放创建链接:

① 打开开始菜单,点击"所有应用"找到想要创建快捷方式的程序。

② 将该程序拖动到桌面上,会出现"在桌面创建链接"的提示。

③ 松开鼠标左键即可在桌面上创建相应的快捷方式。

(2) 发送到桌面快捷方式:

① 找到想要添加快捷方式的程序或文件。

② 右键点击该程序或文件,选择"发送到"—"桌面(快捷方式)"。

③ 这样就会直接在桌面上生成该程序或文件的快捷方式。

此外,还可以通过个性化设置来管理桌面图标:

① 在桌面空白处点击右键,选择"个性化"。

② 进入个性化设置后,在左侧找到"主题"。

③ 在主题设置中,找到"桌面图标设置",进入后可以勾选或取消勾选要在桌面上显示的图标,如"计算机""回收站"等。

3. 添加或删除常用的桌面图标

要在 Windows 10 系统中添加或删除常用的桌面图标,可以按照以下步骤操作:

(1) 添加桌面图标:

① 在桌面空白处单击鼠标右键,选择"个性化"。

② 在弹出的设置窗口中,选择"主题"。

③ 在主题设置页面中找到"相关的设置"下的"桌面图标设置",点击进入。

④ 在桌面图标设置窗口中,勾选需要在桌面上显示的图标,如"计算机""回收站"等。

⑤ 勾选完成后,点击"确定"保存设置,这样系统就会在桌面上添加相应的图标。

(2) 删除桌面图标:

① 在桌面上找到想要删除的图标。

② 单击鼠标右键,在弹出的菜单中选择"删除"。

③ 确认删除操作后,该图标就会被移除。

请注意,在进行这些操作时,确保已经保存了所有打开的文件和程序,以免丢失数据。此外,如果不小心删除了重要的系统图标,可以通过控制面板或设置来恢复。

4. 显示、隐藏桌面图标

(1)显示桌面图标:

① 在桌面空白处单击鼠标右键,选择"查看"。

② 在展开的菜单中找到"显示桌面图标",确保其前面有勾选标志。

③ 如果有勾选,则桌面图标已经显示;如果没有勾选,单击一下即可显示桌面图标。

(2)隐藏桌面图标:

① 同样在桌面空白处单击鼠标右键,选择"查看"。

② 在展开的菜单中找到"显示桌面图标"。

③ 单击去掉前面的勾选,即可隐藏桌面图标。

显示隐藏桌面图标操作如图 2.4 所示。

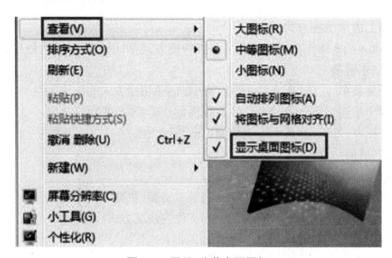

图 2.4　显示、隐藏桌面图标

2.1.4　认识开始菜单

在 Windows 10 中,通过"开始"菜单可以打开大多数应用程序和系统管理窗口。"开始"菜单主要包括电源选项、设置、图片、文档、账户设置、应用程序列表和磁贴等,如图 2.5 所示。

由图 2.5 可以看出,"开始"菜单将应用程序按英文名称的首字母或中文名称汉语拼音的首字母进行分组和排序。要利用"开始"菜单打开应用程序,只需找到该应用程序并单击即可,如果没有找到所需应用程序,可在"搜索"编辑框中输入应用程序名称进行查找。此外,"开始"菜单右侧有一个具有"Modern 风格"的区域,即"开始"屏幕,各种应用程序、快捷方式等均能以磁贴的方式呈现在此区域。

在 Windows 10 系统中,开始菜单的设置可以通过几个简单的步骤进行个性化调整。以下是一些常见的设置方法:

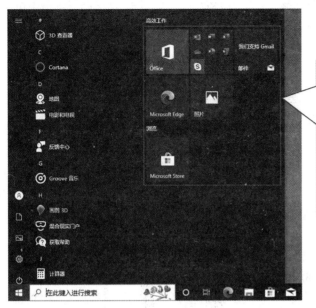

磁贴：单击相应磁贴，可启动或打开相应的应用程序、网站或文件（文件夹）等，其中，内容会动态变化的称为动态磁贴。如果将一个磁贴拖到另一个磁贴上，则这两个磁贴会自动合并到一个文件夹中

图 2.5　开始菜单

1. 恢复经典开始菜单

如果是从 Windows 7 升级到 Windows 10，可能会习惯经典的开始菜单布局。要恢复经典开始菜单，需要打开开始菜单，然后点击右上角的设置按钮，接着在弹出的菜单中选择"恢复系统开始菜单"选项。

2. 使用全屏开始屏幕

如果你喜欢 Windows 8.1 风格的全屏开始屏幕，可以在 Windows 设置中启用这一功能。只需将鼠标悬停在开始菜单上，选择"使用全屏开始屏幕"即可。

3. 调整开始菜单大小

如果你觉得开始菜单的界面太大或太小，可以直接用鼠标拖动调整。将鼠标放在开始菜单的边角上，当出现调整符号时，拖动即可改变大小。

4. 自定义应用和文件夹显示

Windows 10 允许用户自定义开始菜单上显示的应用和文件夹。你可以选择哪些应用和文件夹出现在开始菜单上，以便快速访问你最常用的程序。

5. 实时信息和动态磁贴

开始菜单还支持实时信息展示，例如天气、新闻和股票价格等。这些信息会以动态磁贴的形式出现在开始菜单上，为用户提供即时更新的信息。

6. 图标重新排列和调整

如果默认的布局不符合你的喜好，你可以通过拖放来重新排列开始菜单上的图标。只需点击并按住任意图标，然后将其拖动到你希望的位置即可。

2.1.5　任务栏和通知区域的操作

进入 Windows 10 操作系统后，任务栏中会显示正在运行的应用程序和打开窗口的图标，"开始"菜单中则包含了计算机中大多数的应用程序，还存放了用来操作或设置系统的绝大多数命令。默认情况下，任务栏位于桌面底端，其左侧的图标依次为"开始"按钮、"搜索"编辑框、"与 Cortana 交流"按钮（中文名为微软小娜）、"任务视图"按钮和锁定的图标,中部为任务图标,右侧是通知区域和"显示桌面"按钮,如图 2.6 所示。

图 2.6　任务栏

在 Windows 10 系统中,设置任务栏的步骤如下:

1. 改变任务栏位置

(1) 在任务栏的空白区域点击鼠标右键,选择"任务栏设置"。

(2) 在设置页面中找到"屏幕上任务栏位置"的选项。

(3) 从下拉菜单中选择你希望任务栏出现的位置,可以是屏幕的左侧、顶部、右侧或底部。

2. 自动隐藏任务栏

进入"任务栏设置"后,找到与任务栏相关的其他设置,比如是否自动隐藏任务栏以及任务栏按钮的显示方式等。

3. 调整任务栏大小和颜色

(1) 根据自身需求还可以调整任务栏的大小和颜色,使其更符合个人喜好。

(2) 若要调整大小,将鼠标指针放在任务栏的边缘上,当鼠标指针变成双向箭头时,拖动即可调整大小。

(3) 若要更改颜色,可以在"个性化"设置中选择颜色主题。

4. 添加或移除任务栏图标

如果想要添加或移除任务栏上的应用程序图标,可以直接在任务栏上进行拖放操作,或者在"开始"菜单中选择相应的应用,然后选择"固定到任务栏"或"从任务栏取消固定"。

5. 使用系统托盘图标

系统托盘位于任务栏的最右侧,这里会显示一些后台运行的程序图标,用户可以通过单击这些图标来访问它们或进行设置。

6. 任务视图和虚拟桌面

Windows 10 还提供了任务视图功能,用户可以点击任务栏上的"任务视图"按钮（通常位于搜索框旁边）来查看所有打开的窗口,并且可以创建和管理虚拟桌面。

2.1.6　设置系统日期、时间、语言

在计算机的使用过程中,用户可以根据实际情况对系统日期、时间、音量和电源计划进行个性化设置。

1. 日期和时间

(1) 右击任务栏通知区域中的日期和时间位置,在弹出菜单中选择"调整日期/时间",如图 2.7 所示。

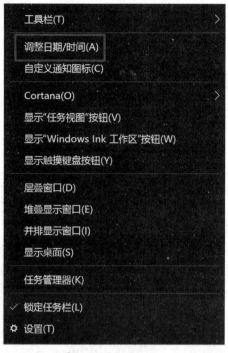

图 2.7　快捷菜单

（2）单击对话框左侧"日期和时间"，打开"自动设置时间"按钮，如图 2.8 所示。

（3）在"在任务栏中显示其他日历"下拉列表中，选择"简体中文（农历）"，如图 2.8 所示。

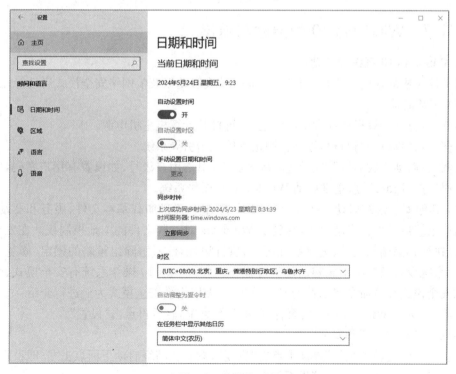

图 2.8　日期和时间

2. 区域和语言

（1）单击对话框左侧"区域和语言"，打开"区域和语言"相关选项，如图 2.9 所示。

（2）在语言选择中，单击中文(中华人民共和国)，如图 2.9 所示。

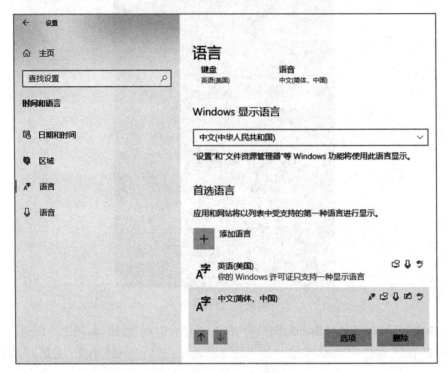

图 2.9　区域和语言

2.1.7　Windows 10 的启动与退出

1. Windows 10 系统的启动

启动计算机的常用模式有正常启动、安全模式启动以及带网络安全模式启动等几种。

（1）正常启动：

步骤一：打开计算机外部设备电源之后，再打开计算机主机电源。

步骤二：计算机进行自检，硬件检测正确后开始引导系统。

步骤三：启动完成后屏幕显示进入登录界面，单击用户账号，如设置有用户密码，输入正确的密码后按"Enter"键，正常启动 Windows 10 操作系统。

（2）其他安全模式启动。在安全模式下，操作系统只加载基本文件、服务和驱动程序，将所有非系统启动项目自动禁止，释放了 Windows 对这些文件的本地控制权。在安全模式下，可以执行删除顽固文件、进行系统还原、执行病毒查杀、解除组策略的锁定、修复系统故障、复原系统设置及检测不兼容的硬件等操作。Windows 10 操作系统有安全模式、带网络连接的安全模式和带命令提示符的安全模式，下面以启动安全模式为例进行介绍：

步骤一：进入 Windows 10 桌面后，点击开始菜单，然后再点击"设置"。

步骤二：选择"更新和安全"。

步骤三：在"更新和恢复"界面下点击"恢复"，然后在高级启动下面点击"立即重启"。

步骤四：在"选择一个选项"界面下点击选择"疑难解答"。

步骤五：在"疑难解答"界面中点击"高级选择"。

步骤六：在"高级选项"中点击"启动设置"。

步骤七：点击"重启"按钮。

步骤八：电脑此时会重启，按一下"F4"键或数字"4"选择的就是安全模式，其他的模式也是使用这个方法选择，选择以后会直接进入系统。

2. Windows 10 系统的退出

Windows 10 是一个庞大的操作系统，启动时会装载许多文件，因此必须使用正确的方法退出，否则有可能导致系统损坏。在退出 Windows 10 时，用户可以根据不同的需求选择不同的退出操作，其中包括让计算机进入睡眠状态、重启计算机、注销用户、关闭计算机等，操作步骤如下。

步骤一：让计算机进入睡眠状态。单击桌面左下角的"开始"按钮，打开"开始"菜单，将鼠标指针移到"电源"图标上并单击，在展开的列表中选择"睡眠"选项，或右击"开始"按钮，在弹出的快捷菜单中选择"关机或注销"/"睡眠"选项，如图 2.10 所示。

图 2.10　退出系统操作界面

睡眠是指操作系统把计算机除内存外的其他设备都断电，将正在运行的文件保存在内存中的状态。如果离开计算机的时间较短，又希望保持正在进行的工作状态，则可启用睡眠模式（系统处于待机状态）。切记睡眠后内存不能断电，否则无法恢复到睡眠前的工作状态。

步骤二：在睡眠状态下按下机箱上的电源按钮或晃动鼠标，即可唤醒计算机，使计算机快速恢复到睡眠前的工作状态（如果设置了登录密码，则需要输入密码后才能恢复）。

步骤三：重启计算机。单击桌面左下角的"开始"按钮，打开"开始"菜单，将鼠标指针移到"电源"图标上并单击，在展开的列表中选择"重启"选项，或右击"开始"按钮，在弹出的快捷菜单中选择"关机或注销"/"重启"选项。

步骤四：注销用户。右击"开始"按钮，在弹出的快捷菜单中选择"关机或注销"/"注销"选项，系统将中止当前用户的一切工作并返回登录界面，然后从中选择要登录的账户重新登录即可。

步骤五：关闭计算机。单击桌面左下角的"开始"按钮，打开"开始"菜单，将鼠标指针移到"电源"图标上并单击，在展开的列表中选择"关机"选项，或右击"开始"按钮，在弹出的快捷菜单中选择"关机或注销"/"关机"选项，稍等片刻，即退出系统。

关闭计算机的正确方法为：单击"开始"按钮，点击"关机"。关机之前要保存文档和关闭正在运行的应用程序。此外，通过关机按钮右侧的扩展按钮，我们可以快速让计算机重启、注销、进入睡眠状态等。

2.1.8　窗口的组成和操作

1. 窗口的组成

在 Windows 10 中启动应用程序或打开文件夹时,会在屏幕上划定一个矩形区域,这就是窗口。在 Windows 10 中,对各种资源的管理和使用都是在窗口中进行的。不同类型窗口的组成元素不同,但都具有相同的基本部分。下面以"此电脑"窗口为例介绍窗口的组成,如图 2.11 所示。

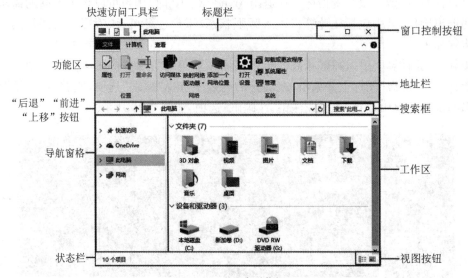

图 2.11　"此电脑"窗口

（1）快速访问工具栏。快速访问工具栏用来放置一些常用的命令按钮,默认包含"属性"按钮☑和"新建文件夹"按钮。用户可以单击快速访问工具栏右侧的自定义"快速访问工具栏"按钮▼,在展开的列表中选择相应选项,从而在快速访问工具栏中添加或删除命令按钮。

（2）标题栏。标题栏位于窗口最上方,主要显示当前窗口的名称和 3 个窗口控制按钮"-""□""×"。这 3 个窗口控制按钮分别用来最小化窗口、最大化/还原窗口和关闭窗口。

（3）功能区。功能区位于标题栏下方,用选项卡的形式将针对当前窗口的命令按钮分门别类地放在不同的选项卡中。单击选项卡标签(名称),可切换到相应的选项卡,从中可以单击需要的命令按钮。

（4）"后退""前进"和"上移"按钮。单击"后退"按钮 ← 和"前进"按钮 → 可在打开过的文件夹之间切换;单击"上移"按钮可打开当前文件夹的上一级文件夹。

（5）地址栏。地址栏显示当前文件或文件夹的路径。用户可通过在地址栏中输入文件夹的路径打开文件夹,还可通过在地址栏中单击文件夹名称或其右侧的">"按钮切换到相应的文件夹。

（6）搜索框。搜索框位于地址栏右侧。如果当前文件夹中的文件较多,可在搜索框中输入要查找文件的关键字,以快速筛选、定位文件。

（7）导航窗格。导航窗格采用层次结构对计算机中的资源进行导航,其中包含"快速访问""OneDrive""此电脑""网络"等项目,其下又分别细分为多个子项目。单击各项目左侧的

"＞"按钮,可展开其子项目且"＞"按钮变为 ✔ 按钮;单击 ✔ 按钮可收缩子项目;单击项目名称,可在工作区中显示该项目包含的内容,可以是磁盘、文件或文件夹等。

(8) 工作区。工作区是显示和编辑窗口内容的地方。当工作区因内容太多而无法显示完全时,其右侧或下方会出现滚动条,拖动滚动条可显示隐藏的内容。

(9) 状态栏。状态栏位于窗口最下方,用来显示当前窗口的有关信息。

(10) 视图按钮。视图按钮供用户选择视图的显示方式,包括列表和大缩略图两种。

2. 窗口的操作

用户在浏览窗口时,可根据需要执行对窗口的基本操作,如调整窗口大小、最大化或最小化窗口、关闭窗口及切换窗口。

图 2.12　控制菜单

(1) 最小化、最大化、还原、关闭窗口。"最小化"是将窗口缩小为带有名称的图标,显示在任务栏中,程序继续运行;"最大化"是将窗口显示设为最大,即占满整个屏幕;"还原"是将窗口从"最大化"转换为原来的大小;"关闭"窗口是结束窗口的操作,退出编辑。图 2.11 中窗口控制按钮从左向右依次为"最小化""还原""关闭"按钮,单击按钮即可执行相应的操作。也可以利用快捷组合键"Alt"＋空格键弹出控制菜单,如图 2.12 所示,同样可以利用控制菜单完成以上的操作。另外双击标题栏区域,可以实现窗口的最大化和还原的切换。

(2) 移动窗口。当窗口的大小没有被设为最大化或最小化时,可以将鼠标放在标题栏处,然后单击鼠标左键并按住不放,拖动鼠标即可将窗口在桌面上移动。

(3) 改变窗口大小。要改变窗口的尺寸,则需要将鼠标移到窗口的边框或角上。当鼠标变成双箭头时按住鼠标左键进行拖曳,窗口大小即被改变。

(4) 切换窗口。当用户打开了多个程序或文档时,桌面会快速布满杂乱的窗口。通常这时不容易跟踪已打开的那些窗口,因为一些窗口可能部分或完全覆盖了其他窗口,此时需要用户经常在窗口之间进行切换。其中,窗口的切换主要有以下三种方式:

① Alt＋Tab:这是最常用的窗口切换快捷键。按住"Alt"键,然后按一下"Tab"键,会显示当前打开的所有窗口的预览。通过重复按"Tab"键,可以在不同窗口之间切换,释放"Alt"键后,会切换到选中的窗口。

② 任务栏点击:直接点击任务栏上的应用程序图标,可以切换到该程序的窗口。如果程序有多个窗口打开,鼠标悬停在任务栏图标上会显示所有打开的窗口预览,然后可以点击其中一个来切换到该窗口。

③ Win＋Tab:这个快捷键会打开"任务视图"界面,显示所有打开的窗口以及最近使用的活动。在任务视图中,可以点击任何一个窗口来切换到该窗口,或者使用键盘上的箭头键来选择窗口,然后按 Enter 键来切换。

2.2　文件或文件夹基本操作

存放在 Windows 10 系统里的东西,可以进行实际操作的,我们统称为文件,我们可以用一些"盒子"对这些文件进行统一管理,这些装着文件的"盒子"称为文件夹。Windows 10系统里面的各种操作都是围绕着文件和文件夹进行的,本节将针对文件和文件夹的操作进行具体讲解。

2.2.1　文件和文件夹的基本概念及其关系

1. 文件

文件是数据(如应用程序、文档、音频、视频、图像等)在计算机中的组织形式,所有数据都是以文件的形式保存在计算机的存储设备(如硬盘、光盘和 U 盘等)中的。

计算机的文件是指存储在外存上的一组相关信息的集合,每个文件都有自己的文件名。计算机按照文件名存取。

文件名由主文件名和文件扩展名两部分组成,中间用"."隔开。主文件名也简称为文件名,Windows 10 的文件名最多可以由 255 个字符组成,其中包含驱动器和完整文件路径信息,因此用户实际可使用的字符数小于 255。扩展名决定了文件的类型,也决定了打开文件的应用程序。通常所说的文件格式指的就是文件的扩展名。图 2.13 为 Windows 10 中的文件命名。

图 2.13　Windows 10 中的文件

文件名是文件存在的标志;文件扩展名代表文件类型,一般由 0~3 个字符组成。通常情况下,不同的应用程序创建的文件具有不同的扩展名。文件名的命名规则如下:

(1) 文件名由字母、数字、汉字和其他符号组成,最长可以使用 255 个字符。

(2) 文件名中可以包含汉字、字母、数字、空格、特殊字符,但不能含有"\""/"":"" * ""?""""<""">""|"字符,如图 2.14 所示命名文件时的提示信息。

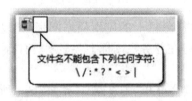

图 2.14　命名文件时的提示信息

(3) 文件名中的字母可以使用大写,也可以使用小写,但 Windows 10 不区分字母的大小写,字母相同而大小写不同的同类型文件的文件名会被认为是同名。此外,文件名中允许使用多个"."分隔符,如"计算机应用基础. 任务一. doc. txt",且以最后一个分隔符后的字符串作为扩展名。

文件的扩展名一般由系统自动给定,不能随意修改。为避免用户因修改文件的扩展名而导致文件无法打开,系统默认不显示文件的扩展名,用户可通过文件的图标识别文件的类型。要显示文件的扩展名,可在"文件资源管理器"窗口"查看"选项卡的"显示/隐藏"组中选中"文件扩展名"复选框,此时在文件名右侧会显示文件的扩展名。

从打开方式看,Windows 10 中的文件可以分为可执行文件和不可执行文件两种类型。

① 可执行文件指可以由操作系统直接执行的文件。Windows 10 中可执行文件的扩展名主要有 exe 和 com 等。双击可执行文件,它们会自动执行。

② 不可执行文件指不能由操作系统直接执行,而需要借助特定应用程序打开或使用的文件。例如,双击 txt 格式的文件,系统会调用"记事本"应用程序打开该文件。

③ 不可执行文件有许多类型,如由办公套装软件生成的文档文件(扩展名为 docx、xlsx、pptx 等)、由图像处理软件生成的图像文件(扩展名为 bmp、png、jpg、psd、tif 等)、由多媒体处理软件生成的音频文件(扩展名为 mp3、midi、wav 等)和视频文件(扩展名为 avi、wmv、mov、mp4 等)。

2. 文件夹

文件夹是存放文件的容器。在 Windows 10 中,文件夹由一个黄色的小夹子图标和名称组成,如图 2.15 所示。为了方便管理计算机中的文件,用户可以创建不同的文件夹(文件夹的命名规则与文件相同),并将文件分门别类地存放在文件夹中。文件夹中可以包含文件,也可以包含其他文件夹。

图 2.15　文件夹

为了便于组织和管理大量的磁盘文件,解决文件重名问题,操作系统使用了多级存储结构——树型结构文件系统。树型结构文件系统是用文件夹来实现的。由一个根文件夹和若干层子文件夹组成的树型结构,称为文件夹树。如图 2.16 所示。

用户可以在文件夹中为保存不同类型的文件分别创建文件夹,还可以在文件夹中再创建文件夹。文件夹中的文件夹称为子文件夹,在同一个文件夹中不允许有两个以上同名的文件夹或文件。文件夹也有名字,命名规则和文件相同,只是不用扩展名区分文件夹的类型。

2.2.2　新建文件夹或文件

1. 文件路径

文件路径是指文件的存储位置。例如,"F:\2023 年工作\2023-1 月\工作计划.docx"就是一个文件路径,它指的是一个 Word 文件"工作计划"存储在 F 盘下的"2023 年工作"文件夹中的"2023-1 月"文件夹中。如果要打开该文件,可以先按照文件路径一级一级找到该文件,然后再双击打开。如果要查看和复制当前文件的路径,只需在窗口地址栏的空白处单击,此时地址栏会显示文件的路径且文件路径为选中状态(图 2.17),然后复制该文件路径即可。

图 2.16　文件夹树型结构

图 2.17　查看文件路径

2. 新建文件或文件夹

创建文件和文件夹的步骤如下：

（1）在计算机桌面或窗口空白处右击鼠标，在弹出的快捷菜单中选择"新建"命令，在展开的子菜单中选择"文件夹"命令，如图 2.18 所示。

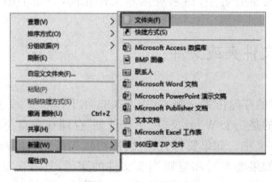

图 2.18　新建文件夹

（2）在当前窗口中将出现一个新的文件夹，并自动以"新建文件夹"命名。

（3）为文件夹输入名称"计算机基础"，按"Enter"键或单击文件夹即可新建一个文件夹，如图 2.19 所示.

（4）使用应用程序的文件菜单创建文件。文件都是由一定的应用程序创建的，想要创建一个文件，首先打开应用程序，然后单击文件菜单中的"新建"命令，如图 2.20 所示，就可以在 Word 中创建一个新的文件。

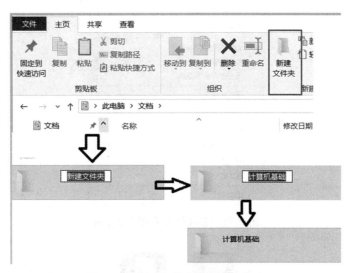

图 2.19　通过文件菜单创建文件夹

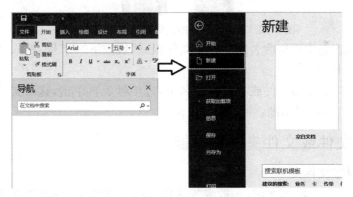

图 2.20　在应用程序窗口中创建文件夹

每个应用程序使用文件菜单创建文件的方法大致相同，只是在细节上略有不同。

2.2.3　文件或文件夹重命名

文件和文件夹的重命名，就是给文件或文件夹重新取一个名字。重命名的方法有以下几种：

（1）右键单击法：选中需要更名的文件或文件夹，点击文件菜单，选择"重命名"选项，如图 2.21 所示。

文件或文件夹的名字会有蓝底显示，如图 2.22 所示，并处于可编辑状态，输入新的名字，按回车键就可完成重命名操作。

图 2.21   右键单击法进行重命名

图 2.22   重命名状态时文件夹名字有蓝底显示

（2）快捷键法：选中要重命名的文件或文件夹，然后按下"F2"键，键入新的文件或文件夹名称，按回车键即可。

（3）鼠标操作法：单击文件或文件夹的名字，过 1 秒后再单击，这时文件名处于蓝底编辑状态，输入新名字，按回车键就可以完成重命名。

2.2.4　文件或文件夹的基本操作

1. 选定文件或文件夹

在对文件或文件夹操作之前，一般要先选定文件或文件夹，一次可选定一个或多个项目，选定的文件或文件夹将会突出显示。有以下几种选定方法：

（1）选定一个：如果只需选定一个文件或文件夹，单击要选定的文件或文件夹。

（2）选定多个连续的文件或文件夹：方法一，单击第一项，按下"Shift"键，然后单击最后一个要选定的项；方法二，按下鼠标左键拖动，将出现 一个虚线框，框住要选定的文件和文件夹，然后释放鼠标按钮。效果如图 2.23 所示。

（3）选定多个不连续文件或文件夹：单击选定第一项，按下"Ctrl"键，然后依次单击各个要选定的项。效果如图 2.24 所示。

（4）全部选定：点击"编辑"菜单，选择"全选"或者使用键盘组合键"Ctrl + A"。

（5）取消选定文件夹：按下"Ctrl"键并单击要取消项。

（6）全部取消选定：单击其他任意地方。

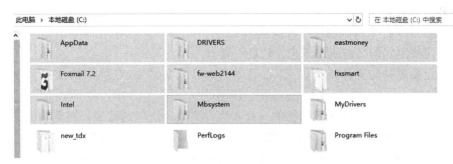

图 2.23　连续文件或文件夹的选择

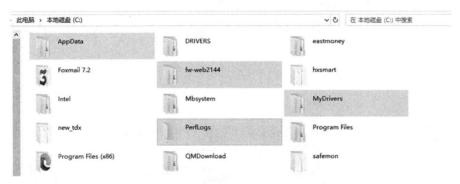

图 2.24　不连续文件或文件夹的选择

2. 复制文件或文件夹

复制文件时，首先要打开目标文件或文件夹所在的文件夹，然后按照以下几种方法进行复制操作。

(1) "编辑"菜单法：选中需要复制的文件或文件夹，点击"编辑"菜单，选择"复制"选项，打开目标位置，点击"编辑"菜单，选择"粘贴"选项，完成复制操作。

(2) 快捷键法：选中需要复制的文件或文件夹，按住"Ctrl"键不放，再按"C"键；选中存放文件夹的位置，按住"Ctrl"键不放，再按"V"键。

(3) 右键单击法：鼠标右键单击需要复制的文件或文件夹，选择"复制"，再到目标位置单击右键，点击"粘贴"即可完成操作。

(4) 鼠标拖动法：选中需要复制的文件或文件夹，按住"Ctrl"键不放，用鼠标拖动文件或文件夹到目标位置，完成复制操作。

3. 移动文件或文件夹

文件和文件夹的移动有以下几种方法：

(1) "编辑"菜单法：选中需要复制的文件或文件夹，点击"编辑"菜单，选择"剪切"选项，打开目标位置，点击"编辑"菜单，选择"粘贴"选项，完成复制操作。

(2) 快捷键法：选中需要复制的文件或文件夹，按住"Ctrl"键不放，再按"X"键；选中存放文件夹的位置，按住"Ctrl"键不放，再按"V"键。

(3) 右键单击法：鼠标右键单击需要复制的文件或文件夹，选择"剪切"，再到目标位置单击右键，点击"粘贴"即可完成操作。

(4) 鼠标拖动法：选中需要复制的文件或文件夹，用鼠标拖动文件或文件夹到目标位置，完成移动操作。

4. 删除、恢复文件或文件夹

删除文件和文件夹可以使用两种简单的方法：

（1）选定要删除的文件或文件夹，按"Del"键。

（2）选定要删除的文件或文件夹，右键单击文件或文件夹，在弹出的快捷菜单中选择"删除"选项。

回收站是专门用来存放用户删除的文件和文件夹的一块存储区域。被删除的文件和文件夹都放在回收站中，打开回收站就可以看到之前删除的文件和文件夹。

当用户发现误删了有价值的文件或文件夹时，可以从回收站中将其恢复，还原至原来的位置或存储到新的位置上，具体方法如下：

（1）打开回收站，找到需要恢复的文件或文件夹。

（2）在文件或文件夹上点击鼠标右键，选择"还原"选项。文件和文件夹就会还原到原来的位置，如图 2.25 所示。

图 2.25　在回收站中还原文件

（3）也可以直接将回收站中的文件拖放或剪切到一个新的位置。

如果要永久删除回收站中的文件，在"回收站"图标上点击鼠标右键，选择"清空回收站"来完成，如图 2.26 所示。

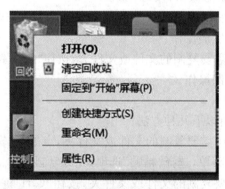

图 2.26　在桌面上清空回收站

2.2.5　压缩文件或文件夹

在网络上传输文件时，为了减少传输时间及保护文件，通常会先对文件或文件夹进行压缩。管理本地资源时，为了节省磁盘空间，也会对文件或文件夹进行压缩。

　　压缩是一种通过特定算法来减小计算机文件大小的机制。使用压缩软件（如 Winzip、WinRAR、360 压缩等）对文件或文件夹进行压缩，可以减少文件的字节总数，有助于节省磁盘空间和文件的传输时间，而且不会破坏或丢失文件。常见的压缩文件的扩展名有 rar、zip 等，Windows 10 自带的压缩功能可以将文件或文件夹压缩为 zip 格式的文件，如果要将其压缩为其他格式的文件，需安装相应的压缩软件。

　　压缩文件和文件夹有以下几种方法。

1. 文件和文件夹属性法

　　（1）在需要压缩的文件或文件夹上单击鼠标右键。

　　（2）在弹出的快捷菜单中选择"属性"选项，会打开如图 2.27 所示的对话框，单击"常规"选项卡。

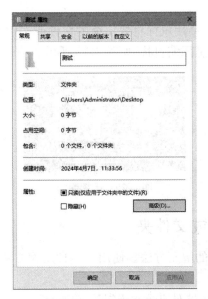

图 2.27　"属性"对话框

　　（3）点击"高级"按钮。在弹出的"高级属性"窗口中选择"压缩内容以便节省磁盘空间"，如图 2.28 所示，并在弹出的对话框中单击"确定"按钮。

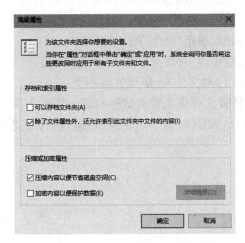

图 2.28　压缩文件和文件夹

（4）在弹出的"确认属性更改"对话框中单击"确定"按钮。

在"确认属性更改"对话框中有两个选项，如果选择"仅将更改应用于此文件夹"按钮，压缩的文件只对当前文件夹中的内容进行压缩；如果选择"将更改应用于此文件夹、子文件夹和文件"按钮，此选项不仅对当前文件夹中的内容进行压缩，而且还对文件夹下子文件夹和文件进行压缩。

2. 添加到压缩文件法

（1）此方法需要先在系统中安装压缩软件（如 360 压缩），然后在需要压缩的文件或文件夹上单击鼠标右键。

（2）在弹出的快捷菜单中选择"添加到压缩文件"命令。

（3）在弹出的"压缩文件名和参数"对话框中单击"确定"按钮。

3. 鼠标拖动法

同上需要安装压缩软件，使用鼠标将要压缩的文件或文件夹拖动至压缩文件夹。这两种方法产生的压缩文件图标呈压缩包状，如图 2.29 所示。

图 2.29　压缩图标

2.2.6　解压文件或文件夹

不同的压缩文件有不同的解压方法。使用第一种压缩方法的压缩文件和文件夹，解压方法如下：

（1）在需要解压的文件或文件夹上单击鼠标右键。

（2）在弹出的快捷菜单中选择"属性"选项，会打开如图 2.27 所示的对话框，单击"常规"选项卡。

（3）点击"高级"按钮。在弹出的"高级属性"窗口中取消选择"压缩内容以便节省磁盘空间"，如图 2.28 所示，将图中勾选去掉，单击"确定"按钮。

（4）返回到"属性"对话框，单击"确定"按钮。

（5）在弹出的"确认属性更改"对话框中单击"确定"按钮。

使用其他方法压缩的文件和文件夹，解压方法如下：

（1）在需要解压的文件或文件夹上单击鼠标右键。如图 2.30 所示。

（2）选择"解压到"，弹出如图 2.31 所示的对话框，选择合适的路径，并选择相应的设置，点击"确定"按钮。

图 2.30　解压文件和文件夹图

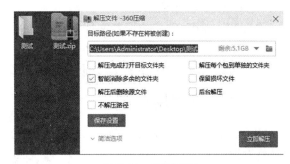

图 2.31　解压路径

(3) 选择解压到当前文件夹,会将文件或文件夹直接解压到当前文件夹中。

2.3　配置与管理用户账户

Windows 10 提供了多用户操作环境。当多个用户使用同一台计算机时,可以分别使用自己的账户登录系统,从而使用户之间互不影响。本节主要介绍配置与管理用户账户的相关知识。

2.3.1　配置用户账户

默认情况下,Windows 10 内置一个管理员账户。实际工作中,还可以添加其他用户账户,或更改账户类型,也可以为账户设置密码。

1. 用户账户概述

用户是指实际登录到 Windows 中执行操作的人,每个用户都必须拥有账户作为其身份标识,并使用该账户记录用户的名称、密码、隶属的组、可以访问的网络资源,以及个人文件和设置等。只有拥有合法账户的用户才能登录并使用计算机。

2. 用户账户类型

Windows 10 是一个多用户、多任务的操作系统,它提供了 3 种类型的用户账户,下面一一介绍。

(1) 管理员账户。管理员账户拥有对计算机的最高使用权限,可以进行任何操作,如安装、卸载应用程序,添加、删除硬件,更改系统设置,访问文件,创建、更改或删除其他用户账户等。

(2) 标准账户。标准账户一般为日常使用的账户,在使用计算机时会受到某些限制。例如,标准账户可以访问安装在计算机中的程序,可以更改自己账户的密码和头像,但不能删除重要的文件,不能更改大多数的系统设置等。

(3) 来宾账户。来宾账户是专门为那些没有用户账户的人准备的,它没有密码,拥有对计算机的最小使用权限,且不能更改系统设置。要使用来宾账户,必须先将其激活。

除以上 3 种本地账户类型外,Windows 10 中还有一种特有的账户,即 Microsoft 账户(在线账户),它使用电子邮件地址或电话号码作为用户名。使用 Microsoft 账户登录后,可以访问各种 Microsoft 服务,如 OneDrive(云存储服务)、Outlook(个人信息管理系统)和

Microsoft Store（应用商店）。

因为 Microsoft 账户的配置文件保存在云端（OneDrive），所以在重新安装操作系统或删除账户后不会删除账户的配置文件，而本地账户的配置文件只保存在本机，在重新安装操作系统或删除账户后账户的配置文件会彻底删除。

2.3.2　管理用户账户

创建多个用户账户后，这些账户之间相互独立、互不影响，用户可以根据需要对这些账户进行管理。

在 Windows 10 系统中，更改账户名称、密码和头像的操作步骤如下：

（1）更改账户名称。打开"设置"应用（可以通过开始菜单中的齿轮图标访问，或者使用快捷键"Win＋I"）。点击"账户"，在左侧菜单中选择"你的信息"，在右侧窗口中，点击"管理我的账户"，在弹出的窗口中，输入新的账户名称并点击"确定"以保存更改。

（2）更改账户头像。点击开始菜单，然后点击当前账户的头像，在弹出的菜单中选择"更改账户设置"，在账户设置页面，点击"浏览"来选择一个新的图片文件作为头像，如图 2.32 所示。选中图片后，点击"选择图片"来完成头像的更改。

图 2.32　更改账户头像

（3）更改账户密码。打开"设置"应用并进入"账户"部分，从左侧菜单中选择"登录选项"，在右侧窗口中找到"密码"部分，点击"更改"按钮，如图 2.33 所示，按照提示输入当前密码和新密码，然后确认新密码，完成后，系统会提示你密码已更改。

请注意，在进行这些更改时，确保遵循系统的提示和要求，特别是在更改密码时，需要先验证当前的密码。此外，建议定期更换密码以保护个人隐私和电脑安全。

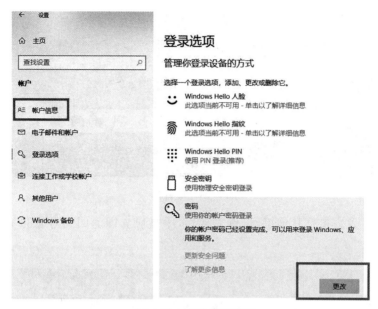

图 2.33　更改密码界面

2.4　输　入　法

使用计算机编写文档、上网聊天、查询资料等时,都需要输入相应文本。Windows 10 内置了微软拼音输入法,并且支持多种语言输入。系统自带的微软拼音输入法,无须安装,开箱即用。内置输入法不会有弹窗广告推送,更加注重用户隐私保护。借助云输入技术,提高了打字的速度和准确性。用户可以通过设置自定义短语来提高打字效率。U 模式用于输入不熟悉的汉字拼音,V 模式则用于输入特殊字符,这些功能可以让打字更加高效。除了中文输入,Windows 10 还支持多种其他语言的输入,方便不同语言用户使用。如果用户不习惯使用微软拼音输入法,也可以自行下载并安装第三方输入法,如搜狗、百度、华为等。与一些第三方输入法相比,Windows 10 自带的输入法没有广告弹窗和捆绑软件的问题。本节介绍输入法基础知识。

2.4.1　键盘打字简介

键盘打字需要选择输入法,Windows 10 系统默认的是英文输入法,如果要打中文字体,需要选择中文输入法。点击桌面右下角键盘图标,选择自己熟练的输入法,如图 2.34 所示。

键盘可以输入字母、数字、标点,可以用方向键移动光标指针。打字时将左手小指、无名指、中指和食指分别置于“A”“S”“D”和“F”键上,右手食指、中指、无名指和小指分别置于“J”“K”“L”和“;”键上,左右拇指轻置于空格键上,左右八个手指与基本键的各个键相对应,固定好手指位置后,不得随意离开,千万不能把手指的位置放错。一般来说现在的键盘上“F”和“J”键上均有凸起(手指可以明显地感觉到),这两个键就是左右手食指的位置。打字过程

图 2.34 语言栏

中,离开基本键位置去击打其他键,击键完成后,手指应立即返回到对应的基本键上,如图 2.35 所示。

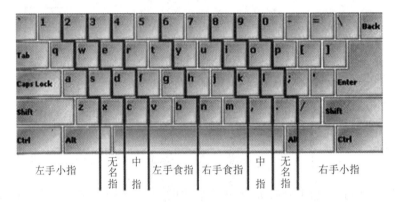

图 2.35 手指在键盘上的摆放规则

2.4.2 切换、删除输入法

用户在使用计算机的时候往往要输入文字,那么就需要用到输入法,用户要用好某种输入法,还需要设置其相应的属性,如在 Windows 10 中把一些不常用的输入法删掉,设置输入法的快捷键等,这样可大大缩短切换输入法的时间。

1. 添加或删除输入法

在 Windows 10 最初安装完成时,系统会为用户安装一些输入法,如"微软拼音输入法""中文(简体)全拼"等输入法,有些输入法是不需要的,而对于使用五笔输入法的用户又没有输入法可使用,因此就要通过添加或删除输入法来满足用户的需要。添加和删除输入法具体做法如下:

在语言栏上点击鼠标右键,选择"设置",在弹出的对话框中点击首选语言模块,如图 2.36 所示。

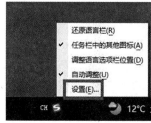

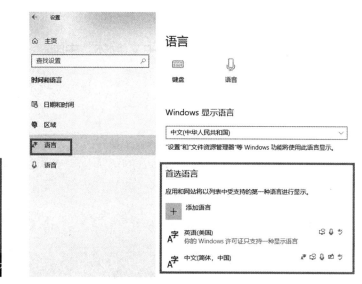

图 2.36　语言设置模块

（1）删除输入法：例如在"首选语言"区域中点击选项，进入中文输入法界面，单击"搜狗拼音输入法"，然后单击右边的"删除"按钮。如图 2.37 所示。

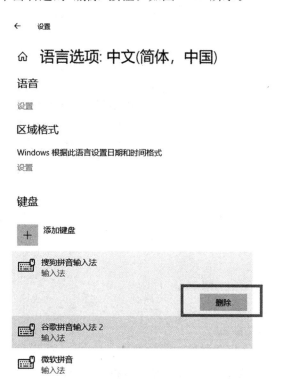

图 2.37　输入法删除界面

（2）添加输入法：如图 2.38 所示。

2. 自定义输入法快捷键

用户可以给各种输入法定义一个快捷键，通过使用快捷键可迅速打开相应的输入法，例

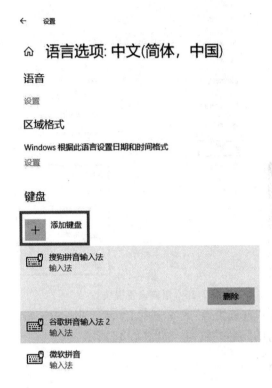

图 2.38　输入法增加界面

如更改中英切换快捷键的设置方法如下：

（1）在语言栏上点击鼠标右键，选择"设置"，单击拼写、键入和键盘设置，如图 2.39 所示，再点击高级键盘设置，如图 2.40 所示，在"输入语言热键"区域单击，列表中选择"切换到中文（简体，中国）-中文（简体）-美式键盘"，单击"更改按键顺序"按钮。如图 2.41 所示。

图 2.39　点击拼写、键入和键盘界面

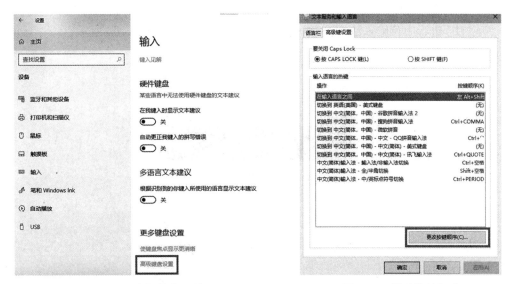

图 2.40　高级键盘设置　　　　　　　　图 2.41　更改按键顺序

（2）在"更改按键顺序"对话框中将"启用按键顺序"选中（即√），更改快捷键为"Ctrl＋Shift＋0"，单击"确定"按钮，如图 2.42 所示。

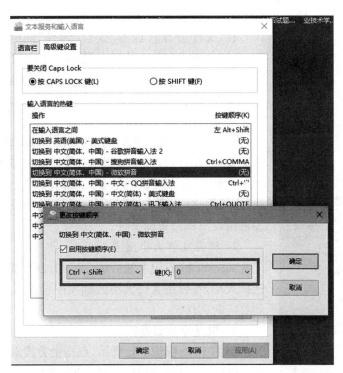

图 2.42　定义输入法快捷键

3. 输入法的切换

可以使用快捷键法或者鼠标单击选择法进行输入法的切换。

（1）快捷键法：使用"Ctrl＋Space"键进行中文/英文输入法切换，使用"Ctrl＋Shift"键在各种输入法之间进行切换。

（2）鼠标单击选择法：单击任务栏右边的语言指示器按钮，将弹出汉字输入法选择菜单。点击"中"进行中英输入法切换，点击"S"可以选择输入法，如图 2.43 所示。

图 2.43　切换输入法

2.5　搜　索　文　件

2.5.1　从文件资源管理器搜索

点击桌面左下角的开始菜单，可以看见 Windows 10 的"文件资源管理器"（文档图标），再点击这个文档图标，打开文件资源管理器窗口。如右图 2.44 所示。

图 2.44　打开文件资源管理器

在"文件资源管理器"窗口，选择"此电脑"（或具体设备盘）指定要搜索电脑上文件的范围。指定搜索范围后，在右侧输入窗口里输入要搜索的内容，接下来电脑会自动在选定的范围里搜索要查找的内容，用户可以根据需求搜索。

1. 根据文件内容搜索

打开文件资源管理器后，在如图 2.45 所示的搜索框中输入需要检索的内容，在"高级选项"下选中"文件内容"，这样就会显示那些文件内容中包含关键词的文件，用户可以取消勾选"压缩的文件夹"，这样就不会把你不想要的内容显示出来。即可检索出所需要的文件。

2. 根据文件大小搜索

如图 2.46 标记 1 处所示，点击上方搜索工具，在弹出框中选择大小，在弹出文件大小的选项中选择目标选项，即可查找到对应的文件。

3. 根据修改日期搜索

如图 2.46 标识 2 处所示，点击上方搜索工具，点击修改日期，在弹出的日期面板中选择日期，选择后即可检索出所需要的文件。

2.5.2　从开始菜单搜索

开始菜单的旁边是搜索框，可以在搜索框中进行搜索，在其中输入"计算机"，会在开始面板中显示出相关的应用，文档

图 2.45　按文件内容搜索

图 2.46　按日期和大小查找

以及网页等。图 2.47 所示的为输入"计算机"后显示的搜索结果。

图 2.47　从开始菜单进行搜索

习　题　2

2.1　单项选择题

1. Windows 10 的哪个版本提供了完整的功能体验？_____
A. Windows 10 Home
B. Windows 10 Pro
C. Windows 10 Enterprise
D. Windows 10 Education

2. 在 Windows 10 中，按下哪组快捷键可以打开任务视图？_____
A. Win + L
B. Ctrl + Alt + Del
C. Win + Tab
D. Win + E

3. 若要在 Windows 10 中进行系统更新，应访问哪个设置选项？_____
A. 账户设置　　　B. 设备设置　　　C. 更新与安全　　　D. 个性化

4. 在 Windows 10 中，"控制面板"可以通过哪种方式访问？_____
A. 开始菜单搜索
B. 任务栏右键菜单
C. 系统托盘图标
D. 命令提示符

5. Windows 10 的文件资源管理器默认使用哪个视图？_____
A. 列表视图　　　B. 大图标视图　　　C. 小图标视图　　　D. 详细信息视图

6. 在 Windows 10 中，如何启用飞行模式？_____
A. 从开始菜单中选择设置
B. 在任务栏的操作中心内切换
C. 通过设备管理器禁用无线网卡
D. 重启计算机并按 F8 进入安全模式

7. Windows 10 的虚拟桌面功能允许用户做什么？_____
A. 同时运行多个操作系统
B. 同时登录多个用户账户
C. 增加屏幕分辨率
D. 在不同的"桌面"间切换窗口和应用程序

8. 在 Windows 10 中，如何快速锁定电脑？_____
A. Win + L
B. Ctrl + Alt + Delete
C. Ctrl + Shift + Esc
D. Alt + F4

9. Windows 10 中的"操作中心"是用来做什么的？_____
A. 查看系统信息
B. 调整系统设置
C. 接收和响应通知、快捷操作
D. 浏览互联网

10. 在 Windows 10 中，如何打开命令提示符？_____
A. Win + R，然后输入 cmd
B. 在开始菜单内搜索 cmd
C. 在任务栏右键单击，选择命令提示符
D. 以上都不对

11. Windows 10 的"夜间模式"设置在哪里？_____
A. 设备管理器
B. 显示设置
C. 隐私设置
D. 系统设置

12. "任务管理器"在 Windows 10 中可以用来做什么？_____
A. 卸载程序
B. 更改系统设置
C. 监控系统性能和结束任务
D. 管理网络连接

2.2　实训题

文件、文件夹操作练习。

1. 在桌面上,创建"test1"和"test2"文件夹。

2. 在"test1"文件夹中创建"a1.txt""a2.txt""a3.txt"。

3. 把"a1.txt"移动到"test2"文件夹中,并把"a1.txt"重命名为"b1.txt"。

4. 把"a2.txt"复制到"test2"文件夹中。

5. 删除"test1"文件夹中的"a3.txt"文件。

第3章 Word 2016 文字处理软件

Word 2016 是微软公司推出的 Office 2016 办公软件中的重要组件之一,是一款功能强大的文字处理和排版工具。相对于 Word 2010,Word 2016 不仅保留了前一版本的传统功能,还增添了一些新功能,例如增加了协同工作的功能,只要通过共享功能选项发出邀请,就可以让其他使用者一同编辑文件,而且每个使用者编辑过的地方,也会出现提示,让所有人都可以看到哪些段落被编辑过。还增加了多窗口显示功能,避免了来回切换 Word 的麻烦,直接在同一界面中就可以选取。

3.1 Word 2016 工作界面

3.1.1 Word 2016 的启动和退出

在 Windows 10 中,启动 Word 2016 应用程序的方法主要有三种,下面分别进行介绍:

(1) 单击"开始"菜单,找到"Word 2016"命令后单击即可启动,如图 3.1 所示。

(2) 双击 Word 2016 程序启动的快捷方式图标。如果桌面上有 Word 2016 程序启动的快捷方式图标,就可以在桌面上双击该图标来启动应用程序。

(3) 在"Windows 资源管理器"或"计算机"窗口中双击 Word 文档图标,在打开 Word 文件的同时启动相应的应用程序 Word 2016。

3.1.2 Word 2016 的窗口

启动 Word 2016 后,用户所看到的就是 Word 工作界面,所有的操作都是在这个界面内进行的。工作界面包括标题栏、文件菜单、选项卡、功能区、文本编辑区、状态栏和视图按钮等,如图 3.2 所示。

1. 标题栏

标题栏位于工作界面的最上方,用来显示文档的名称。当打开或创建一个新文档时,该文档的名称就会出现在标题栏上。标题栏上还包含快速访问工具栏(含控制菜单按钮)、当前文档的标题、应用程序的名称、窗口控制按钮等。

图 3.1 Word 2016 启动方式

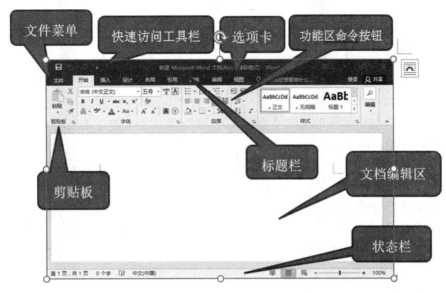

图 3. 2　Word 2016 窗口

（1）快速访问工具栏：位于 Word 窗口的顶部"文件"按钮的右侧。这是一个可自定义的工具栏，它包含一组独立于当前所显示的选项卡的命令。单击快速访问工具栏右侧的按钮，将出现自定义快速访问工具栏下拉菜单，通过此菜单用户可以在快速访问工具栏中添加或删除表示命令的按钮，实现快速访问工具栏的自定义。

（2）文档名称：文档名称在标题栏的正中位置，它显示当前正在使用的文档的名称。如果是新建的文档，Word 2016 会自动根据文档新建的先后次序将文件命名为"文档1""文档2"等。

（3）窗口控制按钮：窗口控制按钮位于标题栏的右边，从左到右依次为"最小化"按钮、"最大化"按钮或"向下还原"按钮、"关闭"按钮。单击"最小化"按钮，窗口会缩小成为 Windows 任务栏上的一个按钮；单击"最大化"按钮，窗口会放大至铺满整个屏幕，此时该按钮也会变成"向下还原"按钮；单击"向下还原"按钮，窗口会变回原来的大小；单击"关闭"按钮，窗口会被关闭。另外，双击标题栏相当于点击"最大化"按钮或"向下还原"按钮，可以将窗口最大化或还原至原来大小。

2. 文件菜单

单击"文件"按钮，打开文件菜单。在菜单中可以通过相应菜单命令对文档进行打开、保存、关闭、退出以及 Word 选项设置等操作。文件菜单中还包含了 6 个选项卡，包括"信息""新建""打印"等，都是针对文档内容进行操作的，单击不同的选项卡，可以得到不同的操作设置选项。

3. 选项卡

在"文件"按钮的右侧排列了多个选项卡，如"开始""插入""设计""布局""引用""邮件""审阅""视图"等，都是对文档内容进行编辑或相关设置的。单击不同的选项卡，可以在功能区显示相关的操作设置。

4. 功能区

功能区显示的是每个选项卡下所包含的操作命令组。例如：每个选项卡由多个组组成。

例如，"开始"选项卡由"剪贴板""字体""段落""样式"和"编辑"5 个组组成，每个组中有大量的命令按钮和图示。有些组的右下角有一个"功能扩展"按钮▣，将鼠标指向该按钮时可预览相应的对话框或窗格，单击该按钮可打开对应的对话框或窗格。

5. 文本编辑区

编辑区是 Word 2016 的工作窗口，用户可以在此进行文档的编辑、排版和浏览等操作。编辑区由标尺、滚动条和文本区域组成。

(1) 标尺：标尺分为水平标尺和垂直标尺，水平标尺位于文本区的正上方，而垂直标尺位于文本区的左侧。标尺上面标有刻度，可用于对文本位置进行定位，利用标尺可以设置页边距、字符缩进和制表位。标尺中部白色部分表示文档正文的实际宽度，两端浅蓝色部分则表示正文与页面四边的空白宽度。水平标尺上有四个小滑块，通过它们可以分别进行文档段落的首行缩进、悬挂缩进、左缩进以及右缩进设置操作。

(2) 滚动条：滚动条位于文本区的下方和右侧。下方的滚动条称为水平滚动条，右侧的滚动条称为垂直滚动条。拖动滚动条可以使文本内容在窗口中滚动，以便显示区域外被挡住的文本内容。

(3) 文本区域：水平标尺与垂直标尺白色部分的交叉区域称为文本区域。打开文档后，文档内容就显示在文本区内，用户对文档进行的各种编辑操作都在这里进行。

6. 状态栏

状态栏位于 Word 2016 工作界面的下部，用来显示当前文档的一些状态，包括当前光标所在的页码、当前选定的文字数量、3 个视图切换按钮、缩放按钮等。

7. 视图按钮

视图按钮位于 Word 2016 工作界面的右下方，状态栏的右侧有"视图切换"按钮▦▨▩和"显示比例调节"工具[- ▮ + 100%]。其中"视图切换"按钮提供阅读视图、页面视图和Web 版式 3 种视图，可切换至任一视图模式来查看当前文档。文档常用的视图是页面视图。

3.2　文档的基本操作

使用 Word 2016 可以进行文字编辑、图文混排及制作表格等多种操作，但前提是要掌握Word 文档的基本操作方法，主要包括新建、保存、打开和关闭文档。

3.2.1　新建文档

文本的输入和编辑操作都是在文档中进行的，所以要进行各种文本操作必须先新建一个 Word 文档。根据操作需要，用户可以创建空白文档，也可选择模板创建带有格式的文档。

1. 新建空白文档

(1) 当用户正常启动 Word 2016 应用程序的同时，系统会自动创建一个名为"文档1"的空白文档。再次启动该程序，系统会依次创建名为"文档2""文档3"……的空白文档。每一个新建文档对应一个独立窗口。

(2) 在 Word 2016 环境下，按下"Ctrl＋N"组合键，即可创建一个新的空白文档。

（3）在 Word 2016 窗口中，切换到"文件"选项卡，在左侧窗格中单击"新建"命令，在右侧窗格的"可用模板"栏选择"空白文档"选项，然后单击"创建"按钮即可创建一个空白文档，如图 3.3 所示。

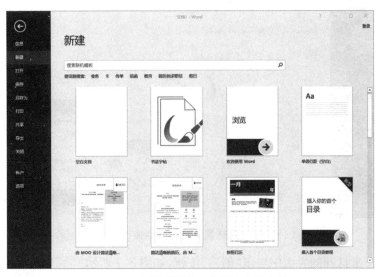

图 3.3　用"文件"选项卡创建空白文档

（4）通过快捷菜单创建空白文档。在桌面或任何可以存放文件的窗口中的空白处右击鼠标，在弹出的快捷菜单中选择"新建"命令，在右侧的子菜单中选择"DOCX 文档"命令，如图 3.4 所示。例如，在桌面上实现该操作，将会在桌面上新建一个名为"新建 DOCX 文档"的图标，如图 3.5 所示。双击该图标，即可打开新建的空白文档。

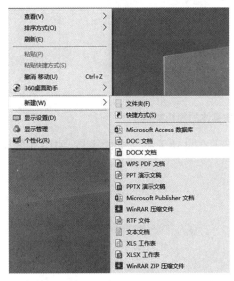

图 3.4　通过快捷菜单创建 Word 文档

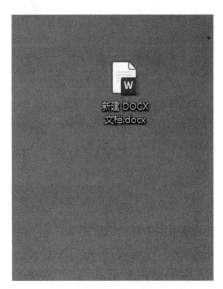

图 3.5　新建好的 Word 文档

2. 根据模板创建文档

Word 2016 为用户提供了多种模板类型，利用这些模板，用户可快速创建各种专业的文档。具体操作步骤如下：

（1）单击"文件"功能区，在 Word 2016 的初始界面，单击"空白文档"右侧的其他模板文档，如"快照日历"，如图 3.6 所示。

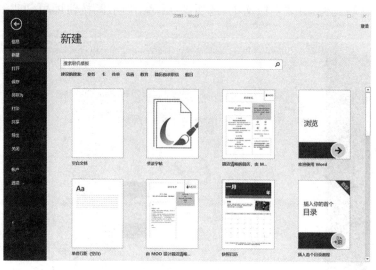

图 3.6　选择要新建的文档模板类型

（2）在接下来打开的界面中点击"创建"按钮，如图 3.7 所示。

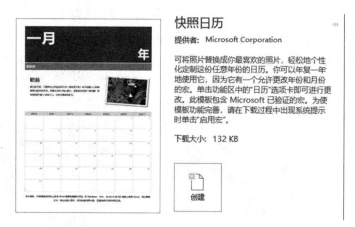

图 3.7　选定并下载具体的模板类型

（3）弹出"正在下载模板"对话框，表示系统正在自动下载所选的模板，如图 3.8 所示。

图 3.8　"正在下载模板"对话框

（4）下载完成后，Word 2016 会打开新窗口，并基于所选模板创建新文档，如图 3.9 所示。

图 3.9　基于"快照日历"模板创建的新文档

3.2.2　保存文档

对文档进行相应的编辑后，可将文档作为一个磁盘文件存储起来。保存文档是非常重要的，用户当前所做的工作都是在内存中进行的，一旦断电或发生故障，其中的数据就会丢失，所有的工作就会白费。所以，用户在编辑文档后应及时将文档保存到外存介质上。

1. 手动保存文档

手动保存文档的方法有以下几种方式：

单击"文件"—"保存"命令，或单击快速访问工具栏上的"保存"命令，或按"Ctrl + S"快捷键都可以对当前文件进行保存。

（1）首次保存一个文档，会弹出"另存为"对话框，如图 3.10 所示。在该对话框中可以选择文档保存位置、保存类型以及修改文档名称。

（2）单击"文件"—"另存为"命令，打开如图 3.10 所示的"另存为"对话框，在该对话框中可以选择一个保存文档的位置，在"文件名"下拉列表框中输入文档名，在"保存类型"下拉列表框中选择合适的类型保存当前文档，系统默认为"Word 文档"，扩展名为".docx"。如果选择"Word 97 2003 文档"，文档将以扩展名为".doc"的文档进行保存。

（3）用另一文档名保存文档。如果要以不同的名字保存当前文档，可执行"文件"—"另存为"命令，把此文件以另一个不同的名字保存在同一个或不同文件夹中。原来的文档的内容和位置将不发生变化。

2. 自动保存文档

在进行文档的编辑过程中，用户可能会忘记手动方式进行保存，为了有效地避免因停电、死机等意外事故而造成的文件丢失，Word 2016 提供了自动保存功能。自动保存的时间间隔也可以由用户设定，具体操作步骤如下：

图 3.10　"另存为"对话框

（1）单击"文件"—"选项"命令，弹出"Word 选项"对话框，如图 3.11 所示。

图 3.11　"Word 选项"对话框

（2）选择"保存"选项卡，在"保存文档"栏中，选中"保存自动恢复信息时间间隔"复选框，并在其右侧的数值框中输入一个时间间隔（以分钟为单位）。例如，在该数值框中输入 10，即表示设定系统每隔 10 分钟自动保存一次文档。

（3）选中"如果我没保存就关闭，请保留上次自动保留的版本"复选框。

（4）设置"自动恢复文件位置"，用于"自动恢复"功能定期地保存文档的临时副本，以保护用户所做的工作；设置"默认文件位置"用于文档保存时自动保存的位置。

（5）单击"确定"按钮，保存设置并关闭对话框。

设置了自动保存功能后，虽然不必担忧在文档编辑中因停电或死机而造成的数据丢失，但建议用户还是要养成随时使用快捷键保存文档的好习惯。

3.3　文本的基本操作

文本的基本操作包括输入文本,选定文本,文本的剪切、复制和粘贴,查找和替换,撤销、恢复与重复操作等。

3.3.1　输入文本

1. 定位光标插入点

文本是指能够通过键盘输入的信息,通常包括数字、字母、符号和汉字等。启动 Word 后,在文档编辑区中可以看见一个不停闪动的光标"|",称为光标插入点,光标插入点所在位置即为文本输入的位置。当输入文本时,光标插入点会不断地向右移动,到达文档的边界时,Word 会自动地使光标插入点移动到下一行的左边界处。在 Word 中对文本的编辑都是在光标插入点处进行的,因此在文档中输入文本前,需要先定位好光标插入点。光标插入点的定位操作可以通过鼠标或键盘上的快捷键来完成,如表 3.1 所示。

表 3.1　光标插入点的定位方法

操作内容	鼠标操作	键盘操作
到行首	鼠标指针指向行首,单击左键	"Home"
到行尾	鼠标指针指向行尾,单击左键	"End"
到文档首	将垂直滚动条拖到顶端,鼠标在文档首部单击左键	"Ctrl + Home"
到文档尾	将垂直滚动条拖到底端,鼠标在文档尾部单击左键	"Ctrl + End"
到上一屏		"Page Up"
到下一屏		"Page Down"
上、下逐行移动		按"↑"或"↓"
左、右逐字移动		按"←"或"→"
到上一段		"Ctrl + ↑"
到下一段		"Ctrl + ↓"

2. 输入文本内容

定位好光标插入点后,切换到自己习惯用的输入法,即可输入相应的文本内容。在输入文本的过程中,光标插入点会自动向右移动。当一行文本输入完毕后,不要按"Enter"键,插入点会自动转到下一行。如果在某段落中需要强行换行,可以使用"Shift + Enter"组合键。在没有输入满一行文字的情况下,若需要开始新的段落,可按"Enter"键进行换行。

如果要在文档的任意位置处输入文本,可通过"即点即输"功能实现,具体操作方法为:将鼠标指针指向需要输入文本的位置,当鼠标指针呈 I 形状时双击鼠标左键,即可在当前位置定位光标插入点,此时便可输入相应的文本内容。

输入文本时应注意以下几点:

(1) 在 Word 2016 中输入文本时有两种互斥状态:"插入"状态和"改写"状态。处于"插入"状态时,输入的新文本将显示在插入点的位置,而原来在插入点后面的文本将后移;处于"改写"状态时,输入的新文本将会替换插入点后的原文本。输入文本是在"插入"状态还是"改写"状态,可以通过状态栏得知。两种状态可以通过按键盘上的"Insert"键或单击状态栏上的"插入/改写"按钮进行切换。

（2）切换输入法的快捷方式:按"Ctrl＋Shift"组合键是在所有输入法之间进行切换;按"Ctrl＋Space"组合键是在英文和中文输入法之间进行切换。

（3）在输入文本的过程中,如果产生了错误,可以利用"Del"键删除插入点后的一个字符,也可以利用"Backspace"键删除插入点前面的一个字符。

3. 在文档中插入符号

在文档输入中,经常需要输入一些特殊符号,这些符号无法通过键盘输入,如数学符号 $\sum$,单位符号％、图形符号☺等。Word 2016 提供了丰富的符号和特殊字符,输入这些符号可以通过以下两种方式实现:

（1）使用软键盘的方法。先选择一种中文输入法,例如搜狗拼音输入法,如图 3.12 所示。在输入法的工具栏,右击软键盘按钮,在弹出的快捷菜单中选择字符类型,如数学符号,会打开如图 3.13 所示的软键盘,在软键盘上点击需要的符号即可插入至文档中。

图 3.12　搜狗拼音输入法工具栏　　　　　　　　　图 3.13　软键盘

（2）使用 Word"插入"菜单的方法。单击"插入"选项卡→"符号"组→"符号"按钮,在展开的菜单中执行"其他符号"命令,打开"符号"对话框,如图 3.14 所示。在"符号"对话框中,通过设置"字体"和"子集"可以查找到大量的符号。

4. 输入日期和时间

在编辑通知、信函等文档时,通常需要在文档结尾处输入日期。Word 提供了输入各种标准的日期和时间的功能,可以单击"插入"→"文本"→"日期和时间"按钮,弹出"日期和时间"对话框,选择需要的格式。如果希望每次打开文档时,时间自动更新为打开文档时系统的日期,需要选中"自动更新"复选框,如图 3.15 所示。

图 3.14　"符号"对话框图　　　　　　　　　　　图 3.15　"日期和时间"对话框

3.3.2　选定文本

在 Word 文档中,常常需要对其中一部分进行编辑操作,如某一段落、某些句子等,这时就必须先选定要进行操作的部分,被选中的文本将以蓝色背景显示。选定文本之后,用户所做的任何操作都只作用于选定的文本。下面介绍几种常用的选定文本方法:

1. 鼠标选定法

用鼠标选定文本是最基本、最常用的选定方式。通常情况下,拖动鼠标可以选择任意文本,具体方法为:将鼠标指针移动到要选择的文本开始处,按住鼠标左键不放并拖动鼠标,直至需要选择的文本结尾处释放鼠标即可。

此外,还可通过拖曳鼠标选定任意连续的字、句、行和段,具体操作如下:

(1) 选择一个词。鼠标指针指向要选择的词,双击鼠标。

(2) 选择一个句子(以句号、感叹号、问号作为句子结束的标志)。鼠标指针指向要选择句子的任意位置,按住"Ctrl"键,单击鼠标。

(3) 选择一行。将鼠标指针移动到某行左侧的页边距区域,该区域被称为文档选定区。当鼠标指针变成指向右上方的空心箭头时,单击鼠标左键,该行就被选定了。

(4) 选择一个段落。将鼠标指针指向要选择段落的任意位置,快速三连击鼠标;或将鼠标指针移至该段落左侧的文档选定区,双击鼠标即可选定该段落。

(5) 选择任意文本块。单击要选择文本块的第一个字符的左边,按住"Shift"键,将鼠标指针移动到要选择文本块的最后一个字符的右边,单击鼠标,即可选中需要的任意一段文本内容。

(6) 选择矩形文本区域。将鼠标指针定位到所选文本起始端,然后再按住"Alt"键并拖曳鼠标经过要选定的文档区域,即可选定一个矩形文本区域。

(7) 选择整篇文档。将鼠标指针移动到页面左侧的文档选定区任意位置,连击三次鼠标左键即可;还可以单击"开始"→"编辑"选项组下的"选择"→"全选"按钮。

(8) 选择不连续的文本。按住"Ctrl"键,在需要选中文本的开始处,按住鼠标左键拖动选取,可选定不连续的文本区域。

2. 键盘选定法

使用键盘选择文本时,应先将插入点定位到需选择范围的起始位置,再根据需要选择文本范围的不同,选择相应的快捷键,具体如表 3.2 所示。

表 3.2　使用快捷键选择文本

快　捷　键	功　　能
"Ctral + A"	选择整篇文档
"Shift + ↑/↓"	向上/向下选中一行
"Shift + ←/→"	向左/向右选中一个字符
"Shift + Home/End"	从插入点到行首/行尾
"Ctrl + Shift + ↑/↓"	从插入点到段落开头/段落结尾
"Ctrl + Shift + ←/→"	从插入点到英文单词(字词)词首/词尾
"Ctrl + Shift + Home/End"	选择光标所在处至文档开始处/结束处的文本

3.3.3 文本的剪切、复制和粘贴

在 Word 2016 中，通过剪贴板可以实现文档对象的剪切、复制和粘贴等功能。在编辑文档时，利用这些功能，可以有效地提高工作效率。具体操作方法如下：

1. 剪切操作

剪切操作可以将选定的文本或其他对象（如表格、图片等）从当前位置移除，放置在剪贴板中，然后可使用粘贴功能将其移至当前文档的其他位置或其他文档中。存放在剪贴板中的内容可反复粘贴，无次数限制。具体操作方法有以下三种：

（1）选定对象，单击"开始"选项卡→"剪贴板"组→"剪切"按钮，如图 3.16 所示。

（2）在选定的对象上右击，在弹出的快捷菜单中选择"剪切"命令，如图 3.17 所示。

（3）选定对象，按"Ctrl + X"快捷键。

图 3.16　剪切板　　　　图 3.17　右键快捷菜单

2. 复制操作

在编辑文档过程中，对于文档中内容重复部分的输入，可通过复制操作来完成，从而避免重复的编辑工作，复制的内容放置在剪贴板中用于粘贴。具体操作方法有以下三种：

（1）选定对象，单击"开始"选项卡→"剪贴板"组→"复制"按钮。

（2）在选定的对象上右击，在弹出的快捷菜单中选择"复制"命令。

（3）选定对象，按"Ctrl + C"快捷键。

3. 粘贴操作

Word 2016 提供了三种常用的粘贴方式，用户可以根据不同的需要进行选择。

（1）保留源格式📋：将剪贴板上的内容保留原来设置好的格式不变，粘贴到用户指定的位置。这种方式是系统默认的粘贴方式。

（2）合并格式📋：改变剪贴板上内容的原有格式，粘贴时将它与当前要粘贴文档的格式保持一致。

（3）只保留文本📋：将剪贴板上的内容去除图、表格线等对象，粘贴时只保留文本内容。

在执行粘贴操作前，必须先执行相应的复制或剪切操作，将要粘贴的内容放置在剪贴板上。单击"剪贴板"选项组右下角的 □，将在编辑区的左侧弹出"剪贴板"导航窗格，在这里将会放置在剪贴板中可执行粘贴的内容。选定要粘贴的位置后，即可进行粘贴操作，粘贴操作的具体方法有以下三种：

（1）单击"开始"选项卡→"剪贴板"组→"粘贴"按钮，将默认使用保留源格式的方式粘贴剪贴板上的内容。如果选择其他粘贴方式，单击"粘贴"图标的下拉按钮，将显示三种粘贴方式的图标，单击相应图标执行粘贴操作。

（2）右击鼠标，在弹出的快捷菜单中单击"粘贴选项"中的粘贴方式图标。

（3）按"Ctrl + V"快捷键。

在 Word 文档中，用户可以通过文本的剪切、复制和粘贴操作实现文本的移动或复制。此外，用户还可以通过拖曳鼠标来移动或复制文本。具体操作方法有以下两种：

（1）先选定要移动或复制的文本，然后按住鼠标左键不放，将所选文本拖动到目标位置，释放鼠标，就可以将所选文本移动至指定位置；如果拖动同时按下"Ctrl"键，则可将所选文本复制至指定位置。

（2）先选定要移动或复制的文本，然后按住鼠标右键不放，将所选文本拖动到目标位置，释放鼠标，将会弹出一个快捷菜单，如图 3.18 所示。在其中选择"移动到此位置"命令，就可以将文本移动至指定位置；若选择"复制到此位置"命令，则将文本复制到指定位置。

图 3.18　快捷菜单

3.3.4　查找和替换

在编辑文档时，如果想知道某个字、词或一句话是否出现在文档中以及出现的位置，或者希望快速定位到需要修改的文档位置，可通过 Word 的"查找"功能进行查找。当发现某个字或词全部输错了，可通过 Word 的"替换"功能进行替换，从而避免逐一修改的烦琐，达到事半功倍的效果。

1. 查找文本

查找文本的操作可分为简单查找和高级查找，或者使用快捷键"Ctrl + F"查找，实现的方式分别如下：

（1）简单查找。单击"开始"选项卡→"编辑"组→"查找"按钮，就会弹出"导航"任务窗格。在"搜索文档"框中输入待查找的内容，如"段落"，系统就会自动在当前文档中搜索要查找的内容，并在任务窗格中显示查找到的数量、位置等信息，如图 3.19 所示。同时，在文档编辑区可以看到查找到的内容被高亮显示。单击"导航"任务窗格上的"关闭"按钮 ✖，就可以结束查找并返回到文档的原始位置。

（2）高级查找。单击"开始"选项卡→"编辑"组→"查找"按钮→"高级查找"按钮或者使用快捷键"Ctrl + G"，就会打开如图 3.20 所示的"查找和替换"对话框。在"查找"选项卡下的"查找内容"框中输入要查找的内容，单击"查找下一处"按钮，即可将一处符合查找的内容高亮显示。若需继续查找，则继续单击"查找下一处"按钮。

图 3.19　"导航"任务窗格

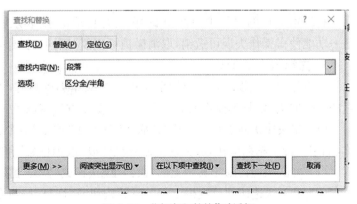

图 3.20　"查找和替换"对话框

使用高级查找时,应注意以下几点:

(1)如果要查找有更多要求的文本,在"查找和替换"对话框中,可以单击"更多"按钮,选用对话框中的各个选项,使得查找更加准确和迅速。

(2)如果要查找具有特定格式的文本,先输入要查找的文本内容,在"更多"下拉列表框中,单击"格式"按钮,从中选择要查找内容的格式类型并进行相应格式设置,如字体、段落、样式等。

(3)如果要查找一些特殊格式,例如分节符、制表符或空格等,在"更多"下拉列表框中,单击"特殊格式"按钮,从中选择要查找的特殊格式内容。

2. 替换文本

替换文本的操作在"查找和替换"对话框的"替换"选项卡下实现。对于替换的特殊要求,可以通过点击"更多"按钮,使替换更加准确和迅速。

例 将文档中所有的"Word2010"替换为"Word2016",具体操作步骤如下:

(1)单击"开始"选项卡→"编辑"组→"替换"按钮,弹出"查找和替换"对话框,选择"替换"选项卡。

(2)在"查找内容"框中输入"Word2010";在"替换为"框中输入"Word2016",如图3.21所示。

(3)单击"全部替换"按钮,系统会将搜索范围内所有的"Word2010"一次全部替换为"Word2016";单击"替换"和"查找下一处"两个按钮将会查找到一处,替换一处。

图 3.21　替换操作

3.3.5　撤销、恢复与重复操作

在编辑文档的过程中,Word 2016 具有自动记录近期执行过的一些操作步骤的功能。这一功能使得操作失误可撤销,取消撤销可恢复,相同的操作可重复执行。

1. 撤销与恢复操作

当操作出现失误或用户对以前所进行的操作不满意时,可以利用撤销功能将前面执行过的操作取消,恢复到操作前的状态。具体操作方法有以下三种:

(1)在快速访问工具栏中执行"撤销"命令或"重复"命令。该命令后面会添加操作的名称,如刚执行了粘贴操作,那么这组命令就变成"撤销粘贴"和"重复粘贴"。

(2)单击快速访问工具栏上的"撤销" 按钮或"恢复" 按钮。

(3)单击快速访问工具栏上的"撤销"按钮或"恢复"按钮右边的朝下的箭头按钮,会弹出记录各次编辑操作的列表框,可以从列表框中选择某个操作,撤销或恢复到该操作时的状态。

2. 重复操作

在没有执行任何撤销操作的情况下,快速访问工具栏上的"恢复"按钮是不显示的,取而代之的是"重复"按钮![]。单击"重复"按钮或使用"Ctrl + Z"快捷键可重复上一步操作。

3.4 文档的初级排版

在 Word 文档中输入文本后,用户通常要根据自己的需要对文档的外观进行修饰,使其变得美观易读、丰富多彩,这就是对文档的排版设计。文档的排版操作主要包括设置字体格式、设置段落格式以及页面设置等。

3.4.1 设置字体格式

设置字体格式主要包括设置文档中字符所使用的字体、字号、字形、颜色、字符缩放、字符间距和字符位置等。进行格式设置之前需要先选定文本。设置较简单的字体格式一般通过单击"开始"选项卡→"字体"组中的相应按钮即可完成。

如果有更多的设置要求时,可以单击"字体"组右下角的对话框启动器;也可以右击选中文本,在弹出的快捷菜单中选择"字体"命令;还可以按"Ctrl + D"组合键。这三种方法都可以打开"字体"对话框,该对话框中包含"字体"和"高级"两个选项卡,如图 3.22 所示。

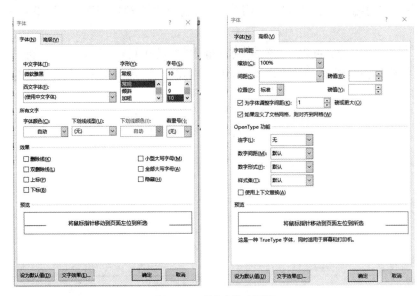

图 3.22 "字体"对话框

1. "字体"选项卡

(1) 字体是字符呈现的书写样式,包括中文字体(如宋体、黑体)和英文字体(如 Times New Roman)。

(2) 字形是指常规、倾斜、加粗等。

(3) 字体颜色是指字符显示的颜色。

(4) 字号是指字符的大小。字号有汉字数码表示和阿拉伯数字表示两种。其中,汉字数码越小字体越大,如一号字比二号字大,阿拉伯数字越小字体越小。

(5) 效果是指对文字进行多种设置,包括删除线(—)、上标(x^2)等。

此外,在"字体"选项卡中,可以给选定文本设置下划线、着重号等。

2."高级"选项卡

(1) 缩放是指调整字符的宽度,常规比例是 100%,比例大小决定字符的宽窄。

(2) 间距可以设置字符之间的距离,默认为"标准",还有"加宽"和"紧缩"两个选项。

(3) 位置是设置字符在同一行上的高度,默认为"标准",还有"提升"和"降低"两个选项。

(4) 单击"文字效果"按钮,弹出"设置文本效果格式"对话框,在该对话框上可以从轮廓、阴影、映像等方面对文字进行自定义设置。

3.4.2　设置段落格式

段落格式设置主要包括对齐方式、缩进、段间距、行距、边框和底纹等,合理设置这些格式,可使文档结构清晰、层次分明。

设置段落格式,首先要选中整个段落,然后一般通过"开始"选项卡→"段落"组中的相应按钮操作。如果需要进行更详细的设置,可以单击"段落"组的对话框启动器;或右击选中的段落,在弹出的快捷菜单中选择"段落"命令,弹出"段落"对话框,如图 3.23 所示。

1. 设置对齐方式

对齐方式是指段落在文档中的相对位置,Word 中提供的段落对齐方式有左对齐、右对齐、居中对齐、两端对齐和分散对齐五种。其中,两端对齐是默认的对齐方式。在中文文档中,左对齐方式与两端对齐方式区别不明显,只有在英文文档中,用户才能很明显地看出两者间的不同。

段落对齐方式的设置,可以在"段落"对话框中"缩进和间距"选项卡下进行,也可以通过"段落"选项组中的快捷按钮来实现。以制作某通知为例,展示各种对齐方式的效果,如图 3.24 所示。

图 3.23　"段落"对话框

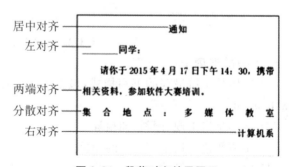

图 3.24　段落对齐效果展示

2. 设置段落缩进

为了增强文档的层次感,提高可阅读性,可对段落设置合适的缩进。段落的缩进是指段落两侧与页边的距离。段落的缩进方式有左缩进、右缩进、首行缩进和悬挂缩进四种。

(1) 左缩进:指整个段落左边界距离页面左侧的缩进量。

(2) 右缩进:指整个段落右边界距离页面右侧的缩进量。

(3) 首行缩进:指段落首行的左边界向右缩进一段距离,其余行的左边界不变。

(4) 悬挂缩进:指整个段落中除了首行外其他行的左边界向右缩进。

设置段落缩进的常用方法有以下两种:

(1) 使用标尺。将光标插入点定位到要缩进的段落中,用鼠标拖曳水平标尺上的相应缩进标记,则光标插入点所在段落中的相应行会同时随标记移动,移动到合适位置后释放鼠标,即可完成段落的缩进设置。该方法方便、快捷,但对缩进量的度量不够精确。

(2) 使用"段落"对话框。使用"段落"对话框可以更精确地设置缩进格式的度量值。打开"段落"对话框,在"缩进"选项区中的"左侧""右侧"文本框中设置段落的左缩进值和右缩进值。在"特殊格式"下拉列表框中选择特殊缩进方式:"首行缩进"或"悬挂缩进",在其右侧的"磅值"列表框中可以设置首行缩进值或悬挂缩进值。

3. 设置段间距和行距

为了使整个文档看起来疏密有致,可对段落设置合适的间距和行距。段间距是指相邻两个段落之间的距离,分为段前间距和段后间距两种,默认值都为 0 行。行距是指段落中相邻两行之间的距离,默认值为单倍行距。

打开"段落"对话框,在"间距"选项区中可以设置"段前""段后"和"行距"值。其中,在"行距"下拉列表框内可以选择不同的行距值,如单倍行距、1.5 倍行距、2 倍行距、最小值、固定值以及多倍行距等。

另外,可以单击"开始"选项卡→"段落"组中的"行和段落间距"按钮 ‡▾,打开下拉菜单,其中有系统提供的一些默认数值,通过快捷按钮可以较简单地完成设置。

4. 设置边框和底纹

在制作文档时,为了修饰或突出文档中的内容,可以将一些文字、段落或页面用边框包围起来并附加一些背景修饰,这些修饰称为边框和底纹。

(1) 设置边框(图 3.25)。边框的设置可以应用于文字、段落或整篇文档等。如果是对文字、段落设置边框,要先将内容选定;如果是对整篇文档设置边框,则光标插入点在文档的任意位置都可以。设置边框的具体操作步骤如下:

① 单击"开始"选项卡→"段落"组→"边框"的下拉按钮或"底纹"的下拉按钮,可以打开其下拉菜单,然后对选中的对象设置边框或底纹等效果。如图 3.26 所示。

② 在"边框"选项卡中,可以设置边框的样式、颜色和宽度;在"应用于"下拉列表框内选定"文字"或"段落";单击"选项"按钮弹出"边框和底纹选项"对话框,在该对话框上可以设置边框与正文四周的间距。

③ 在"页面边框"选项卡中,可以设置页面边框的样式、颜色、宽度或者艺术型;在"应用于"下拉列表框内选定要设置边框的页面范围(如整篇文档);通过"选项"按钮可以设置边框与页边距的距离。

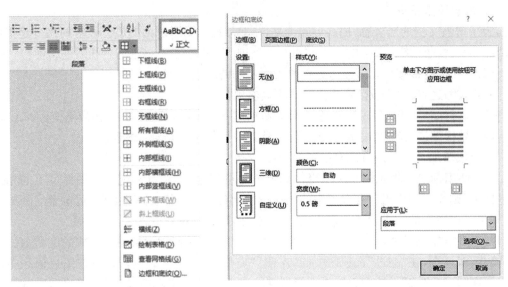

图 3.25 "边框"选项的下拉菜单   图 3.26 "边框和底纹"对话框

（2）设置底纹。底纹的设置一般应用于文字或段落，具体操作方法为：在"边框和底纹"对话框中，切换到"底纹"选项卡，在"填充"下拉列表中选择底纹的颜色，为了使底纹效果更加美观，还可在"图案"栏中设置底纹的图案样式及颜色，设置时在预览框中即可看到底纹效果，如果满足要求单击"确定"按钮即可。

5. 添加项目符号或编号

为了更清晰地显示文本之间的结构与关系，用户可在文档中的各个要点前添加项目符号或编号，以便增加文档的条理性。

（1）添加项目符号。项目符号可以是字符，也可以是图片，一般常用于表示并列关系的文档内容。具体操作方法如下：

① 选中需要添加项目符号的段落，单击"开始"选项卡→"段落"组→"项目符号"按钮旁的下拉列表按钮；或右击鼠标，在弹出的快捷菜单中选择"项目符号"命令。

② 在弹出的下拉列表或子菜单中，将鼠标指针指向需要的项目符号时，可在文档中预览应用后的效果，对其单击即可应用到所选段落中。

（2）添加编号。编号一般是连续的数字或字母，常用于表示顺序关系。默认情况下，在以"一、""①"或"a."等编号开始的段落中，按下"Enter"键切换到下一段时，下一段会自动产生连续的编号，也可以对已经输入好的段落添加编号，具体操作方法如下：

① 选中需要添加编号的段落，单击"开始"选项卡→"段落"组→"编号"按钮旁的下拉列表按钮；或右击鼠标，在弹出的快捷菜单中选择"编号"命令。

② 在弹出的下拉列表或子菜单中，将鼠标指针指向需要的编号样式时，可在文档中预览应用后的效果，对其单击即可应用到所选段落中。

6. 使用格式刷

在 Word 中，不仅可以复制文本，还可以将设置好的文本或段落的格式复制到另外的文本或段落中，从而避免重复设置格式的麻烦。利用格式刷 ✅ 可以复制文本和段落的格式。具体操作步骤如下：

（1）选定需要复制的格式所属文本，如果选定段落，在该段落的任意处单击即可。

（2）单击"开始"选项卡 ➤"剪贴板"组→"格式刷"。此时,鼠标指针呈刷子形状,按住鼠标左键不放,拖动鼠标经过要应用此格式的文本区域,如果是段落,在该段落的任意处单击即可。

3.4.3　页面设置

在 Word 文档制作好后,用户可根据实际需要对页面格式进行设置,页面格式反映了文档的整体外观和输出效果,主要包括页面设置、页眉和页脚、添加页码等。

1. 页面设置

页面设置主要包括页边距、纸张大小、纸张方向等项目的设置,设置可以通过"布局"选项卡→"页面设置"组中的相应快捷按钮或通过单击对话框启动器,打开"页面设置"对话框来实现,对话框有四个选项卡,如图 3.27 所示。

（1）"页边距"选项卡:用于设置页边距、纸张方向、页码范围等。页边距是指页面四周的空白区域,即页面边线到正文的距离。用户可以在"页面设置"对话框的"页边距"选项卡上进行上、下、左、右页边距,装订线,纸张方向以及页码范围的设置,也可以在功能区的"布局"选项卡→"页面设置"组中完成相应设置操作。单击"页边距"下拉按钮,可以快捷设置"普通""窄""适中""宽""镜像"五种页边距预设方式;单击"纸张方向"下拉按钮可以快捷设置纸张方向。

图 3.27　"页面设置"对话框

（2）"纸张"选项卡：用于选择纸张的类型，一般默认为 A4 纸，用户也可以自定义大小。纸张大小也可通过点击功能区的"布局"选项卡→"页面设置"组→"纸张大小"下拉按钮快捷设置。

（3）"版式"选项卡：主要用于设置页眉、页脚的相关参数，以及设置页面的垂直对齐方式等。

（4）"文档网格"选项卡：用于设置文字的排列方向、每页容纳的行数和每行容纳的字数等。

通常，页面设置作用于整个文档，如果对部分文档页面进行设置，在"应用于"下拉列表框中选择范围为"插入点之后"。

2. 设置页眉和页脚

在书籍或杂志中，其页面的顶部或底部会有一些特定的信息，如页码、书名、文章名和出版信息等，这些信息称为文档的页眉和页脚。这些信息通常为文字，也可以是图形、图片等，Word 2016 为用户提供了多种页眉和页脚的样式以供用户直接套用，用户也可以根据实际需要自行设计页眉和页脚。

设置页眉和页脚的具体操作方法如下：

（1）单击"插入"选项卡→"页眉和页脚"组→"页眉"或"页眉"，打开下拉菜单，选择需要的样式。

（2）选择某种样式后或者在页面上双击页眉和页脚处，都会打开页眉和页脚的"设计"选项卡，如图 3.28 所示，这时正文呈灰色不可编辑状态。

图 3.28　"页眉和页脚工具"设计选项卡

（3）设置页眉和页脚时，可以在文档的不同部分使用不同的页眉和页脚，这需要在页眉和页脚的"设计"→"选项"组中设置首页不同、奇偶页不同。

（4）如果文档被分为多个节，也可以设置节与节之间的页眉和页脚。

（5）如果需要退出页眉页脚的编辑状态回到正文，可以单击"设计"→"关闭"→"关闭页眉和页脚"按钮，或者直接双击正文区域即可。

（6）如果要删除页眉和页脚，可以双击页眉页脚，选定要删除的内容，按"Del"键删除，或者在"页眉"或"页脚"的下拉菜单中选择相应的"删除页眉"或"删除页脚"命令。

3. 设置页码

如果一篇文档含有很多页，为了打印后便于排列和阅读，应对文档添加页码，并为页码设置相应格式。

设置页码的方法是：单击"插入"选项卡→"页眉和页脚"组→"页码"按钮，在打开的下拉菜单中可以选择将页码添加到"页面顶端""页面底端""页边距""当前位置"，每一种位置都有多个可以选择的页码样式。默认页码格式为阿拉伯数字 1、2、3 等。

如果页码的格式不是简单的 1、2、3 等，可以在打开的下拉菜单中，选择"设置页码格式"选项，打开"页码格式"对话框，如图 3.29 所示，选择适合的选项设置即可。

4. 添加封面和分页符

（1）制作封面。封面用于显示文档的标题及作者的相关信息等。Word 2016 提供了插入封面的功能，无论插入点在文档的什么位置，插入的封面总是位于 Word 文档的第一页。但是插入的封面不会影响正文内容的页码设置，添加页码时，依然是从正文开始标记。添加封面的方法是：单击"插入"选项卡→"页面"组→"封面"按钮，选择需要的封面样式。

（2）插入分页符。如果希望在文档的某一特定位置开始，强制将后面的内容移到下一页，可在该位置人工插入一个分页符。插入分页符的方法是：将光标定位于插入点，单击"布局"选项卡→"页面设置"组→"分隔符"按钮，在展开的菜单中执行"分页符"命令，即可插入分页符，光标所在位置后面的内容就自动换到了下一页。

5. 设置文字方向

在默认情况下，文本都是水平横排的，但有时需要特殊效果，如将文本设置为垂直方向的竖排或者将整个文字旋转 90°或 270°。设置文字方向的方法为：单击"布局"选项卡→"页面设置"组→"文字方向"按钮，选择需要设置的文字方向即可。

6. 设置页面背景

文档格式化时，除了对文本和段落设置格式外，还可以通过为文档设置页面背景颜色和水印效果来使页面更加美观，增加阅读的趣味性。

（1）设置页面颜色。页面颜色是指文档背景的颜色，用于渲染文档，主要应用在 Web 版式视图和阅读版式视图中，在打印时不会显示。设置页面背景的方法是：单击"设计"选项卡→"页面背景"组→"页面颜色"按钮，可以选择某单一颜色作为背景，也可以选择"填充效果"，用填充效果可以将页面背景设置为渐变色、纹理、图案或图片等。

（2）设置水印效果。水印是指将文字或图片作为页面背景显示在文档后面，水印是可以打印出来的。文字水印多用于说明文件的属性，如一些重要文档中都带有"机密文件"字样的水印。图片水印大多用于修饰文档，如一些杂志的页面背景通常为一些淡化后的图片。

设置水印的方法是：单击"设计"选项卡→"页面背景"组→"水印"按钮，在打开的下拉菜单中选择 Word 2016 提供的水印样式，或选择"自定义水印"选项，在弹出的"水印"对话框中自定义水印样式，其中可以设置图片类水印或文字类水印，如图 3.30 所示。

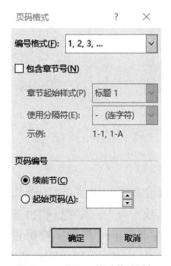

图 3.29　"页码格式"对话框

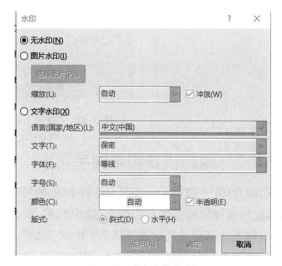

图 3.30　"水印"对话框

3.5　特殊版式设置

对文档进行排版时,还可以对其设置一些特殊版式,以实现特殊效果,如设置首字下沉、分栏等,下面分别对这些特殊版式的设置方法进行讲解。

3.5.1　首字下沉

首字下沉是一种段落修饰,是将段落中的第一个字或开头几个字设置不同的字体、字号,该类版式在报纸、杂志中比较常见,可以吸引读者,提高阅读兴趣。

设置首字下沉的方法如下:将光标插入点定位到需要设置首字下沉的段落中,单击"插入"选项卡→"文本"组→"首字下沉"按钮,在下拉菜单中选择需要的样式。如果需要自行设置,则在下拉菜单中选择"首字下沉"选项命令,弹出如图3.31所示的"首字下沉"对话框,在"位置"栏中选择"下沉"选项,设置首字的字体、下沉行数等参数,设置完毕单击"确定"按钮即可。

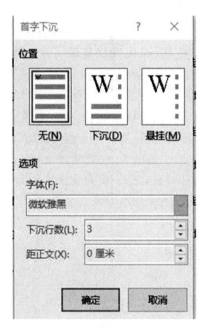

图3.31　"首字下沉"对话框

3.5.2　添加拼音和带圈字符

Word 2016中提供了一些具有中国特色的特殊版式,如给文字加拼音、给字符加圈等。添加拼音和带圈字符操作方法如下:选中文本,单击"开始"选项卡→"字体"组→"拼音指南"按钮 ,即可为选定的文字添加拼音;单击"开始"选项卡→"字体"组→"带圈字符拼音指南"按钮 ,在弹出的"带圈字符"对话框中选择"样式""圈号"等,单击"确定"按钮即可给相应字符加圈。

3.5.3　分栏排版

为了提高阅读兴趣、创建不同风格的文档或节约纸张,可对文档进行分栏排版。具体操作方法如下:选定需要设置分栏排版的文本,单击"布局"选项卡→"页面设置"组→"分栏"按钮,在弹出的下拉列表中选择分栏方式,如"两栏",此时所选内容将以两栏的版式显示。如果需要对分栏操作进行更详细的设置,可以在弹出的下拉列表中单击"更多分栏"选项,弹出如图 3.32 所示的"分栏"对话框,进行相应设置,设置完毕单击"确定"按钮即可。

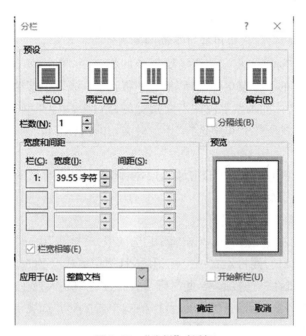

图 3.32　"分栏"对话框

3.5.4　审阅文档

在一些正式场合中,文档由作者编辑完成后,一般还需要通过审阅者进行审阅。在审阅文档时,通过 Word 的修订和批注功能,可在原文档上进行修订和添加批注。

1. 修订文档

对文档进行修订前,需要先启用修订功能,启用修订功能后,就可以按照常规操作对文档进行修改了,这些修改都会反映在文档中,从而可非常清楚地看到文档中发生变化的部分。

修订文档的具体操作步骤如下:

(1) 打开需要修订的文档,单击"审阅"选项卡→"修订"组→"修订"按钮,在弹出的下拉菜单中选择"修订"命令;也可以选择"修订选项"命令,在弹出的"修订选项"对话框中设置修订的显示格式。

(2) 功能区的"修订"按钮呈高亮状态显示,此时文档处于修订状态,接下来对文档的所有修改都会以修订的形式清楚地反映出来。

如果要取消修订功能,再次单击"审阅"选项卡→"修订"组→"修订"按钮,在弹出的下拉菜单单击"修订"命令即可。

2. 接受与拒绝修订

对于修订过的 Word 文档,作者可对修订做出接受或拒绝操作。如果接受修订,文档会保存为审阅修改后的状态;如果拒绝修订,文档会保存为修改前的状态。

(1) 如果同意修订,可以通过下面两种方法实现:

① 逐一接受:将光标插入点定位在需要接受的修订中,单击"审阅"选项卡→"更改"组→"接受"按钮,在弹出的下拉菜单中选择"接受并移到下一条"或"接受修订"命令。

② 全部接受:将光标插入点定位在需要接受的修订中,单击"审阅"选项卡→"更改"组→"接受"按钮,在弹出的下拉菜单中选择"接受对文档的所有修订"命令。

(2) 如果不同意修订建议,也可通过下面两种方法进行拒绝:

① 逐一拒绝:将光标插入点定位在需要拒绝的修订中,单击"审阅"选项卡→"更改"组→"拒绝"按钮,在弹出的下拉菜单中选择"拒绝并移到下一条"或"拒绝修订"命令。

② 全部拒绝:将光标插入点定位在需要接受的修订中,单击"审阅"选项卡→"更改"组→"拒绝"按钮,在弹出的下拉菜单中选择"拒绝对文档的所有修订"命令。

3. 添加批注

批注是文档作者与审阅者之间的沟通渠道,审阅者可以将自己的见解以批注的形式插入到文档中,供作者查看或参考。

添加批注的具体操作步骤如下:

(1) 选中需要添加批注的文本,单击"审阅"选项卡→"批注"组→"新建批注"按钮。

(2) Word 文档窗口右侧将建立一个标记区,且标记区中会为选定的文本添加批注框,并通过连线将文本与批注框连接起来,此时即可在批注框中输入批注内容。

删除批注的操作方法:先将要删除的标注选中,单击"审阅"选项卡→"批注"组→"删除"按钮,在弹出的下拉菜单中选择"删除"命令即可。

3.5.5 题注、脚注和尾注

当文档中图、表等数量较多时,若用手工添加编号,则容易出错;若由 Word 自带的功能来添加,则既省力又可避免错误。Word 给文档中表格、图片、公式等添加的名称和编号称为题注。

脚注和尾注一样,是一种对文本的补充说明。脚注一般位于页面的底部,可以作为文档某处内容的注释;尾注一般位于文档的末尾,列出引用文献的来源等。

1. 添加题注

添加题注的常用操作方法有以下两种:

(1) 手动添加:将光标插入点定位到需要添加题注处,单击"引用"选项卡→"题注"组→"插入题注"按钮,在对话框中进行相应设置,然后单击"确定"按钮即可,如图 3.33 所示。

(2) 自动添加:Word 具有为插入对象自动添加题注的功能。使用此项功能前需进行相关设置,具体设置方法是:单击"引用"选项卡→"题注"组→"插入题注"按钮,在弹出的"题注"对话框上单击"自动插入题注"按钮,弹出"自动插入题注"对话框,在该对话框中根据实际需要进行相应设置操作,设置完毕后关闭对话框。此后,在文档中插入相应图、表、公式等对象的同时会自动插入题注。

2. 添加脚注和尾注

脚注和尾注由"注释引用标记"和其对应的"注释文本"组成。对于"注释引用标记",用户可让 Word 自动为其编号或自定义创建。在添加、删除或移动自动编号的注释时,Word 将对注释引用标记重新编号。

设置脚注和尾注是通过单击"引用"选项卡→"脚注"组→"插入脚注"按钮或"插入尾注"按钮,或单击"脚注"选项组右下角的对话框启动器,在弹出的"脚注和尾注"对话框中进行设置,如图 3.34 所示。

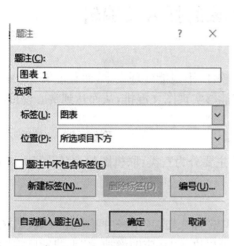

图 3.33　"题注"对话框

图 3.34　"脚注和尾注"对话框

3.5.6　超链接

在篇幅较长的文档中,读者往往需要快速地阅读到某一部分内容,这一需求可以通过 Word 中的超链接功能来实现。

创建超链接的具体步骤如下:

(1) 选定文本或图片作为超链接的目标。

(2) 单击"插入"选项卡→"链接"组→"超链接"按钮,弹出如图 3.35 所示的"插入超链接"对话框。

图 3.35　"插入超链接"对话框

（3）在"插入超链接"对话框中，完成选择链接到的地址，输入链接处要显示的文字内容等设置操作。

（4）单击"确定"按钮，完成超链接的创建。

新创建好的超链接一般会以蓝色下划线突出显示，用户也可以重新设置其他格式的突出显示。将光标移动到"超链接"所在的文本或图片上，会提示"按住 Ctrl 并单击可访问链接"的提示。

3.6 各类对象的插入及编辑

Word 2016 作为一款优秀的文字处理软件，不但能处理文本，而且能够在文档中插入各种媒体对象，如图形、艺术字、文本框等，并能够实现图文混排，从而达到赏心悦目的效果。

3.6.1 插入图片

通常情况下，Word 文档中插入的图片主要分为三类：联机图片、存储图片、屏幕截图。插入图片的具体操作步骤如下：

1. 插入联机图片

将光标定位到需要插入图片的位置，单击"插入"选项卡→"插图"组→"联机图片"按钮，打开如图 3.36 所示的"插入图片"对话框，可以进入"必应图像搜索"来搜索所需图片。在搜索框内输入关键字，例如"白云"，单击"搜索"按钮，与白云相关的图片将显示在任务窗格中，如图 3.37 所示。挑选合适的图片后，单击"插入"按钮，可将图片插入到指定位置。

图 3.36 "插入图片"任务窗格

图 3.37 "联机图片"任务窗格

2. 插入存储图片

插入图片文件,最快捷的方法是在资源管理器或其他程序中复制图片文件后,切换到 Word 文档窗口,按"Ctrl＋V"组合键粘贴;也可以单击单击"插入"选项卡→"插图"组→"图片"按钮,然后在打开的"插入图片"对话框中,选择图片所在的位置和图片名称,单击"插入"按钮,将图片插入到文档中。

3. 插入屏幕截图

通过屏幕截图功能,可以快速而轻松地将计算机上打开的窗口以图片的形式插入到 Word 文档中。具体操作步骤如下:

（1）将光标插入点定位到文档需要放置截图的位置。

（2）单击"插入"选项卡→"插图"组→"图片"按钮,在打开的下拉菜单中,可以看到当前打开的程序窗口的缩略图,如图 3.38 所示,单击需要截取的缩略图。

（3）如果是截取部分窗口,则在下拉菜单中,单击"屏幕剪辑"按钮。等待几秒后,截取的窗口将处于半透明状态,指针变成十字,按住鼠标左

图 3.38　"屏幕截图"任务窗口

键拖曳选择要捕捉的屏幕区域,松开鼠标,截取的区域将插入文档中。

4. 设置图片的格式

双击选中插入文档中的图片,功能区中将出现如图 3.39 所示的"图片工具/格式"选项卡,通过该选项卡,可以对图片进行格式化操作。

（1）图片格式化。图片的格式化包括:调整图片颜色、设置图片样式和艺术效果等。可以在"调整"和"图片样式"选项组中使用相应快捷按钮,设置相关内容;也可以单击"图片工具/格式"→"图片样式"选项组右下角的对话框启动器,打开"设置图片格式"对话框进行图片格式的相关设置。

图 3.39　"图片工具/格式"选项卡

（2）调整图片的大小、裁剪图片。图片大小的调整可以在"图片工具/格式"→"大小"选项组中直接设置图片的尺寸或通过缩放比例值来调整,也可以双击图片后,利用图片四周的控制点来手动调整图片大小。若需要裁剪图片,双击选中图片后,单击"大小"→"裁剪"按钮,可以手动调整图片的周边切线进行裁剪,也可按比例或形状裁剪。

（3）设置图片的排列方式。在"图片工具/格式"→"排列"选项组中,包含的主要设置内容如下:

① 通过"自动换行"按钮设置图文之间的排列方式:嵌入型和其他非嵌入型。

② 通过"位置"按钮设置图片位置,主要针对四周型环绕图片与文本的排列位置。

③ 单击相应按钮,设置图片的旋转和翻转、多张图片组合和取消组合、多张图片叠放次序等。

3.6.2 自绘图形和 SmartArt 图形

Word 文档中除了可以插入图片外,还可以通过 Word 提供的绘制图形功能绘制一些图形。绘制的图形包括形状和 SmartArt 图形。

1. 绘制画布

如同现实绘画前需先准备一张画纸一样,画布在 Word 文档中提供了一个灵活绘画的空间。在画布中绘制图形、添加图片等,这些对象将合成一个独立的编辑对象。这样更方便于将图形对象与文本分开,有利于排版。

创建画布的方法:单击"插入"选项卡→"插图"组→"形状"按钮,在打开的下拉菜单中,选择"新建绘图画布"命令,画布就会自动出现在插入点之后,在绘图画布框中就可以绘制图形、插入文本框、插入艺术字等。此时的画布就像是一张图片,选中画布,可以在"绘图工具/格式"选项卡下,对画布进行大小、位置、效果等相关设置,如图 3.40 所示。

图 3.40　"绘图工具/格式"选项卡

2. 绘制形状

Word 2016 中的形状包括线条、矩形、基本形状、箭头总汇、公式形状、流程图、星与旗帜、标注八种类型,每种类型又包含若干图形样式。插入的形状中还可以添加文字、设置三维效果等特殊效果,使得文档更加生动有趣。

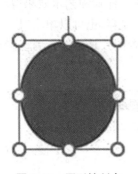

图 3.41　图形控制点

插入形状的具体方法如下:

单击"插入"选项卡→"插图"组→"形状"按钮,在形状库中单击需要的形状,此时将鼠标移至文档编辑区,鼠标指针变成十字形,在文档合适位置拖曳鼠标,就会绘制出所需要的形状。选中绘制好的图形,在"绘图工具/格式"选项卡下可对该图形进行各种相关设置。最常用的编辑操作主要有以下几种:

(1)缩放和旋转。单击选中图形,在图形四周会出现 8 个控制点和 1 个绿色圆点,如图 3.41 所示。拖曳控制点可以对图形进行缩放,转动绿色的圆点可以对图形进行旋转。

(2)添加文字。右击图形,在弹出的快捷菜单中选择"添加文字"命令。这时光标会出现在选定的图形中,输入需要添加的文字内容即可。

(3)组合。在实际应用中,用户使用"形状"通常是为了绘制一些关系图,这就需要将多种形状组合使用。如果要使这些图形构成一个整体,以便同时编辑和移动,就可以通过组合操作来实现。如果要对某个形状单独操作,可以再执行取消组合操作。组合和取消组合的方法是:选中图形并右击,在弹出的快捷菜单中的"组合"子菜单下选择"组合"或"取消组合"命令。

(4)叠放次序。当在文档中同一位置绘制多个重叠的图形时,可以通过调整叠放的次序来调整图形的上下层关系。操作方法是:选中需要调整次序的图形并右击,在弹出的快捷菜单中选择"置于顶层"或"置于底层"命令,在弹出的子菜单中会显示用于调整次序的多条命令,根据需要选择具体命令实现图形叠放次序的调整。

3. 绘制 SmartArt 图形

SmartArt 图形是 Word 中预设的形状、文字及样式的集合,以直观的视觉形式交流信息。SmartArt 图形共包含了列表、流程、循环、层次结构、关系、矩阵、棱锥图和图片八种类型。每种类型下又有多个图形样式,用户可以根据要表达的信息和观点来选择需要的样式,再根据实际需求为图形添加文本、形状、设置样式等。

绘制 SmartArt 图形的具体步骤如下:

(1) 将光标插入点定位到要插入 SmartArt 图形的位置,单击"插入"选项卡→"插图"组→"SmartArt"按钮,弹出如图 3.42 所示的"选择 SmartArt 图形"对话框。

(2) 在对话框的左侧列表框中选择图形类型,然后在右侧列表框中选择具体的图形布局,选择好后单击"确定"按钮。

(3) 所选样式的 SmartArt 图形将插入到文档中,选中该图形,四周会出现控制点,用鼠标拖动这些控制点可以调整 SmartArt 图形的尺寸。

(4) 将光标插入点定位到某个形状内,即可输入文本内容。

例如,可通过绘制 SmartArt 图形制作如图 3.43 所示的"公司部门结构图"。

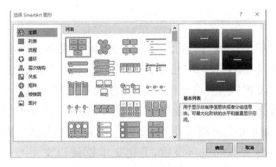

图 3.42　"选择 SmartArt 图形"对话框

图 3.43　SmartArt 图形示例

3.6.3　插入艺术字

艺术字是具有特殊视觉效果的文字,用来输入和编辑带有彩色、阴影和发光等效果的文字,多用于广告宣传、文档标题等,以实现强烈、醒目的外观效果。艺术字作为一种图形对象,与其他图形对象一样,可以旋转、分层、设置大小和位置等。

例　在文档中插入效果如图 3.44 所示的艺术字,具体操作步骤如下:

图 3.44　艺术字效果

(1) 单击"插入"选项卡→"文本"组→"艺术字"按钮,在打开的艺术字样式库中选择"渐变填充,蓝色,着色1,反射",文本编辑区将显示"请在此放置您的文字"文本框,输入"计算机应用基础"。

(2)选中文字,单击"绘图工具/格式"→"艺术字样式"→"文本效果"下拉按钮,选择"映像"→"紧密映像,接触",再选择"三维旋转"→"平行"→"离轴1右"。

(3)选中艺术字的边框,单击"绘图工具/格式"→"形状样式"→"形状轮廓"下拉按钮,为艺术字添加黑色边框;单击"形状样式"→"形状效果"下拉按钮,选择"发光"→"蓝色、5pt发光、个性色1"。

3.6.4 插入文本框

文本框是一种可以移动、大小可调的文本或图形的容器,它的作用是在页面中添加一个可以独立存在的文本输入区域。通常情况下,文本框用于在图形或图片上插入注释、批注或说明性文字。文本框内的文本可以设置为横排和竖排两类。

1. 插入文本框

插入文本框的方法是:单击"插入"选项卡→"文本"组→"文本框"按钮,在右侧打开如图3.45所示的对话框,其中有多种内置文本框样式可供选择,单击选中其中一种样式即可;用户如果要自行定义文本框,选择"绘制文本框"或"绘制竖排文本框"菜单命令,然后在文档编辑区拖动鼠标即可绘制各种文本框。文本框插入后,在文本框内的光标闪烁点即可开始输入文本内容。

2. 设置文本框的格式

选中文本框并右击,在弹出的快捷菜单中选择"设置形状格式"命令,右侧显示属性面板组,如图3.46所示。有"形状选项"和"文本选项"。在"形状选项"中有三项,"填充与线条""效果""布局属性"。"填充与线条"用于设置线条、填充颜色及设置线条的颜色等。而"效果"项用于设置"文本框"的形状、样式、效果。在属性面板组下的"文本选项"有"文本填充与轮廓""文字效果""布局属性"三项。在"文本框"选项卡中可以设置文本框的内部边距。此外,还可以通过"绘图工具/格式"选项卡,对文本框进行设置,美化文本框使得文字与图片融合,从而达到修饰整个页面的效果。

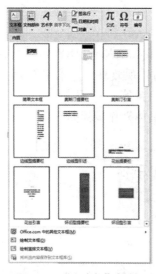

图3.45 "文本框"对话框

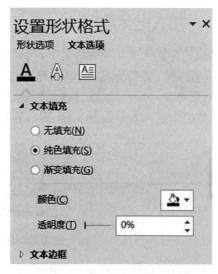

图3.46 "设置形状格式"对话框

3.6.5　公式

利用 Word 2016 提供的公式编辑器，用户可以在文档中插入数学公式，并能对已插入的公式进行编辑。用户可以选择 Word 2016 中预定义的公式，如傅里叶级数、泰勒展开式等；也可以通过单击"插入新公式"按钮来自定义公式。

例　输入公式，操作步骤如下：

（1）将光标插入点定位到输入公式的位置，单击"插入"选项卡→"符号"组→"公式"按钮下三角按钮，在弹出的下拉列表中显示了普遍使用的公式，可以快速根据个人需要进行选择并插入，如果"公式"下拉列表中没有所需的公式，可在下拉列表框中单击"插入新公式"按钮，会在光标插入点处出现一个灰色的公式输入框，同时在功能区生成了"公式工具/设计"选项卡，如图 3.47 所示。根据需要在"公式工具设计"选项卡中选择并键入公式。

图 3.47　"公式工具/设计"选项卡

（2）例如：在"公式工具/设计"→"结构"选项组中单击"积分"中的，在积分的上标中输入"1"，下标中输入"0"；在中间的虚线框中，单击"分数"中的，依照此方法输入公式中需要的内容。

（3）输入完成后，用鼠标在公式输入框之外单击，即可完成公式的输入。

3.7　制作目录并输出

对于篇幅较大的文档，往往需要在最前面添加目录，目录包含文档中的所有章节标题、编号以及标题的起止页码。通过目录，用户可以快速浏览文档中的主题内容，从而了解整个文档的结构。

3.7.1　制作目录

1. 自动生成目录

要自动生成目录，前提是将文档中的各级标题用快速样式库中的标题样式统一格式化。一般情况下，目录分为三级，将这三级目录分别用不同的样式格式化。Word 2016 提供了几种内置目录样式，用户选择所需目录样式便可自动在文档中生成目录。具体操作方法如下：先设置好各级标题样式，再将光标插入点定位到文档起始处插入目录的位置，单击"引用"选项卡→"目录"组→"目录"按钮，在弹出的下拉列表中选择需要的自动目录样式即可。如果没有需要的格式，也可在下拉列表中选择"自定义目录"命令，打开"目录"对话框，进行自定义。

2. 手动输入目录

手动输入目录无须将标题样式统一，直接将光标插入点定位在准备生成目录的位置，单击"引用"选项卡→"目录"组→"目录"按钮,在弹出的下拉列表中选手动目录,在生成的目录中手动输入信息即可。

3. 更新目录

如果文档内容或页码在目录生成后发生了变化,可更新目录。具体操作方法是:单击"引用"选项卡→"目录"组→"更新目录"按钮,打开"更新目录"对话框,根据实际需要选择"只更新页码"或"更新整个目录",单击"确定"按钮完成目录的更新。

3.7.2　打印预览和打印文档

完成文档的编辑和排版后,要变成书面文档,需通过计算机连接打印机将其打印输出。在打印文档前,可通过 Word 提供的"打印预览"功能查看输出效果,以避免出现各种错误造成纸张的浪费。

1. 打印预览

打印预览用于查看文档的打印效果,由于有了打印预览这个功能,我们不必把文档真的打印到纸张上,就能看到实际打印的效果,这就是所谓的"所见即所得"。

打印预览的具体操作方法是:单击"文件"按钮,打开文件菜单,单击"打印"命令,如图3.48 所示,此时窗口右侧显示的就是打印预览的效果。预览时注意以下几点操作:

(1) 调整显示比例大小可以设置单页或多页进行预览。

(2) 选择窗口下方的页码,可预览某一指定页。

(3) 单击任一选项卡,如"开始",即可退出预览状态,返回文档。

2. 打印输出

在打印预览后,如果确认文档的内容和格式都很满意,就可以打印文档。打印文档必须具备一定硬件和软件的条件。在硬件上,要确保主机连接了本地打印机或网络打印机,打印机电源要接通并开启,打印纸要装好等;在软件上,要确保所有打印机驱动程序已经安装好。

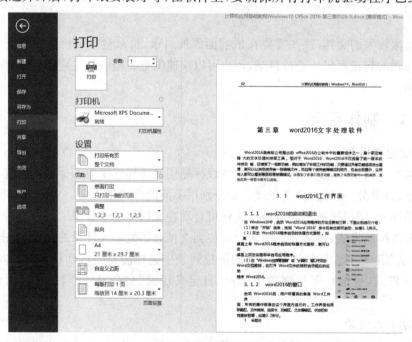

图 3.48　打印设置

当上述准备工作就绪后,在图 3.48 的中间窗格可进行打印之前的相关设置,其中包括设置打印份数、打印范围、纸张方向和页面设置等内容,完成这些设置之后,单击"打印"按钮文档即可打印出来。

3.8　邮件合并的应用

在我们日常的工作事务中,会有一些信函、通知、公文等具有相同格式的文档,其主体内容相似,只有收件人的信息不同。对于这样的文档,如果逐一去制作、填写,效率会比较低。Word 提供的邮件合并功能,可以使用同样格式的文档快速地批量制作信函、公文等。可将文档中固定的部分设为主文档,将变动的部分设为数据源文件。数据源文件一般以二维表的形式存储,可以是 Word 文件、Excel 文件或数据库文件。然后将主文档与数据源文件合并,即可生成多个相似文档。

下面以制作录取通知书为例,介绍邮件合并的应用,具体操作步骤如下:

(1) 创建主文档:编辑好文档中固定部分的内容,即主文档,保存为"主文档.docx",如图 3.49 所示。

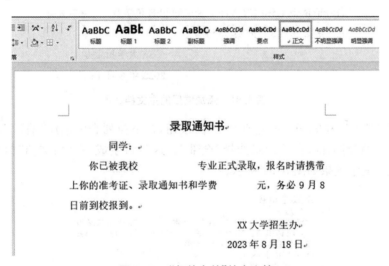

图 3.49　"邮件合并"的主文档

(2) 建立数据源文档:创建数据源文档,保存为"数据源.xlsx",如图 3.50 所示,如果数据源文件已经存在,即可直接使用。

(3) 在主文档编辑状态下,单击"邮件"选项卡→"开始邮件合并"组→"邮件合并分步向导"按钮,这时在文档窗口右侧会出现一个"邮件合并"任务窗格。

(4) 在窗格中选择信函,单击"下一步:开始文档",选择"使用当前文档",单击"下一步:选择收件人"。

(5) 选择"使用现有列表",单击"浏览"按钮,然后在打开的"选取数据源"窗口中选择"数据源.xlsx",单击"确定"按钮,出现"邮件合并收件人"窗口,选择要包含在邮件中的收件人,可以选择全部或部分收件人,然后点击"确定"按钮,再单击"下一步:撰写信函"。

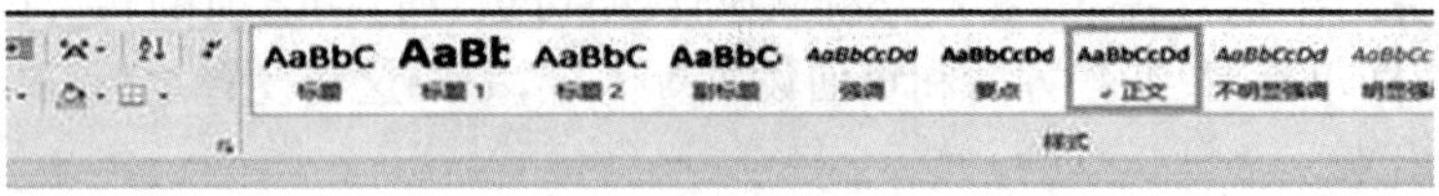

XX 大学 2023 级新生录取名单

姓名	录取专业	学费
张三	计算机网络技术	3900
李四	软件技术	3900
王五	电子商务	3500

图 3.50 “邮件合并”的数据源文档

(6) 将光标插入点定位到主文档中需要插入合并域位置，单击“邮件”选项卡→“编写和插入域”组→“插入合并域”下拉按钮，可以看到“数据源.xlsx”中二维表的各列标题文字。通过移动光标插入点，分别在相应的位置添加各个域名，添加后的效果如图 3.51 所示。

录取通知书

«姓名»同学：

你已被我校　　«录取专业»　　专业正式录取，报名时请携带上你的准考证、录取通知书和学费　　«学费»元，务必 9 月 8 日前到校报到。

XX 大学招生办

2023 年 8 月 18 日

图 3.51 添加域后的主文档

(7) 单击“邮件”→“完成”→“完成并合并”按钮，在下拉列表中选择“编辑单个文档”，打开“合并到新文档”对话框，合并记录选择“全部”。这时将生成一个新文档“信函 1.docx”，在大纲视图下，显示效果如图 3.52 所示。

- **录取通知书**
- 张三同学：
- 你已被我校　　计算机网络技术　　专业正式录取，报名时请携带上你的准考证、录取通知书和学费　　3900　　元，务必 9 月 8 日前到校报到。
- XX 大学招生办
- 2023 年 8 月 18 日

- **录取通知书**
- 李四同学：
- 你已被我校　　软件技术　　专业正式录取，报名时请携带上你的准考证、录取通知书和学费　　3900　　元，务必 9 月 8 日前到校报到。
- XX 大学招生办
- 2023 年 8 月 18 日

- **录取通知书**
- 王五同学：
- 你已被我校　　电子商务　　专业正式录取，报名时请携带上你的准考证、录取通知书和学费　　3500　　元，务必 9 月 8 日前到校报到。
- XX 大学招生办
- 2023 年 8 月 18 日

图 3.52 邮件合并完成后生成的文档

3.9　表　格　应　用

在日常的工作中常常需要用到表格,如课程表、考勤表以及个人简历等,表格能够给人以直观、严谨的感觉。一般情况下,表格由行和列组成,这些行和列交叉形成的部分就是单元格,在单元格中可以输入文字、数据或图形等内容。Word 2016 提供了多种创建和编辑表格的工具,可以方便灵活地进行表格处理。

3.9.1　创建表格

创建表格的方法有三种:插入表格、绘制表格以及使用"快速表格"功能创建表格。

1. 插入表格

插入表格的方法主要用于制作布局比较规则的表格,常用方法有以下两种:

(1)将光标插入点定位在需要插入表格的位置,单击"插入"选项卡→"表格"组→"表格"按钮,在弹出的下拉列表中有一个 10 列 8 行的虚拟表格,此时移动鼠标可选择表格的行列值,选好后单击,即可完成表格的插入,如图 3.53 所示。

(2)将光标插入点定位在需要插入表格的位置,单击"插入"选项卡→"表格"组→"表格"按钮,选择"插入表格"命令,打开如图 3.54 所示的"插入表格"对话框。在"列数"和"行数"文本框中分别输入表格的列数和行数,单击"确定"按钮,在光标插入点处就会出现满足设置要求的表格。

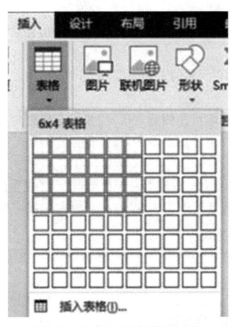

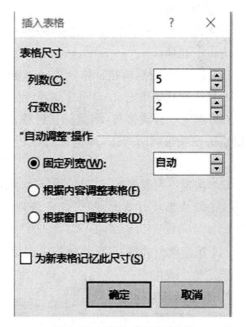

图 3.53　移动鼠标选择表格行列数　　　　　图 3.54　"插入表格"对话框

2. 绘制表格

绘制表格的方法主要用于制作不规则的表格,具体操作步骤如下:

（1）单击"插入"选项卡→"表格"组→"表格"按钮，在打开的下拉列表中，选择"绘制表格"命令，此时鼠标指针呈笔状。

（2）在文档中的适当位置按住鼠标拖动，拖动时会出现一个虚线框，当虚线框大小达到需要绘制的表格大小时，释放鼠标，即可形成整个表格的外边框。

（3）在绘制好的表格外框线内，拖动鼠标会形成水平或垂直的虚线，释放鼠标，就会在表格中产生横线或竖线；若要在表格中绘制斜线，方法同绘制直线一样，只需注意斜线的起点和终点即可。

（4）在绘制表格的过程中，可以在"表格工具/设计"→"绘图边框"选项组中选择线条的颜色和磅值。单击该选项组中的"绘制表格"按钮，可以在绘制和取消绘制两种状态之间切换。对多余的线条可以单击该选项组中的"擦除"按钮，再将鼠标指针放到要擦除的表格线上拖曳或单击即可。

3. 使用"快速表格"功能创建表格

Word 2016 中内置了一些表格样式，如果需要创建带有样式的表格，可通过"快速表格"功能实现，具体操作方法如下：单击"插入"选项卡→"表格"组→"表格"按钮，在打开的下拉列表中，选择"快速表格"命令；在弹出的级联列表中选择需要的样式，即可在文档中插入带有该样式的表格。

3.9.2　编辑表格

为了满足实际需要，我们还需要对文档中插入的表格进行进一步的编辑，如插入行、列或单元格，合并及拆分单元格，删除行、列或单元格，调整行高和列宽等。

1. 选定表格

对表格进行各种编辑操作之前，需要先选定操作对象。根据选择的对象不同，选定操作方法有以下几种：

（1）选定单元格：将鼠标指针移动到要选择的单元格的左侧边界，光标变成指向右上方的实心箭头形状时单击，即可选定该单元格。

（2）选定一行或多行：将鼠标指针移动到要选定行左侧选定区，当光标变成指向右上角的空心箭头形状时单击，即可选定该行；如果要连续选定多行，按住鼠标左键竖向拖动即可。

（3）选定一列或多列：将鼠标指针移动到要选定列的顶端列选定区，当光标变成垂直向下的实心箭头形状时单击，即可选定该列；如果要连续选定多列，按住鼠标左键横向拖动即可。

（4）选定整个表格：鼠标指针指向表格，单击表格左上角出现的"表格移动点"按钮，即可选定整个表格。

2. 调整行高和列宽

表格创建好后，可通过以下几种方法来调整行高和列宽。

（1）使用鼠标拖曳调整。将鼠标指针移至要调整行高的行的下边框线（或要调整列宽的列的右边框线）上，当光标变成垂直双向箭头（或水平双向箭头）时，按住鼠标左键拖动即可。

（2）使用命令按钮调整。选定要调整行高（或列宽）的行或列，在"表格工具/布局"选项卡下选"单元格大小"，输入所需的行高或列宽值即可。

（3）自动调整。Word 提供了三种自动调整表格的方式：根据内容调整表格、根据窗口调整表格和固定列宽。具体操作方法是：将光标定位到表格中的任意单元格中，单击"表格工具/布局"选项卡→"单元格大小"组→"自动调整"按钮来实现自动调整。

3. 插入与删除单元格

当表格范围无法满足数据的录入时，可以根据实际情况插入行或列，操作方法为：将光标插入点定位在某个单元格内，在"表格工具/布局"→"行和列"选项组中单击某个按钮，可实现相应的操作。

在表格编辑过程中，对于多余的单元格、行或列，可以将其删除，从而使表格更加整洁、美观。操作方法为：将光标插入点定位在某个单元格内，单击"表格工具/布局"选项卡→"行和列"组→"删除"按钮，在弹出的下拉列表中选择具体命令可执行相应的删除操作。

4. 合并与拆分单元格

合并单元格是将多个单元格合并成一个单元格，而拆分单元格正好相反，是将一个单元格分为多个（两个或两个以上）单元格。

（1）合并单元格。合并单元格时，首先选中需要合并的所有单元格，然后单击"表格工具/布局"选项卡→"合并"组→"合并单元格"按钮，就会将所选的多个单元格合并为一个单元格。

（2）拆分单元格。拆分单元格时，首先选中需要拆分的单元格或将光标插入点定位到该单元格内，然后单击"表格工具/布局"选项卡→"合并"组→"拆分单元格"按钮，弹出"拆分单元格"对话框，在该对话框上的"列数"和"行数"数值框中指定具体的行列数，单击"确定"按钮即可完成单元格的拆分。

此外，合并、拆分单元格操作还可以使用快捷菜单中的相应命令来实现。

5. 设置文本对齐方式

单元格中的文本对齐方式有两端对齐、靠上居中对齐、水平居中对齐等九种。设置文本对齐方式的方法如下：

选中需要设置文本对齐方式的单元格，在"表格工具/布局"选项卡→"对齐方式"组中单击某个按钮可实现相应的对齐方式设置。

6. 设置边框和底纹

在 Word 中制作表格后，为了使表格更加美观，还可对其设置边框和底纹效果，具体操作步骤如下：

（1）将光标插入点定位在表格内任意位置，单击"表格工具/设计"选项卡→"表格样式"组→"边框"右侧的下拉按钮，在弹出的下拉列表中选择"边框和底纹"命令。

（2）弹出如图 3.55 所示的"边框和底纹"对话框，在"边框"选项卡中可设置边框的样式、颜色和宽度等参数。

（3）切换至"底纹"选项卡，在"填充"栏的下拉列表框中可设置表格的底纹颜色，在"图案"栏还可设置底纹的样式及颜色。

（4）设置完成后，单击"确定"按钮即可看到为表格设置边框和底纹后的效果。

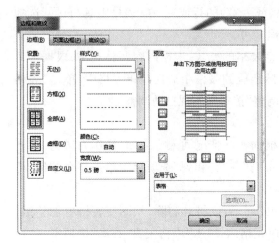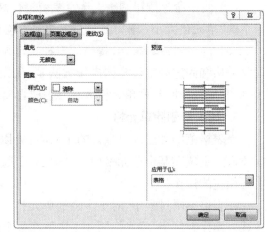

图 3.55　"边框和底纹"对话框

3.9.3　数据计算和排序

1. 数据计算

在 Word 表格中可以通过 Word 内置的函数快速完成一些简单的计算,这些函数包括 SUM(求和)、Average(平均值)、Max(求最大值)、Min(求最小值)等。但是与 Excel 表格相比,Word 表格的计算自动化能力要差一些。

在对表格数据的计算过程中,通常通过表格中的单元格地址来引用单元格中的数据。单元格地址的命名方式是:依次用 A、B、C 等字母表示列号,用 1、2、3 等数字表示行号,用"列号"加"行号"的形式表示单元格,如第一列第一行的单元格用"A1"表示,第二列第三行的单元格用"B3"表示。

表格中的数据计算具体方法是:将光标插入点定位到存放计算结果的单元格内,单击"表格工具/布局"选项卡→"数据"组→"公式"按钮,打开"公式"对话框,在对话框中调用函数(参数)或直接输入计算表达式来实现相应的数据计算。

2. 数据排序

单击"表格工具/布局"选项卡→"数据"组→"排序"按钮,表格可根据某列或某行的内容重新排序。排序时需要先设置关键字,最多有三个:主要关键字、次要关键字和第三关键字。如果按主要关键字排序时遇到相同的数据,则可以根据次要关键字排序,如果按次要关键字排序时又出现相同的数据,则还可以根据第三关键字排序。排序时可以根据数字、笔画、拼音、日期等方式对表格数据按升序或降序排列。

习　题　3

3.1　单项选择题

1. Word 2016 文档默认的扩展名为＿＿＿＿＿。

A. Word　　　　　　B. docx　　　　　　C. dotx　　　　　　D. txt

2. 复制文本可用的快捷键是＿＿＿＿＿＿。

A. "Ctrl＋C"　　　　B. "Ctrl＋V"　　　　C. "Ctrl＋X"　　　　D. "Ctrl＋E"

3. 使用 _____ 可以进行快速格式复制操作。

A. 编辑菜单　　　　B. 段落命令　　　　C. 格式刷　　　　D. 格式菜单

4. _____ 不能关闭 Word 2016 程序。

A. 双击标题栏左边的文档图标

B. 单击标题栏右边的"×"

C. 单击"文件"选项卡下拉列表中的"关闭"

D. 单击"文件"选项卡下拉列表中的"退出"

5. 目前在打印预览状态,若要打印文档,则 _____。

A. 必须退出预览状态后才可以打印　　　B. 在打印预览状态可以直接打印

C. 在打印预览状态不能打印　　　　　　D. 只能在打印预览状态打印

6. 在 Word 中,如果使用了项目符号或编号,则项目符号或编号在 _____ 时会自动出现。

A. 每次按回车键　　　　　　　　　　B. 一行文字输入完毕并按回车键

C. 按"Tab"键　　　　　　　　　　　D. 文字输入超过右边界

7. 将当前编辑的 Word 2016 文档转存为其他格式的文件时,应使用"文件"选项卡中的 _____ 命令。

A. 保存　　　　　　B. 新建　　　　　　C. 另存为　　　　　D. 保存并发送

8. 要在当前 Word 2016 文档中插入一个特殊符号,应在选项卡 _____ 中寻找。

A. 插入　　　　　　B. 引用　　　　　　C. 视图　　　　　　D. 页面布局

9. 在 Word 文档中输入文本到右边界时,插入点会自动移到下一行最左边,这是 Word 的 _____ 功能。

A. 自动更正　　　　B. 自动回车　　　　C. 自动格式　　　　D. 自动换行

10. 段落标记是在按 _____ 键后产生的。

A. "Esc"　　　　　B. "Alt"　　　　　C. "Enter"　　　　D. "Shift"

11. 用键盘选定文本时,应按住 _____ 键,再按方向键。

A. "Ctrl"　　　　　B. "Space"　　　　C. "Alt"　　　　　D. "Shift"

12. "格式刷"按钮的使用方法是 _____。

A. 先单击字符再单击"格式刷"按钮,再拖动鼠标

B. 先单击"格式刷"按钮,再单击字符,再拖动鼠标

C. 可按任意顺序

D. 先单击"格式刷"按钮,再拖动鼠标

13. 以下描述不正确的是 _____。

A. 页眉和页脚内容由用户输入　　　　B. 页眉和页脚可以是页码或文字

C. 页眉由用户输入,页脚只能是页码　　D. 页眉和页脚放在每页的顶部和底部

14. 在 Word 2016 中,给每位家长发送一份"期末成绩通知单",用 _____ 命令最简便。

A. 复制　　　　　　B. 信封　　　　　　C. 标签　　　　　　D. 邮件合并

15. 在 Word 2016 中,可以通过选项卡 _____ 对所选内容添加批注。

A. 引用　　　　　　B. 审阅　　　　　　C. 页面布局　　　　D. 插入

16. 下面有关 Word 2016 表格功能的说法不正确的是 _____。

A. 表格中可以插入图片　　　　　　　B. 可以通过表格工具将表格转换成文本

C. 表格的单元格中可以插入表格　　　D. 不能设置表格的边框线

17. 若你想保存一个正在编辑的文档,但希望以不同的文件名存储,可选择 _____ 命令。

A. 保存　　　　　B. 另存为　　　　　C. 比较　　　　　D. 限制编辑

18. 在 Word 中,查看当前文档的页数和字数,可以通过 _____ 栏。

A. 标题　　　　　B. 状态　　　　　C. 编辑　　　　　D. 选项卡

19. 选择整个文档应按 _____ 键。

A. "Ctrl + A"　　B. "Alt + A"　　C. "Shift + A"　　D. "Ctrl + Alt + A"

20. 在 Word 编辑状态,可以同时显示水平标尺和垂直标尺的视图方式是 _____。

A. 草稿视图　　　B. 大纲视图　　　C. 页面视图　　　D. 阅读版式视图

21. 在 Word 中,_____ 的作用是能在屏幕上显示所有文本内容。

A. 标尺　　　　　B. 控制框　　　　C. 滚动条　　　　D. 最大化按钮

22. 在 Word 编辑状态下,给当前打开的文档加上页码,应使用的选项卡是 _____。

A. 文件　　　　　B. 插入　　　　　C. 引用　　　　　D. 页面布局

23. 在 Word 的编辑状态,连续进行了两次"插入"操作,当单击两次"撤销"按钮后 _____。

A. 将第二次插入的内容全部取消　　　B. 两次插入的内容都不被取消
C. 将第一次插入的内容全部取消　　　D. 将两次插入的内容全部取消

24. 在 Word 文本编辑区中有一个闪烁的粗竖线,它是 _____。

A. 鼠标光标　　　B. 光标插入点　　　C. 分节符　　　　D. 段落分隔符

25. 在 Word 中,下列不属于文字格式的是 _____。

A. 字形　　　　　B. 字号　　　　　C. 分栏　　　　　D. 字体

26. 在 Word 文档中插入图片后,不可以进行的操作是 _____。

A. 删除　　　　　B. 剪裁　　　　　C. 缩放　　　　　D. 编辑

27. 在 Word 中,_____ 用于控制文档在屏幕上的显示大小。

A. 全屏显示　　　B. 显示比例　　　C. 缩放显示　　　D. 页面显示

28. 在 Word 主窗口呈最大化显示时,该窗口的右上角可以同时显示的按钮是 _____ 按钮。

A. 最小化、还原和最大化　　　　　B. 还原、最大化和关闭
C. 最小化、还原和关闭　　　　　　D. 还原和最大化

29. 下面对 Word 的叙述中,正确的是 _____。

A. Word 是一种电子表格　　　　　B. Word 是一种文字处理软件
C. Word 是一种数据库管理系统　　D. Word 是一种操作系统

30. 在 Word 的编辑状态,要想删除光标前面的字符,可以按 _____ 键。

A. "Backspace"　　B. "Del"　　　C. "Ctrl + P"　　D. "Shift + A"

3.2　多项选择题

1. 在 Word 2016 中,"文档视图"方式有 _____。

A. 页面视图　　　B. 阅读版式视图　　C. Web 版式视图　　D. 大纲视图
E. 草稿

2. 在 Word 2016 中,可以插入 _____ 元素。

A. 图片　　　　　B. 剪贴画　　　　C. 形状　　　　　D. 屏幕截图

E. 页眉和页脚　　F. 艺术字

3. 在 Word 2016 中,插入表格后可通过出现的"表格工具"选项卡中的"设计""布局"进行 _____ 操作。

A. 表格样式　　　B. 边框和底纹　　C. 删除和插入列　D. 表格内容的对齐方式

4. "开始"选项卡的"字体"选项组可以对文本进行 _____ 操作设置。

A. 字体　　　　　B. 字号　　　　　C. 消除格式　　　D. 样式

5. 在 Word 2016 的"页面设置"中,可以设置的内容有 _____。

A. 打印份数　　　B. 打印的页数　　C. 页边距　　　　D. 打印的纸张方向

6. 以下 _____ 操作可以关闭 Word 2016 程序。

A. 双击标题栏左边的文档图标

B. 单击标题栏右边的"×"

C. 单击"文件"选项卡下拉列表中的"关闭"

D. 单击"文件"选项卡下拉列表中的"退出"

7. 把文档"另存为"时所要进行的操作有 _____。

A. 选择保存位置　　　　　　　　B. 选择保存类型

C. 输入要保存的文件名　　　　　D. 选择文件保存日期

8. 下列说法中不正确的是 _____。

A. 在字体对话框中可以调整字符间距

B. 在字体对话框中可以进行效果的调整

C. 中文字体中默认的是隶书

D. 默认的字号是四号

9. 在 Word 2016 中,复制文本进行粘贴时,默认的"粘贴选项"有 _____。

A. 保留源格式　　B. 合并格式　　　C. 只保留文本　　D. 全部粘贴

10. 下列 _____ 选项可在"分栏"对话框中进行设置。

A. 栏数　　　　　B. 栏宽　　　　　C. 间距　　　　　D. 行距

3.3　判断题(正确画"√",错误画"×")

1. Word 2016 只能将文件保存为 Word 文档类型。(　　)

2. Word 插入的表格不能进行数据计算。(　　)

3. 撤销与重复操作可避免误操作而造成的损失。(　　)

4. 使字符间距扩大的方法是只能在字符之间添加空格。(　　)

5. 格式刷的功能是进行格式复制。(　　)

6. 可以通过编辑环绕顶点来调整图文环绕的文本区域。(　　)

7. 页眉与页脚在任何视图模式下均可显示。(　　)

8. 两个单元格合并后,仍然是两个单元格,只是去掉了表格线而已。(　　)

9. 打印预览窗口只能显示文档的打印效果,不能进行文档的编辑操作。(　　)

10. 文档设置分栏后,各栏栏宽必须相等。(　　)

3.4 实训题

1. 将以下素材按要求操作。

> 纯文本文件也称非文书文件,如计算机源程序文件、原始数据文件等均属于纯文本文件。它注重的是字母符号的内在含义,一般不需要编辑排版。在文本文件内除回车符外,没有其他不可打印或显示的控制符。因此,在各种文字处理系统间可以相互通用。
>
> 带格式文本文件通称文档文件,也称文书文件,例如文章、报告、书信、通知等都属于文档文件。它注重文字表现形式,成文时需要对字符、段落和页面格式进行编辑排版。在文档文件中,由于不同的文字处理系统设计的格式控制符有所不同,因此,文档文件在不同的文字处理系统间需要格式转换,不能直接相互通用。此外,文档文件内除文本外,还可插入图形、表格,甚至声像等非文本资料。

(1) 给文章添加标题"计算机语言",将题设为楷体,二号,加粗,红色,居中,浅绿 1.5 磅细线边框,加红色双实线下划线。

(2) 将第一段字体设为华文行楷,三号,蓝色。

(3) 将第二段分为三栏,第一栏宽为 3 cm,第二栏宽为 4 cm,栏间距均为 0.75 cm,栏间加分隔线。第二段填充"灰色—15%"底纹。

(4) 设置段行距为 20 磅,设置段间距:段前 2 行,段后 1.5 行。

(5) 为文章添加一个传统型页眉,内容为考试,居中,日期为系统当前日期,日期格式为:字体黑体,红色,页眉顶端距离为 3 cm。

2. 将以下素材按要求操作。

> 激清音以感余,愿接膝以交言。欲自往以结誓,惧冒礼之为怨,待凤鸟以致辞,恐他人之我先。意惶恐而靡宁,魂须臾而九迁。愿在衣而为领,承华首之余芳,悲罗襟之宵离,怨秋夜之未央!愿在裳而为带,束窈窕之纤身,嗟温凉之异气,或脱故而服新!愿在发而为泽,刷玄鬓于颓肩,悲佳人之屡沐,从白水而枯煎!愿在眉而为黛,随瞻视以闲扬,悲脂粉之尚鲜,或取毁于华妆!愿在莞而为席,安弱体于三秋,悲文茵之代御,方经年而见求!愿在丝而为履,附素足以周旋,悲行止之有节,空委弃于床前!愿在昼而为影,常依形而西东,悲高树之多荫,慨有时而不同!愿在夜而为烛,照玉容于两楹,悲扶桑之舒光,奄灭景而藏明!愿在竹而为扇,含凄飙于柔握,悲白露之晨零,顾襟袖以缅邈!愿在木而为桐,作膝上之鸣琴,悲乐极以哀来,终推我而辍音!

(1) 将正文字体设置为"隶书",字号设置为"小四"。

(2) 将正文内容分成"偏左"的两栏。设置首字下沉,将首字字体设置为"华文行楷",下沉行数为"3"。

(3) 插入一幅图,将环绕方式设置为"紧密型"。

(4) 将整篇文档的左右页边距分别设为 3 cm 和 2 cm。

(5) 在文档的最后插入一个 3 行 3 列的表格,要求表格外框线为浅蓝色实线,线宽为 1.5 磅。

3. 将以下素材按要求进行操作。

(1) 将标题字体设置为"华文行楷",字形设置为"常规",字号设置为"小初",选定"效果"为"空心字"且居中显示。

(2) 将"陶渊明"字体设置为"隶书",字号设置为"小三",文字右对齐加双曲线边框,线型宽度应用系统默认值显示。

(3) 将正文行距设置为 25 磅。

(4) 将正文部分分为等宽的两栏,栏宽为 18 字符,栏间加分隔线。

（5）在文档最后插入一个 3 行 3 列的表格，要求表格线为浅蓝色实线，其中内边框线宽为 1.5 磅，外边框线宽为 2.5 磅。

归去来兮辞

——陶渊明

归去来兮！田园将芜胡不归？既自以心为形役，奚惆怅而独悲？悟已往之不谏，知来者之可追，实迷途其未远，觉今是而昨非。舟摇摇以轻殇，风飘飘而吹衣。问征夫以前路，恨晨光之熹微。乃瞻衡宇，载欣载奔。童仆欢迎，稚子候门。三径就荒，松菊犹存。携幼入室，有酒盈樽。引壶觞以自酌，眄庭柯以怡颜。倚南窗以寄傲，审容膝之易安。园日涉以成趣，门虽设而常关。策扶老以流憩，时翘首而遐观。云无心以出岫，鸟倦飞而知还。景翳翳以将入，抚孤松而盘桓。

第 4 章　Excel 2016 电子表格处理软件

Microsoft Excel 是微软公司的办公软件 Microsoft Office 的组件之一，其灵活的操作界面，强大的表格制作、数据处理、图表制作等功能，使其成为日常生活、办公中的常用软件，目前使用较多的版本是 Microsoft Office Excel 2016，创建生成的常用工作簿文件扩展名为"xlsx"，其 97 至 2003 老版本工作簿文件扩展名为"xls"。

4.1　Excel 2016 工作界面

Excel 2016 的运行环境、启动与退出和 Word 2016 相似，运行 Excel 2016 后，工作界面如图 4.1 所示：

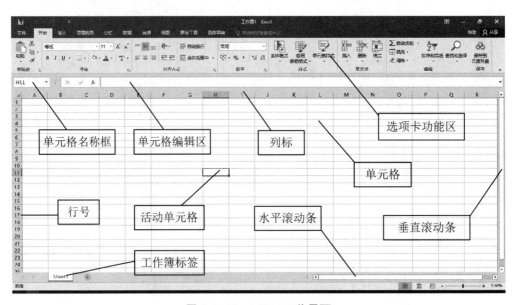

图 4.1　Excel 2016 工作界面

Excel 2016 和 Word 2016 工作界面有较大区别，Word 2016 工作界面与我们日常所用的白纸类似，而 Excel 2016 工作界面则是一张设定了列标与行号的虚框表格，不像 Word 2016 那么容易理解与接受，往往会给初学者带来较为复杂的第一印象，其实这张虚框表格正是 Excel 2016 各项操作的平台，在掌握了 Excel 2016 的使用方法后，将能体会到其强大表格制作、数据处理等功能。为避免重复，本章中部分与 Word 2016 相同的功能命令将不再说明。

4.2　Excel 2016 表格制作

表格制作是 Excel 2016 的基本功能,和其他软件相比,Excel 2016 在表格制作上更加方便、精准,能帮助我们制作出所需要的各种表格。在 Excel 2016 中,单元格是基本的操作单位,再由相应的单元格组成行或列,由行和列组成一张工作表。如果把单元格看作一个点的话,行或列就是一条线,工作表就是一个平面了,而一个 Excel 2016 工作簿中的多张工作表就类似一个三维空间,这是一个存放数据的空间。要想熟练地使用 Excel 2016,就必须熟悉单元格、行列、工作表以及相应的操作技巧。

4.2.1　单元格操作

1. 单元格地址

在 Excel 2016 中,每张工作表有 1 048 576×16 384 个单元格,每一个单元格都有地址,由列标加行号组成,显示在单元格名称框中,图 4.1 所示单元格名称框中的"H11",其形式类似于平面直角坐标系中点的坐标指示(X,Y)。

但是,这里的"H11"并不是真正完整的单元格地址,这个地址省略了单元格所属的工作表、工作簿名称,完整的单元格地址格式如下:工作簿路径 + 工作簿名称 + 工作表名称 + 单元格列标与行号,详见图 4.2。

图 4.2　完整的单元格地址

之所以平时我们所用的单元格地址没这么复杂,是因为我们所表示的是同一个工作簿或同一个工作表中的单元格,工作簿路径、工作簿名称、工作表名称等被省略了,如果我们要引用跨工作簿的单元格数据时,就要用到如图 4.2 这种完整的单元格地址表示形式。

Excel 2016 对单元格地址进行管理,使其每一个单元格都对应一个唯一的地址,从而扩展了 Excel 2016 数据处理范围,使不同的工作表、工作簿之间可以相互调用数据,进行运算。

在 Excel 2016 中,如果表示多个单元格,需要用到":""","等符号,他们也是公式运算符的一种。":"表示连续的区域,用鼠标直接框选或配合"Shift"键选择;","表示不连续的区域,用鼠标配合"Ctrl"键选择。如图 4.3 所示区域为(A1:F4,H3:K6,N1:Q4)。

图 4.3　多个单元格的选择与表示

这种表示方法在公式、函数中经常用到。理解单元地址非常重要,这是学习 Excel 2016 的基础。

2. 单元格数据类型

Excel 2016 中对单元格的数据进行了分类,点击"开始"选项卡"数字"组右下角小箭头,如图 4.4 所示。在"设置单元格格式"对话框的"数字"标签中可设置单元格数据类型,如图 4.5 所示。

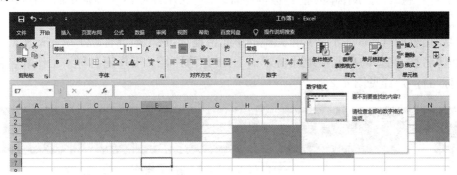

图 4.4　数字功能区右下角小箭头

图 4.5　"设置单元格格式—数字"标签

单元格数据类型默认为无特定数字格式的"常规类型",可根据实际需要进行设定,如果要单元格内输入 18 位身份证号码之类的较长数据,以及某些以"0"开头的数据如"001"等,需将数据类型定义为"文本"型,否则会以科学记数的方式显示,而以"0"开头的数字自动将"0"省略。如图 4.6 所示,A 列数据类型为"文本",B 列数据类型为"常规",分别在 A1、A2 和 B1、B2 中输入"34011119790707 5057""001"两个数字后,A、B 列显示的内容截然不同。

图 4.6　"文本"与"常规"数据类型比较

在 Excel 2016 中,单元格显示的内容与实际内容往往不一致,如果需要知道单元格中实际内容,正确的方法是选中该单元格,然后看该单元格"编辑区"的内容,这一点在后面要介绍的公式与函数中再详细说明。

3. 单元格数据格式化

在数据输入完毕后,我们需要对单元格进行格式化调整,分别用到"设置单元格格式"中"对齐、字体、边框、填充"标签。

如图 4.7 所示,"对齐"标签中"水平对齐"与"垂直对齐"可以设置数据在单元格中的位置,"方向"是设置单元格中数据的倾斜角度,当选中多个单元格时,"合并单元格"选项可控制选中的多个单元格是否合并。

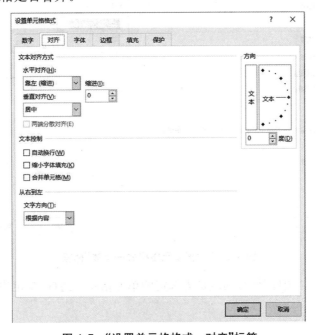

图 4.7　"设置单元格格式—对齐"标签

"自动换行"和"缩小字体填充"选项不可同时使用。如图 4.8 所示,我们为 C 列设置了"缩小字体填充",C5 单元格为"缩小字体填充"的显示效果,它是以单元格列宽为基准,将字体自动缩小至能够在单元格中将数据一行全部显示,这样我们就不必为正确显示较长的名字而单独改变字体大小了。

如图 4.9 所示,"字体"标签为选定的单元格设置字体、字号、字形等。

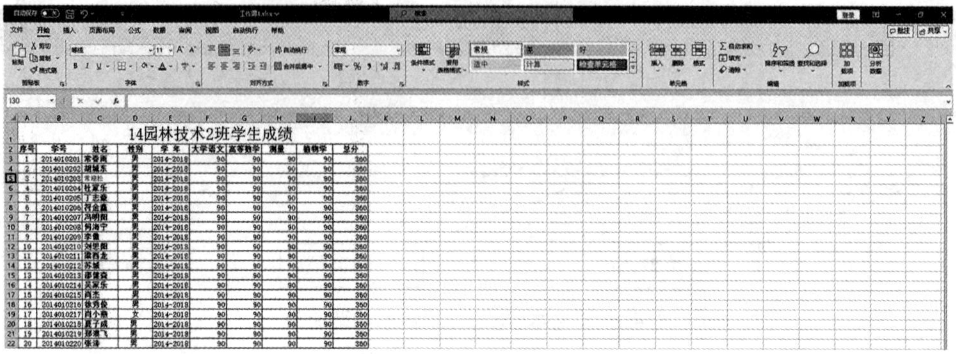

图 4.8 "缩小字体填充"的效果

图 4.9 "设置单元格格式—字体"标签

如图 4.10 所示,"边框"标签功能是为选定的单元格添加边框,指定边框线型、颜色等。

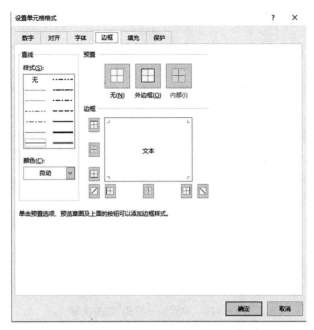

图 4.10　"设置单元格格式—边框"标签

如图 4.11 所示,"填充"标签是为选定的单元格添加背景色,设置填充效果和图案样式等。

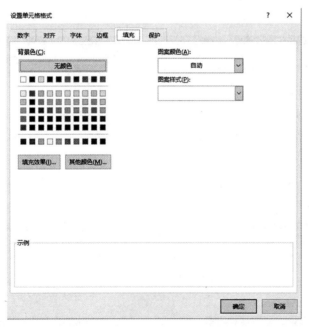

图 4.11　"设置单元格格式—填充"标签

4.2.2　行列操作

1. 设置行高、列宽及隐藏

单击"开始"选项卡"单元格"组中的"格式"按钮,可调出如图 4.12 所示菜单,可分别对所选行、列的行高、列宽进行设置,"自动调整行高""自动调整列宽"可根据单元格数据自动设置调整。

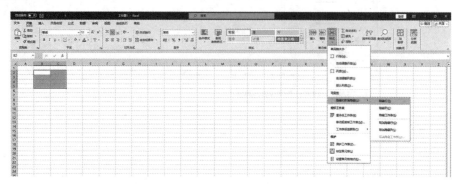

图 4.12　"单元格—格式"功能按钮

"隐藏行""隐藏列"的功能效果如图 4.13 所示,注意图中列标与行号,A 列后看不到 B 列,直接跳至 D 列,说明 B、C 列被隐藏起来了;行 1 后看不到行 2,直接跳到行 6,说明 2、3、4、5 行被隐藏起来了。通常情况下被隐藏的行、列多为一些过渡的中间数据,如要恢复被隐藏的行或列,可以通过"取消隐藏行""取消隐藏列"来还原。被隐藏的行和列不显示其内容,也不会被打印输出。

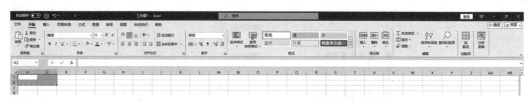

图 4.13　行、列隐藏效果

2. 增加、删除行、列和单元格

分别点击"开始"选项卡"单元格"组中的"插入"与"删除"按钮,可以选择增加、删除选定的行、列以及单元格,如图 4.14 所示。

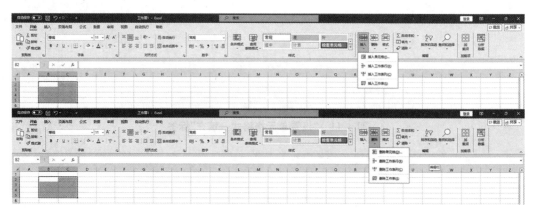

图 4.14　"单元格—插入、删除"功能按钮

点击"插入"→"插入单元格"命令后,如图 4.15 左图所示,系统会询问你活动单元格右移还是下移,如选择"整行"或"整列",功能和"插入"→"插入工作表行、列"一样,如果是删除单元格,和插入单元格操作相反。

图 4.15　插入、删除单元格窗口

4.2.3　工作表操作

工作表是由 16384 列与 1048576 行组成的工作区域,默认状态下以灰色虚框显示网格线,打印不会输出。每张工作簿默认建立三张工作表,分别为"sheet1、sheet2、sheet3",工作表可以增加或删除,但最少要有一张工作表,通过工作表标签显示工作表名称,可以通过鼠标点击切换工作表。

1. 工作表常用操作

如图 4.16 所示,在任意一张工作表标签上单击鼠标右键,会弹出常用的工作表操作菜单。其中,插入、删除、隐藏与行、列操作类似,"重命名""工作表标签颜色"可对当前工作表改名,设置显示颜色,方便工作表的识别,"移动或复制工作表"可对多张工作表调整显示顺序,勾上"建立副本",可复制选定的工作表。我们还可以通过按下"Shift"键,然后通过鼠标点击来选择多张工作表或者全部工作表,进行批量操作,如统一设置页面、定义标题格式等,但一定要注意批量操作后要退出选定多张工作表状态,以免将单张表格操作误操作为批量操作。

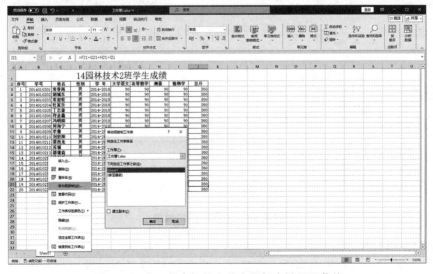

图 4.16　在工作表标签上单击鼠标右键显示菜单

2. 工作表的保护

点击"审阅"选项卡点击"更改"组"保护工作表"按钮，弹出"保护工作表"对话框，可设置密码以及用户的操作权限，如图4.17所示。

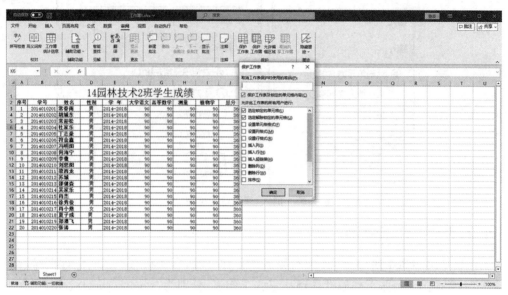

图4.17　"保护工作表"相关窗口

工作表的保护效果与"设置单元格格式"对话框中"保护"标签的设置有关，"锁定"的单元格，工作表被保护后将不能修改，"隐藏"的单元格，工作表被保护后单元格编辑区内容不可见，只在工作区显示单元格内容，使得一些重要的公式、函数等得到保护，在工作区只能看到计算结果。"锁定"和"隐藏"功能在保护工作表后才会生效。

如图4.18所示，当我们试图修改被保护的工作表时会出现提示窗口，K3单元格格式由于设置了"隐藏"，因此编辑区不显示其内容，也就无法看到该单元格中用了什么公式或函数，如果知道保护工作表的密码，可以撤销工作表保护后查看。

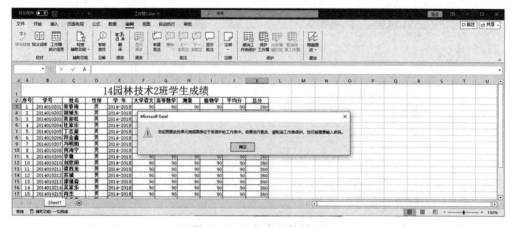

图4.18　工作表保护效果

3. 窗口的拆分和冻结

为了方便我们在较大的表格输入数据，Excel 2016提供了窗口拆分和冻结功能，先定位好需要拆分的单元格,如图 4.19 所示,选择的是 D3 单元格,点击"视图"选项卡,点"窗口"组"拆分"按钮,进行窗口拆分。

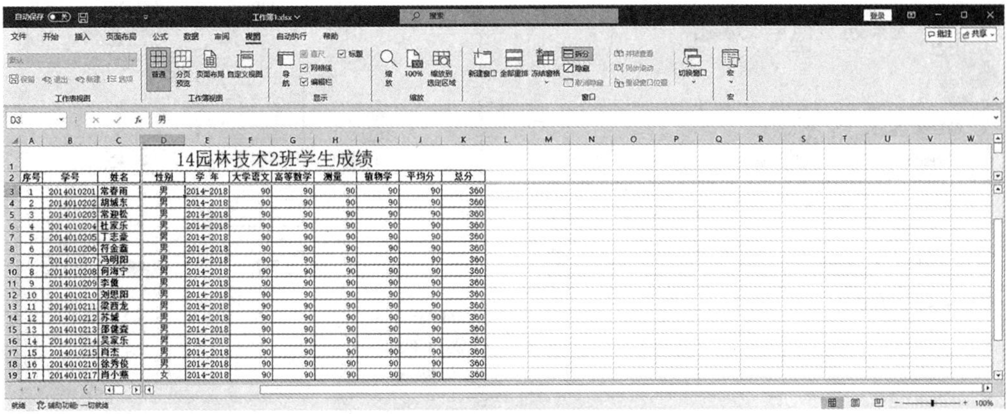

图 4.19　工作表拆分与冻结

拆分后上方和左侧窗口显示内容可单独用滚动条控制,还可以看到 C 列右侧与第 2 行下方的拆分线,注意观察图 4.19 中行号和列标。如果需要永久拆分,可点击"冻结窗口"→"冻结拆分窗格",如图 4.20 所示。

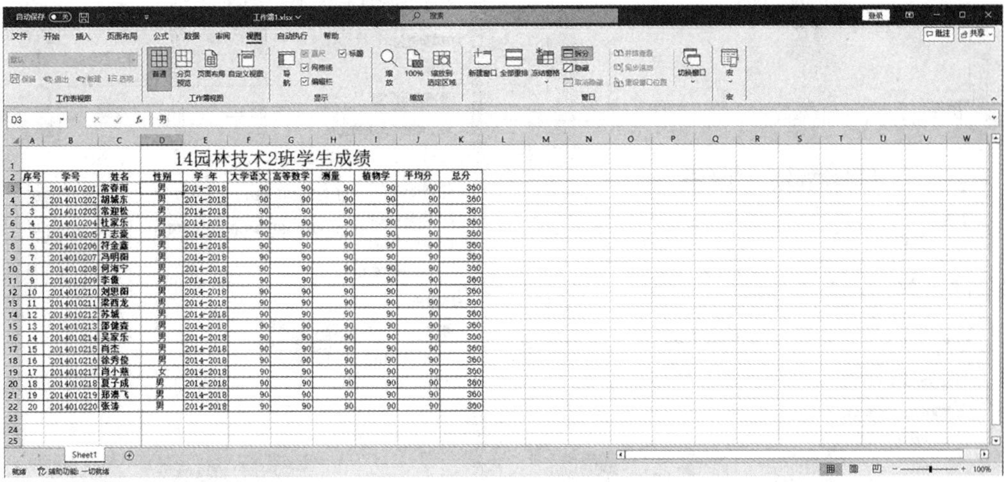

图 4.20　工作表冻结效果

窗口冻结后,冻结线上方与左侧行、列将固定不动。拆分与冻结是为了方便我们在其右下方的窗口对齐标题输入与查看数据,如不需要可取消。

4. 页面设置

点击"页面布局"选项卡,点击"页面设置"组右下方小箭头,弹出"页面设置"对话框,如图 4.21 所示。

"页面"标签可设置纸张大小、方向、打印质量、起始页码,"缩放比例"是对可打印内容的整体缩放,在打印内容较多且无法在一页完整打印时进行调整。

"页边距"标签设置纸张上下左右边距,下方的"居中方式"是指打印内容在纸张中的水平、垂直位置是否居中显示,图 4.21 中设置的是水平方向居中。

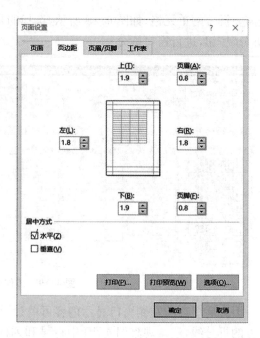

图 4.21　"页面设置"对话框

在"页眉/页脚"标签中可以选择在页眉、页脚添加页码、注释等，也可以自定义添加。

在"工作表"标签中主要设置打印区域、顶端标题行和左端标题列。设置打印区域后在打印输出时将只打印所设置区域，其他数据不打印。"顶端标题行""左端标题列"是在表格数据较多、分为几页时，自动在所有页面首行与首列添加指定的标题行与标题列。

如图 4.22 所示，点击"页面布局"→"分隔符"，选择"插入分页符"命令，可以从当前选定位置强行分页，无论上一页还有多少空间，下面的内容一律在新一页开始。

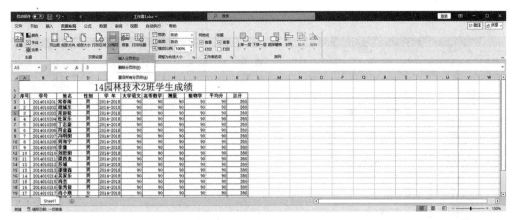

图 4.22　"分隔符"按钮

4.2.4　输入技巧

我们经常要用 Excel 2016 制作数据量较大的表格,数据输入是非常重要的一个环节,利用 Excel 2016 的一些输入技巧,可帮助我们快速准确地完成数据的输入工作。

1. 自动填充

在 Excel 2016 中输入有规律的数据时,采用自动填充的方法可大幅提高输入效率。

如图 4.23 所示,先在第一个单元格输入"1",选择要填充的单元格,点击"开始"选项卡,选中"填充"按钮中的"序列"命令,弹出"序列"对话框。选择等差序列,步长值"1",点击"确定"后,所有选定区域序号将自动完成。我们也可以在 A3、A4 单元输入"1"和"2",选择"A3:A4"单元格,将鼠标移至选定区域右下角,光标由空心十字变为"+"状填充柄时,按住鼠标左键向下拖曳完成填充。

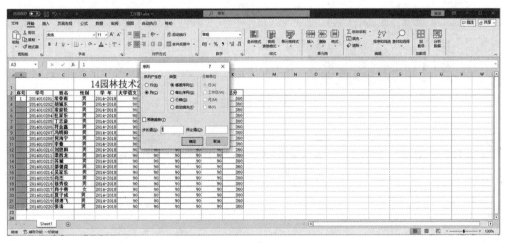

图 4.23　"填充序列"命令及对话框

我们可以点击"文件"选项卡中的"选项"命令,弹出"Excel 选项"对话框,再点击"高级"标签,在最下方点击"编辑自定义列表",在弹出的"自定义序列"对话框中,查看能够拖曳填充哪些序列,还可以通过"添加"或"导入"产生一个新序列,新序列定义后,就可以方便地输入一些经常要用到的序列,如图 4.24 所示,将 14 园林技术 2 班学生姓名一列通过导入加入到自定义序列中。

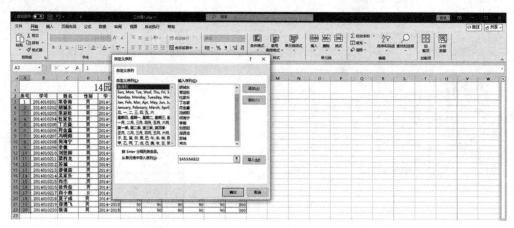

图 4.24　"自定义序列"对话框

2. 控制输入内容

在输入数据时有时会出现误操作,Excel 2016 为我们提供了限制输入数据范围的功能加以提醒。

如图 4.25 所示,选择需要设置输入范围的单元格,点击"数据"选项卡,点击"数据验证"按钮,弹出数据验证对话框。如图 4.26 所示,在设置标签"允许"栏选择"小数"、"数据"栏选择"介于","最小值""最大值"分别输入"0"和"100",在输入信息和出错警告标签栏根据实际要求输入信息,点击"确定"完成设置。

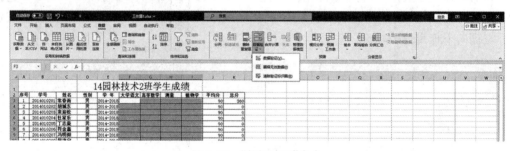

图 4.25　"数据验证"命令

图 4.26　"数据有效性"设置

设置完成后,点击设置好的单元格输入超出范围的数值时效果如图 4.27 所示。

我们也可以通过数据有效性为单元格设置一个选择序列,这也是常用的功能之一。如

图 4.28 所示,选择性别一列单元格,在"数据有效性"对话框"允许"栏选择"序列",在"来源"中输入"男,女",注意"男,女"之间的逗号必须为英文标点,也可以点击"来源"右方的按钮来选择已有序列,完成输入信息和出错警告标签设置后点击"确定"。

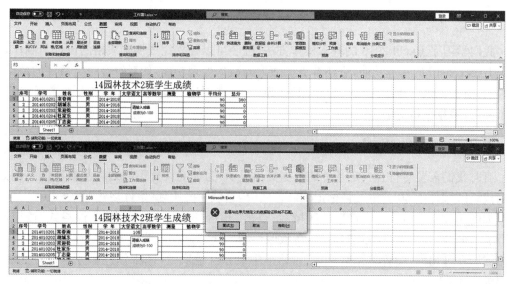

图 4.27　限定输入范围后的效果

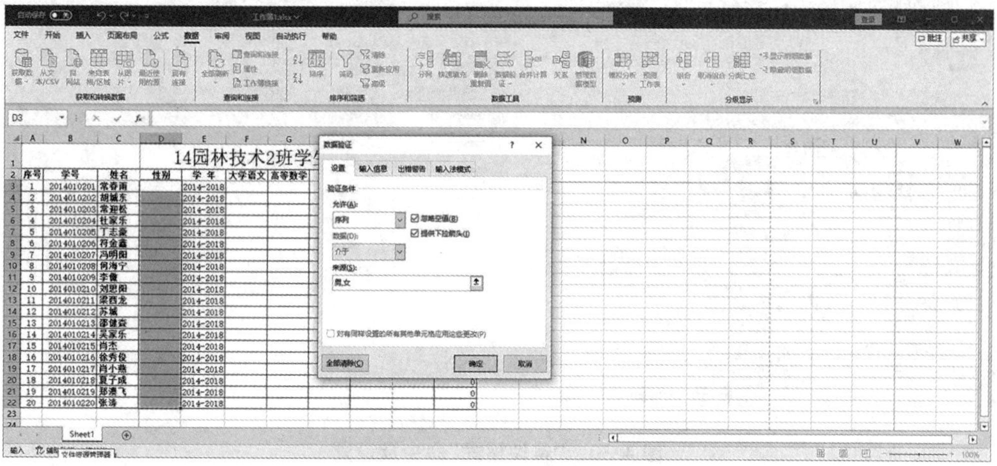

图 4.28　在"数据有效性"中设置序列

　　如图 4.29 所示,我们可以在单元格右下角的下拉选择菜单中选择输入内容,如果输入内容错误同样会出现提示信息。

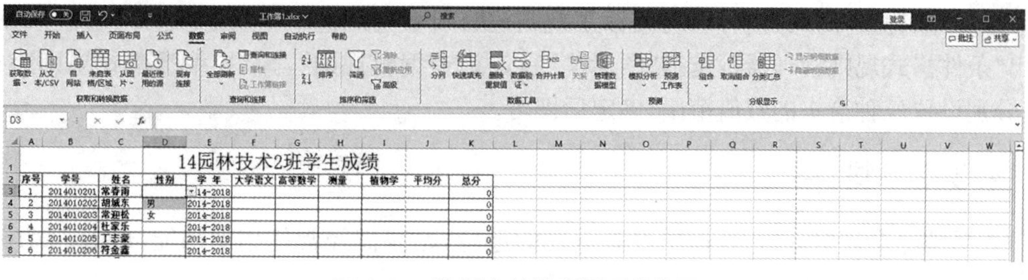

图 4.29　数据有效性设置后的效果

4.3　数　据　处　理

我们学习了 Excel 2016 的基本操作方法,已经可以独立完成一张表格的设计与制作,这只是 Excel 2016 的基本功能,它还有更加强大的数据处理功能,如对符合一定条件的数据突出显示,对数据进行排序、筛选、统计、汇总等,熟练掌握这些功能的用法将大大增强我们的电子办公、数据分析等能力。

4.3.1　条件格式

有时我们需要对符合一定条件的数据突出显示,为他们设置不同的颜色或字体。例如,要对成绩区域低于 60 分单元格标记为红色底纹,这就需要用到"条件格式"命令。

如图 4.30 所示,选择需设置的区域后,点击"开始"选项卡,再点击"条件格式"按钮,选择"小于"命令,弹出条件格式对话框,在数值栏输入"60",点击"设置为"栏小箭头选择"自定义格式",在弹出的"设置单元格格式"对话框中设置红色底纹(图中深色部分),设置完成后效果如图 4.31 所示。

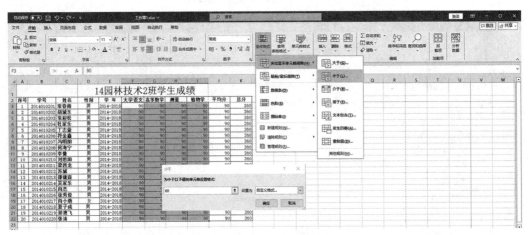

图 4.30　"条件格式"命令及设置

我们可用同样的方法为"大于""介于"某些数值的单元格设置其他格式,还可以用条件格式为数据添加数据条、色阶、图标集等,如图 4.32 所示,我们为成绩区域添加了方向箭头式的图标集。

添加"图标集"后,我们可以对图标集规则进行设置,如图 4.33 所示,选择"管理规则",弹出"条件格式规则管理器",选择"图标集"行,点击"编辑规则",弹出"编辑格式规则"对话框,分别设置三种箭头的数值范围,确定后即可。

4.3.2　排序

数据排序在数据分析、处理中占有重要的地位,是我们经常使用的功能,Excel 2016 提供了强大且方便的排序命令,操作步骤如下:

图 4.31　设置"条件格式"后的效果

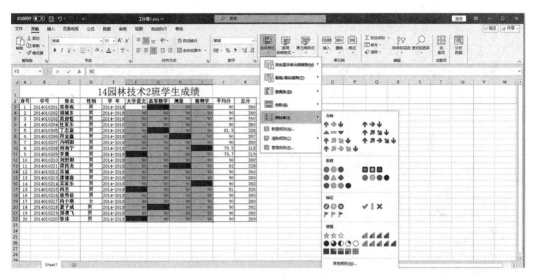

图 4.32　"条件格式"图标集效果

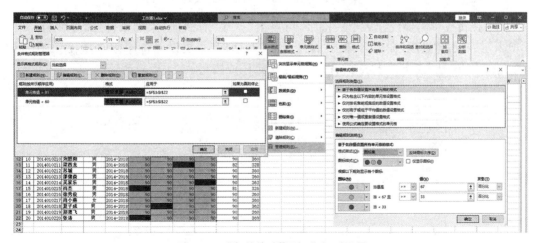

图 4.33　"条件格式"图标集规则设置

选择需排序的区域后,点击"数据"选项卡,在"排序和筛选"组,选择"排序"按钮,弹出"排序"对话框,如图 4.34 所示。

图 4.34 "排序"对话框

在"主要关键字"栏选择"总分",在"次序"栏选择"降序",确定后,效果如图 4.35 所示。

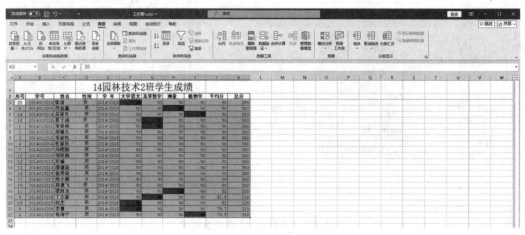

图 4.35 按总分降序排序后的效果

如果在排序中需要设置多个关键字,可点击"排序"对话框"添加条件"命令设置,如图 4.36 所示。点击"选项"命令会弹出"排序选项"对话框,主要设置排序方向,默认排序方向为按列排序,还可设置汉字排序的方式,按字母排序或按笔画排序。

图 4.36 添加排序关键字及排序选项

注意:"数据包含标题"选项仅在按列排序时生效,将所选择排序区域第一行视为标题行,将标题行各单元格的数据视为关键字,它们是不参与排序的,如果将此选项取消,关键字将变为列 A、列 B 等,同时所选区域均作为排序的数据。在按行排序时,"数据包含标题"选项是不可用的,关键字均为行 1、行 2 等。因此,在排序操作中,排序区域的选择是非常重要的。

4.3.3　数据筛选

数据筛选是常用的一项功能,帮助我们在大量数据中找出符合要求的数据。

如图 4.37 所示,选择筛选区域,点击"数据"选项卡,在"排序和筛选"组,点击"筛选"按钮,所选区域第一行各单元格右侧会出现小箭头按钮,点击相应小箭头可进行升序、降序排列等操作,也可以自定义筛选条件。

图 4.37　数据"筛选"命令及效果

如图 4.38 所示,我们定义的条件是"总分"大于 330 且小于 370,符合条件的会保留,不符合条件数据的会被隐藏起来,点击确定后结果如图 4.39 所示,注意观察行号,被隐藏起来的都是不符合条件的。

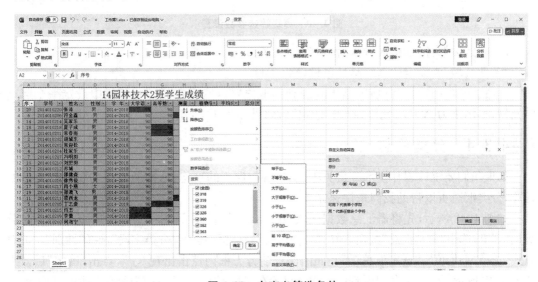

图 4.38　自定义筛选条件

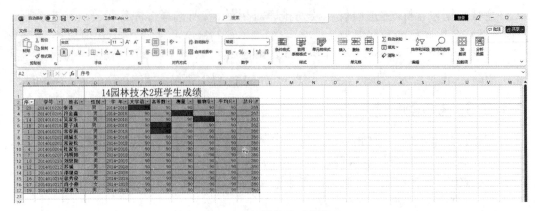

图 4.39　数据筛选后的效果

如果我们对数据的筛选有多个要求,例如:我们要找出园林技术 2 班"大学语文、高等数学、英语、计算机"四门课程成绩均大于 80 分的同学,就要用到高级筛选来实现。

如图 4.40 所示,(M3:P4)为高级筛选条件,点击"数据"选项卡,在"排序和筛选"组,选择"高级"按钮弹出"高级筛选"对话框,其中:

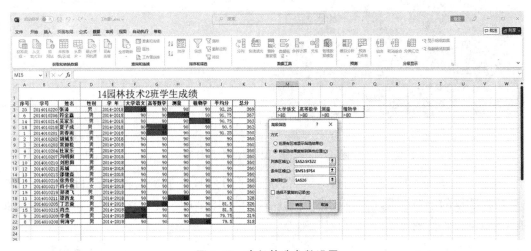

图 4.40　高级筛选参数设置

"列表区域"为欲筛选区域,示例中为(A2:K22);

"条件区域"为设定的高级筛选条件(M3:P4);

"方式"选项中选择"将筛选结果复制到其他位置",然后在"复制到"栏中设定一个起点单元格,本例中为 A26 单元格,点击"确定"后效果如图 4.41 所示。

4.3.4　分类汇总

如果我们要统计园林技术 2 班男生、女生各门课程的平均分,普通方法需要进行大量的计算,分类汇总可以帮助我们来快速完成。

如图 4.42 所示,先将需汇总数据区域(A2:K22)按性别排序,点击"数据"选项卡,在"分级显示"组,选中"分类汇总"按钮,弹出"分类汇总"对话框,其中:"分类字段"选择"性别","汇总方式"选择"平均值","选定汇总项"在四门课程前方方框内点击出现"√",点击"确定"后效果如图 4.43 所示,男、女生各门课程的平均分显示在各自下方,最后一行为所有学生的平均分。

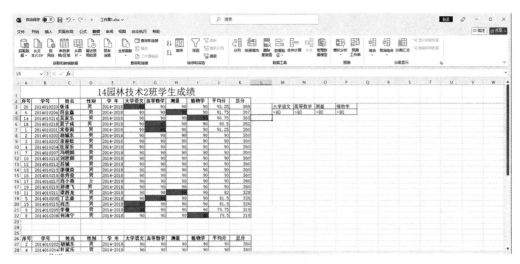

图 4.41 高级筛选后的结果

图 4.42 "分类汇总"参数设置

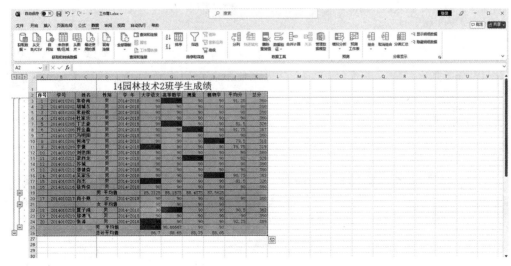

图 4.43 "分类汇总"后结果

4.3.5 分列

我们有时会需要从一串数字或字符中提取某一截数字或字符,例如从几个18位的身份证号码中提取出生日期,通过分列命令可以帮助我们快速而准确地完成。

如图4.44所示,先选择欲拆分的列,点击"数据"选项卡,在"数据工具"组,点击"分列"按钮,弹出"文本分列向导"对话框。

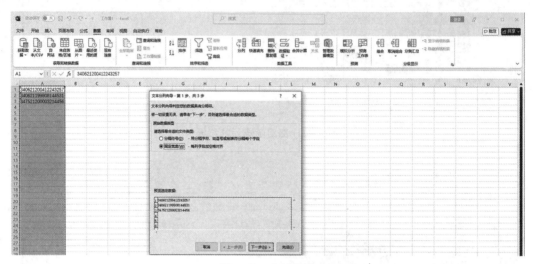

图4.44　分列命令

如图4.45所示,在"文本分列向导"步骤一中选择"固定列宽";步骤二中,在需要拆分地方用鼠标点击一下,出现分隔箭头;在步骤三中设置各列的数据类型,也可另行设置,点击"完成"。

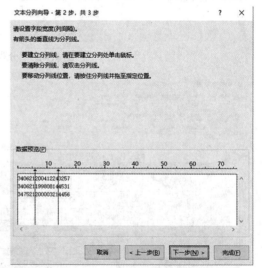

图4.45　分列设置三步骤

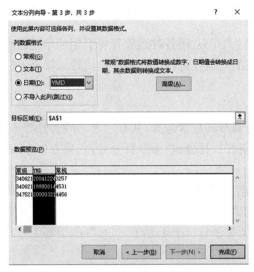

图 4.45　分列设置三步骤(续)

图 4.46 所示为分列后的效果,原 A 列分成了 A、B、C 三列,其中 B 列就是我们希望得到的出生日期。

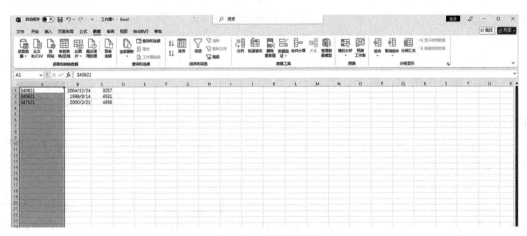

图 4.46　分列后效果

4.4　公式和函数

Excel 2016 不但有强大的数据处理功能,还拥有强大的数据计算功能,公式和函数是我们最常用的数据计算命令,在使用时直观、方便,配合填充操作能够批量复制,使我们能在短时间内准确地完成大量复杂的数据计算。所有的公式与函数,均以"="开头,这一点是初学者最容易忽视的地方。

4.4.1　公式

公式的基本结构：以"＝"开头，用各种运算符将引用的单元格地址和数字等连接起来。Excel 2016 有四种类型的运算符：算术运算符、比较运算符、文本运算符和引用运算符。

1. 算术运算符

算术运算符用于进行基本的数学运算，共有六种，分别为加"＋"（加号）、减"－"（减号）、乘"×"（或"＊"）、除"/"（斜杠）、百分比"%"（百分号）和乘方"^"。

2. 比较运算符

用于比较两个值的运算符，其比较的结果是一个逻辑值，即比较结果是 TRUE 或FALSE。比较运算符共有六种，分别为等于"＝"（等号）、大于"＞"（大于号）、小于"＜"（小于号）、大于等于"＞＝"（大于等于号）、小于等于"＜＝"（小于等于号）和不等于"＜＞"。

3. 文本运算符

"&"用于连接一个或多个字符串而形成一个长的字符串的运算符。如"计算机"&"应用基础"的运算结果是"计算机应用基础"。

4. 引用运算符

主要用于将单元格区域合并计算。引用运算符共有三种，分别为"："（冒号）"，"（逗号）和"　"（空格）。

我们在介绍单元格时曾提到过引用运算符，在这里补充完整。

"："（冒号）是对指定区域运算符之间，包括两个引用在内的所有单元格进行引用。如（B2：B6）区域是引用 B2、B3、B4、B5、B6 共 5 个单元格。

"，"（逗号）是将多个引用合并为一个引用，如（B1：B3，F1：F3）是引用 B1、B2、B3、F1、F2、F3 共 6 个单元格。

"　"（空格）是取多个引用区域的交集，如（B1：B9　A3：C8）是引用 B3、B4、B5、B6、B7、B8 共 6 个单元格。

在公式中，运算符的运算顺序是不同的，其运算级别从高到低为：

"："（冒号）、"，"（逗号）、"♯"（空格）、"－"负号（如－1）、"%"（百分比）、"^"（乘方）、"×"和"/"（乘和除）、"＋"和"－"（加和减）、"&"（连接符）、比较运算符。通过小括号"（）"可以根据需要改变运算顺序。

如图 4.47 所示，要在 K3 单元格计算常春雨同学的总分，那么在 K3 单元格输入"＝F3＋G3＋H3＋I3"，然后回车确认或点击编辑区左边的"√"即可。

图 4.47　总分计算公式

如图 4.48 所示,K3 单元格显示的是计算后的结果"365",但 K3 单元格编辑区中内容依然是"= F3 + G3 + H3 + I3",这一点我们在前面介绍单元格时曾提到过,Excel 2016 单元格显示内容与其打印内容有时是不一致的。

图 4.48　总分计算公式确认后结果

用同样的方法可以计算出平均分,如图 4.49 所示,我们输入的是"= (F3 + G3 + H3 + I3)/4",注意小括号的用法,我们也可以利用总分计算,输入"= K3/4",其计算结果是相同的。

当计算完第一位学生的分数后,通过填充可以一次性将其余学生的平均分和总分都计算出来,这就是公式的批量复制。

图 4.49　平均分计算公式

在公式、函数中出现的单元格地址,其本质是对该单元格数据的引用,当被引用单元格数据发生变化时,Excel 2016 会根据单元格数据的变化而重新计算。

单元格数据的引用根据单元格地址形式的不同又分为相对引用和绝对引用两种,上述两例中均为相对引用,相对引用的单元格地址会在填充复制公式时根据新目标单元格地址的位置变化而相应产生变化。例如,我们从"K3"单元格填充至"K4"单元格时,公式会从"= F3 + G3 + H3 + I3"变为"= F4 + G4 + H4 + I4",这也是我们做好第一行的公式后,就能批量复制其余公式的原因,但有时我们并不希望某些单元格的地址在填充时发生变化。

如图 4.50 所示,假设在学生成绩总分计算中还有一项附加分,每人均为 80,数据在"M1"单元格中,K3 单元格中的公式修改为:"= F3 + G3 + H3 + I3 + M1",如果直接这样输入公式,那么在填充时,下一位同学胡城东的总分,单元格"K4"公式会变为:"= F4 + G4 + H4 + I4 + M2",如图 4.51 所示。

出现这样的错误,原因就在于公式中"M1"单元格地址的引用为相对引用,当填充到下一单元格时自动变为"M2",要纠正此类错误,我们需要将"M1"单元格地址改为绝对引用,方法是在"K3"单元格公式中将"M1"改为"$ M $ 1",修改后的"K3"单元格中公式为:"= F3 + G3 + H3 + I3 + $ M $ 1",然后填充复制 K3 单元格公式时,"M1"单元格地址因为是绝对地址将不会发生变化,如图 4.52 所示,K5 单元格填充后公式为:"= F5 + G5 + H5 + I5 +

"＄M＄1",其他单元格在填充时"＄M＄1"均不会变化。

图 4.50　添加附加分后的公式

图 4.51　填充后出现的错误公式

图 4.52　绝对引用填充的正确公式

在 Excel 2016 中不难掌握公式结构,关键在于如何根据实际需要设置正确的、适合的公式,这就需要我们熟悉公式的使用方法,理解要解决的实际问题,合理运用各种运算符和单元格的相对、绝对引用等。

4.4.2　函数

Excel 2016 有 300 多个函数,为了便于我们查找,Excel 2016 将函数分为了 12 类:财务、日期与时间、数学与三角函数、统计、查找与引用、数据库、文本、逻辑、信息、工程、多维数据集、兼容性。根据工作性质的不同,个人经常使用的函数也有所区别。

函数的基本结构:"＝＋函数名称＋函数参数"。

第一步:定位要计算的单元格,点击"公式"选项卡,在"函数库"组,点击"插入函数"按钮,在弹出的"插入函数"对话框中选择函数。

如图 4.53 所示,我们在"K3"单元格用函数计算总分,选择求和函数"SUM",点击"确定",弹出"函数参数"对话框。

第二步:在"函数参数"对话框中设置函数参数,如图 4.54 所示。

不同的函数参数数量及设置方法也不同,在"SUM"函数中,参数就是需要求和的单元

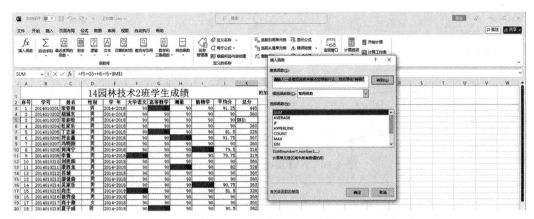

图 4.53　选择 SUM 函数

格，可分别在 Number1、Number2、Number3…栏中输入，或用鼠标框选，点击"确定"后，如图 4.55 所示，完成后的函数为"＝SUM(F3∶I3)"。

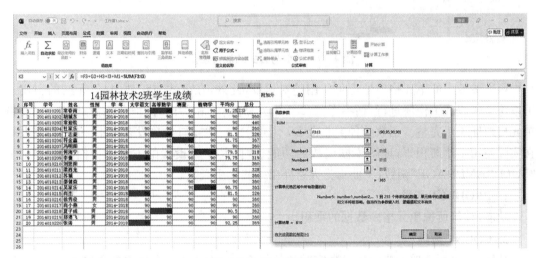

图 4.54　设置函数参数

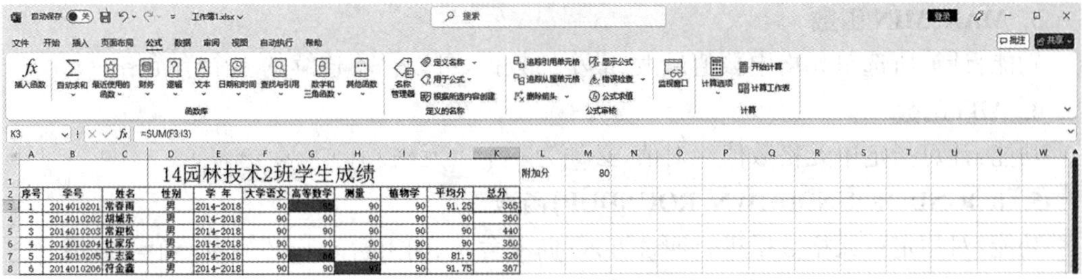

图 4.55　SUM 函数完成结果

在"J3"单元格计算平均分时，我们使用的是"AVERAGE"函数，完成后的函数为"＝AVERAGE(F3∶I3)"，如图 4.56 所示。

和公式一样，计算好一位同学的分数后，其余同学的平均分和总分可以填充完成。公式与函数也可以混合使用，如图 4.57 所示的"J3"单元格。

图 4.56　AVERAGE 函数完成结果

图 4.57　函数与公式的混合使用

　　函数参数中的单元格地址也可使用绝对地址,此外,在公式与函数中,单元格的引用也可以跨工作表或工作簿进行,请参考"4.2.1 单元格操作"相关内容,但要注意此时一定要将单元格地址表示完整。函数的种类非常多,不同函数的功能与参数设置也不一样,需要大家在实际使用中逐渐积累,理解不同函数的功能,掌握其参数设置的方法。我们已经介绍了"SUM""AVERAGE"函数,下面再为大家介绍一些常用函数。

1. PRODUCT 函数

功能:计算所选单元格中数据的乘积。

2. COUNT 函数

功能:计算所选单元格中包含数字的单元格个数,可以是不连续的多个单元格,文本型数字及其他类型数据不参与计数。

3. MAX、MIN 函数

功能:计算所选单元格中数值最大、最小的数据,可以是不连续的多个单元格。

4. ABS 函数

功能:计算指定单元格数值绝对值,必须为一个单元格。

5. ROUND(ROUNDDOWN、ROUNDUP)函数

功能:对指定单元格数据进行四舍五入(向下舍入、向上舍入),必须为一个单元格。

函数格式:= ROUND(指定的单元格地址,四舍五入小数位数)。

举例:= ROUND(A1,2),表示对"A1"单元格数据四舍五入保留 2 位小数。

6. DATE 函数

功能:返回一个日期。

函数格式:= DATE(年所在单元格地址,月所在单元格地址,天所在单元格地址)

举例:= DATE(A1,B1,C1),分别从"A1,B1,C1"中提取年、月、日,组成一个日期。

7. YEAR(MONTH、DAY)函数

功能:从一个日期中提取年(月、日)。

函数格式: = YEAR(欲提取的日期单元格地址)。

8. SUMIF 函数

功能:对满足条件的单元格求和。

函数格式: = SUMIF(条件判断区域,定义的条件,求和的单元格区域)。

如图 4.58 所示,我们要在 D8 单元格中计算各产品"数量"栏 = 500 的,"合计"栏的总计函数为: = SUMIF(C2:C6,"= 500",D2:D6)。

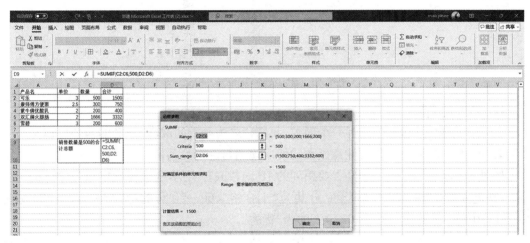

图 4.58　SUMIF 函数

9. IF 函数

功能:给定判定条件,对一个单元格进行判定,根据判定结果(真、假)分别返回相应的值。

函数格式: = IF(判定条件,判定结果为"真"时的返回值,判定结果为"假"时的返回值)。

如图 4.59 所示,我们要计算各职工的"税收",如果职工实发工资在 800 元以下,不征税,如果在 800 元以上,则征收超出部分 20% 的税。在计算刘明亮的税收时,函数为: = IF(C2 > = 800,(C2 - 800) * 20%)。

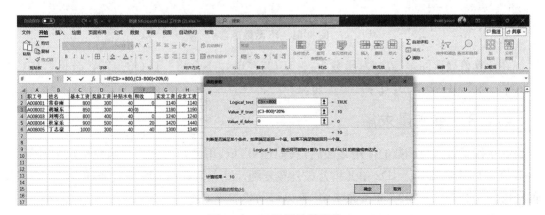

图 4.59　IF 函数计算税收

如图 4.60 所示,我们要计算各职工"奖金/扣除",如果标准工作天数<出勤天数,为 1000,否则为=500,在计算方小平的"奖金/扣除"时,函数为:=IF(E3<D3,1000,=500)。

图 4.60　IF 函数计算资金/扣除

10. 函数的嵌套

在一个函数的参数中使用另一个函数,我们称之为函数的嵌套,嵌套的函数可以是另一个函数,也可以是原函数,但要注意函数的使用规则与逻辑关系。

如图 4.61 所示,这是一个经常要用到的 IF 函数嵌套实例,我们要确定每位学生的考核等次,判定依据是"平均分",小于 60 分的为"不合格",60~70 分的为"合格",70~80 分为"一般",80~90 分的为"良好",90 以上的为"优秀"。

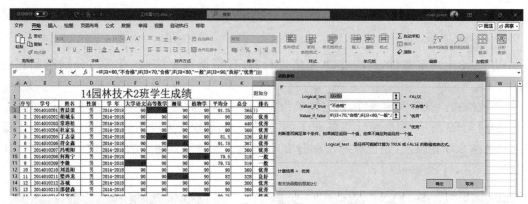

图 4.61　IF 函数嵌套

在计算曹晨蕾同学等次时,函数为:=IF(J3<60,"不合格",IF(J3<70,"合格",IF(J3<80,"一般",IF(J3<90,"良好","优秀"))))。

4.4.3　单变量求解

在掌握了公式与函数的使用方法后,我们还可以利用已知的公式与函数来反向计算某些数值。如图 4.62 所示,D2 单元格公式是按复利计算存款 5 年后所得数据,但是存多长时间能够得到 20000 元呢?"单变量求解"可以帮助我们快速得到答案。

先将第 2 行相关数据复制到第 3 行,将"C3"单元格数据清除,定位到"D3"单元格,点击"数据"选项卡,在"数据工具"组,点击"模拟分析"按钮,选择"单变量求解",弹出"单变量求

图 4.62　单变量求解参数设置

解"对话框,"目标单元格"为"D3","目标值"为"20000","可变单元格"为"C3",点击"确定"
后,计算结果如图 4.63 所示。

图 4.63　单变量求解计算结果

"单变量求解"参数中,"目标单元格"内也可以是函数,步骤同上。

4.5　数据的图形显示

Excel 2016 在帮助我们将所需的表格制作完成后,还提供了强大的图形处理工具,将表
格数据以图形的方式呈现出来,帮助我们对外界直观地展示数据。

4.5.1　图表制作与修改

如图 4.64 所示,选择欲制作图表的区域,点击"插入"选项卡,点击"图表"组右下方小箭
头,弹出"插入图表"对话框,选择一种图表样式,点击"确定"后,图表制作初步完成。

图表制作后,还需进行适当的修改,以达到要求。点击图表后,选项卡区域会出现"图表
工具设计""图表工具布局""图表工具格式"三个选项,提供了图表的类型、样式、标签、坐标
轴、图例、背景、位置等修改按钮,点击"图表工具设计"选项卡,在"数据"组,点击"选择数据"
按钮,弹出"选择数据源"对话框,如图 4.65 所示,在此对话框中,我们可以根据实际需要,控
制图表水平、垂直方向的显示内容,最终完成图表制作。

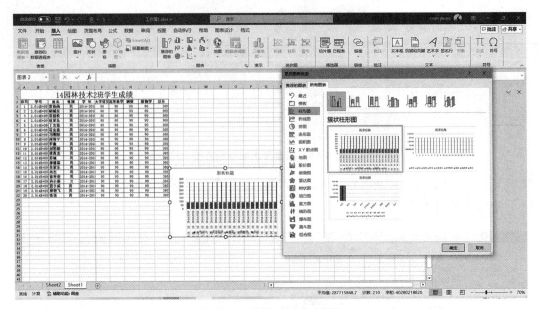

图 4.64 "插入图表"对话框

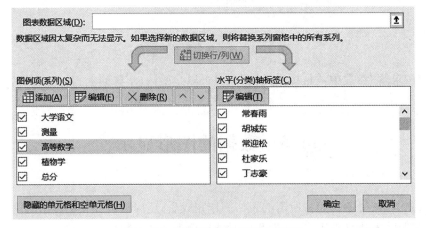

图 4.65 图表"选择数据源"对话框

4.5.2 数据透视表和数据透视图

为了便于我们进一步分析数据,Excel 2016 提供了数据透视表和数据透视图功能。

如图 4.66 所示,选择欲分析的数据区域,点击"插入"选项卡,在"图表"组,点击"数据透视表"按钮,选择"数据透视图"命令,弹出"创建数据透视表及数据透视图"对话框,核实"表/区域"栏无误,在"选择放置数据透视表及数据透视图的位置"栏选择"新工作表",点击"确定"后出现如图 4.67 所示界面。

注意图 4.67 中右边"选择要添加到报表的字段"栏,这是主要的控制工具,此时未选择任何字段,所以图中未生成数据分析表和图。

如图 4.68 所示,在"选择要添加到报表的字段"栏内勾选了"姓名、大学语文、高等数学、英语、计算机、平均分、总计"项,透视表和透视图会自动将结果呈现出来。我们可以根据实际需要勾选所需字段,在下方的"轴字段""图例字段"栏中,可修改字段显示顺序、字段在图

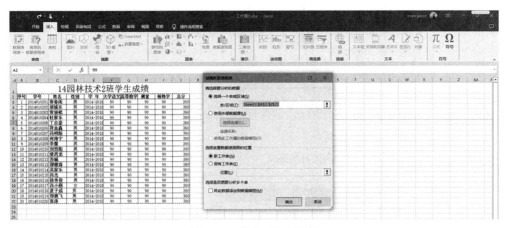

图 4.66　数据透视图命令

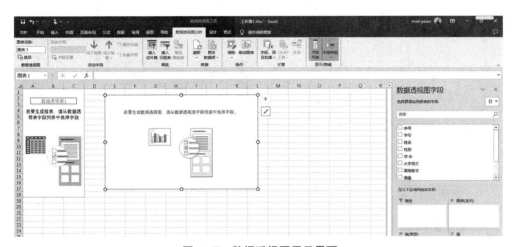

图 4.67　数据透视图显示界面

表中是否显示等。在行 1 中，各字段统计方式为求和，我们可双击字段名，在弹出的"值字段设置"对话框中修改为"平均值"等计算类型，如图 4.69 所示。

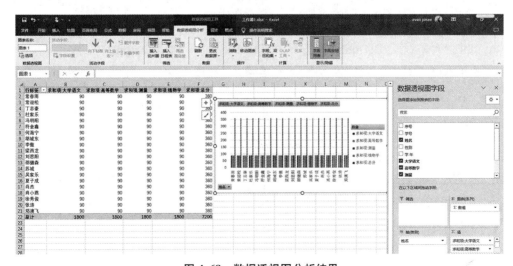

图 4.68　数据透视图分析结果

图 4.69　"值字段设置"对话框

习　题　4

4.1　单项选择题

1. Excel 2016 的主要功能是_____。

A. 表格制作、文字处理、文件管理

B. 文件管理、网络通信、图标制作

C. 表格制作、数据处理、图表制作

D. 表格制作、数据管理、网络通信

2. Excel 2016 工作簿文件扩展名为_____。

A. doc　　　　　B. mdb　　　　　C. xlsx　　　　　D. ppt

3. 在 Excel 2016 中,可通过"设置单元格格式"对话框_____标签来设置单元格数据类型。

A. 数值　　　　　B. 对齐　　　　　C. 边框　　　　　D. 填充

4. 下列数据中,属于字符型数据是_____。

A. 1999-3-4　　　B. 丹 100　　　C. 34%　　　　D. 广州

5. 如果给某单元格设置格式为"数值",小数位数为 2,则输入 12345 时显示_____。

A. 1234500　　　B. 123.45　　　C. 12345　　　D. 12345.00

6. 在 Excel 2016 中,单元格地址表示方式为_____。

A. 列标加行号　　B. 行号加列标　　C. 行号　　　　D. 列标

7. 在操作 Excel 2016 时,发现某个单元格显示为"＃＃＃＃＃＃＃＃＃＃",下列_____操作能正常显示该数值。

A. 重新输入数据　　　　　　　　B. 调整该单元格行高

C. 使用复制命令复制数据　　　　D. 调整该单元格列宽

8. 在 Excel 2016 的单元格中的实际内容还会在_____显示。

A. 编辑区　　　　B. 标题栏　　　　C. 工具栏　　　　D. 菜单栏

9. 在 Excel 2016 单元格数据输入时,强制换行的方法是在需要换行的位置按_____键。

A. "Ctrl＋Enter"　　　　　　　　B. "Ctrl＋Tab"

C. "Alt＋Tab"　　　　　　　　　D. "Alt＋Enter"

10. 若要在工作表中选择整列,方法是_____。

A. 单击行号　　　　　　　　　　B. 单击列标

C. 点击全选按钮　　　　　　　　D. 点击单元格

11. 若在工作表中插入一列,则一般插在当前列的_____。

A. 左侧　　　　　B. 上方　　　　　C. 右侧　　　　　D. 下方

12. 被隐藏的行或列,其中的数据_____。

A. 不显示也无法参与计算　　　　B. 不显示但仍可参与计算

C. 不显示也不占用单元格　　　　D. 不占用单元格但仍可参与计算

13. 在 Excel 2016 工作簿中,最少要有_____个工作表。

A. 0　　　　　　B. 1　　　　　　C. 2　　　　　　D. 3

14. 在 Excel 2016 默认建立的工作簿中,用户对工作表_____。

A. 不可以增加或删除　　　　　　B. 只能增加

C. 只能删除　　　　　　　　　　D. 增加或删除都可以,还能复制和移动

15. 如用户需要选择工作簿中多个工作表,可以按住_____键,然后依次点击工作表。

A. "Shift"　　　　B. "Alt"　　　　C. "Ctrl"　　　　D. "Tab"

16. 选定工作表全部单元格的方法是:单击工作表的_____。

A. 列标　　　　　　　　　　　　B. 编辑栏中的名称

C. 行号　　　　　　　　　　　　D. 左上角行号和列标交叉处的按钮

17. 数据有效性命令的作用是_____。

A. 使输入的数据生效　　　　　　B. 限定输入数据的类型和范围

C. 保护输入数据的格式　　　　　D. 保护输入数据的完整

18. Excel 2016 排序中,对于"数据包含标题"选项的描述,正确的是_____。

A. 只在按列排序时生效

B. 只在按行排序时生效

C. 生效时会将选择区域第一行数据参与排序

D. 在按行排序时自动排除误选的第一列标题数据

19. 以下各项,对 Excel 2016 中的数据筛选功能描述正确的是_____。

A. 按要求对工作表数据进行排序

B. 隐藏符合条件的数据

C. 显示符合设定条件的数据,而隐藏其他

D. 按要求对工作表数据进行分类

20. 在进行分类汇总之前,必须_____。

A. 保持原数据顺序不得改变　　　　B. 使用条件格式标注数据

C. 应对数据按分类字段进行排序　　D. 设置筛选条件

21. 分列命令的作用是_____。

A. 将一个工作表分成两个工作表

B. 去除单元格里的空白

C. 将某列中的数据分开放置到几列中

D. 检查单元格是否完整

22. 在 Excel 2016 中,公式函数中引用的单元格地址在填充时随位置的变化而相应改变,称为_____。

A. 相对引用　　　B. 绝对引用　　　C. 混合引用　　　D. 3D 引用

23. 在 Excel 2016 中,公式、函数的定义必须以_____符号开头。

A. =　　　　　　B. "　　　　　　C. :　　　　　　D. *

24. 在 Excel 2016 公式中允许使用的文本运算符有_____。

A. *　　　　　　B. +　　　　　　C. %　　　　　　D. &

25. Excel 2016 中,求算术平均值的函数为_____。

A. SUM　　　　　B. AVERAGE　　C. COUNT　　　D. TEXT

26. 在 Excel 2016 中,求一组单元格数据中最大的数,用_____函数。

A. SUM　　　　　B. AVERAGE　　C. MAX　　　　D. IP

27. 如何在 Excel 2016 中表示 A5 到 B7 和 C7 到 E9 区域?_____。

A. A5:B7　C7:E9　　　　　　　　B. A5:B7,C7:E9

C. A5:E9　　　　　　　　　　　　D. A5:B7:C7:E9

28. A1 单元格中公式为"=B1+$C$1",填充到 A2 单元格后公式应为_____。

A. "=B1+$C$1"　　　　　　　　　B. "=B2+$C$2"

C. "=B2+$C$1"　　　　　　　　　D. "=B1+$C$2"

29. 将单元格 E1 的公式 SUM(A1:D1)复制到单元格 E2,则 E2 中的公式为_____。

A. SUM(A1:D1)　　　　　　　　　B. SUM(B1:E1)

C. SUM(A2:D2)　　　　　　　　　D. SUM(A2:E1)

30. 插入图表后_____。

A. 不可以修改图表类型　　　　　　B. 不可以修改图表数据源

C. 不可以修改图表标题　　　　　　D. 以上均可以

4.2　多项选择题

1. "设置单元格格式"对话框有哪几个标签?_____。

A. 数字　　　　　B. 对齐　　　　　C. 字体　　　　　D. 边框

E. 填充　　　　　F. 保护

2. Excel 2016 中没有_____数据类型。

A. 小数　　　　　　B. 分数　　　　　　C. 科学记数　　　　D. 整数

3. Excel 2016 行、列、工作表被隐藏后＿＿＿＿＿。

A. 不显示　　　　　　　　　　　　　B. 数据依然存在

C. 可以打印输出　　　　　　　　　　D. 可以取消隐藏

4. 填充序列类型有＿＿＿＿＿。

A. 等比序列　　　　B. 等差序列　　　　C. 日期　　　　　　D. 自动填充

5. "数据有效性"命令可以允许输入＿＿＿＿＿。

A. 整数　　　　　　B. 小数　　　　　　C. 序列　　　　　　D. 日期

E. 时间

6. 排序按"方向"来区分,有哪几种方式?　＿＿＿＿＿。

A. 按列排序　　　　B. 按行排序　　　　C. 升序　　　　　　D. 降序

7. "分类汇总"的汇总方式有＿＿＿＿＿。

A. 求和　　　　　　B. 平均值　　　　　C. 最大值　　　　　D. 中间值

E. 最小值

8. 公式中可能用到的符号有＿＿＿＿＿。

A. ＋　　　　　　　B. ＝　　　　　　　C. ＊　　　　　　　D. ／

E. ＜

9. Excel 2016 函数分为＿＿＿＿＿等类。

A. 财务　　　　　　B. 日期与时间　　　C. 数值计算　　　　D. 统计

E. 逻辑　　　　　　F. 文本

10. 图表制作完成后我们可以修改其＿＿＿＿＿等。

A. 图表类型　　　　B. 数据源　　　　　C. 图表标题　　　　D. 图表位置

E. 图例位置

4.3　判断题(正确画"√",错误画"×")

1. 当前窗口是 Excel 2016 窗口,按下"Alt＋F4"可关闭。(　　　)

2. 在 Excel 2016 中单元格是最小的单位,所以不可以在多个单元格中输入数据。(　　　)

3. 在 Excel 2016 中,在"设置单元格格式"对话框中可以设置字体。(　　　)

4. 将单元格格式设置为数值型后,只能在此单元格内输入数字。(　　　)

5. 在 Excel 2016 中,单元格的字符串超过该单元格的显示宽度时,该字符串可能占用其右侧的单元格的显示空间而全部显示出来。(　　　)

6. 单击要删除行(或列)的行号(或列标),按下"Del"键可删除该行(或列)。(　　　)

7. Excel 2016 工作表中的列宽和行高是可以调整的(　　　)

8. 在 Excel 2016 中,复制、粘贴操作只能在同一个工作表中进行。(　　　)

9. 在 Excel 2016 中,工作簿名可以改变,工作表名不能改变。(　　　)

10. 在 Excel 2016 中,用户可自定义填充序列。(　　　)

11. 在 Excel 2016 中,可以预先设置单元格允许输入的数据范围。(　　　)

12. Excel 2016 工作表窗口只能水平拆分。(　　　)

13. Excel 2016 的数据筛选工具在使用需小心,一旦出错将丢失数据。（   ）

14. 分类汇总只能计算相同类型数据的合计。（   ）

15. Excel 2016 公式中的运算符计算是有优先级的。（   ）

16. 在 Excel 2016 中,输入公式必须以"="开头,输入函数时直接使用函数名,不需要"="。（   ）

17. 在 Excel 2016 单元格中函数为"=AVERAGE(D5:H5)",其计算的是 D5 到 H5 单元格区域数据的算术平均值。（   ）

18. 在 Excel 2016 中,我们可直接在单元格内输入公式,但函数必须通过"函数库"内函数按钮来生成,直接在单元格内输入无效。（   ）

19. 在 Excel 2016 中,公式与函数不可在同一个单元格中出现,否则会出现混乱。（   ）

20. 数据透视表和数据透视图字段选择确认后将不能再修改,所以一定要谨慎。（   ）

第 5 章　PowerPoint 2016 演示文稿制作软件

PowerPoint 2016 是一款用于制作演示文稿的专业软件,拥有非常强大的功能,深受广大用户的青睐。在办公自动化日益普及的今天,PowerPoint 为人们提供了一个高效、专业的演示文稿制作平台。本章将详细介绍 PowerPoint 2016 的基本操作知识。

5.1　认识 PowerPoint 2016

PowerPoint 2016 是 Office 2016 办公软件的组件之一,要想使用 PowerPoint 制作出精彩的演示文稿,就必须先对 PowerPoint 2016 有所了解。

5.1.1　启动、保存和退出 PowerPoint 2016

1. 启动 PowerPoint 2016

启动 PowerPoint 2016 的方式有多种,用户可根据需要进行选择。常用的启动方式有如下几种。

(1) 通过"开始"菜单启动:单击"开始"按钮,在弹出的菜单中选择"程序"→"Power-Point 2016"命令即可启动。

(2) 通过桌面快捷图标启动:若在桌面上创建了 PowerPoint 2016 快捷图标,双击图标即可快速启动。

2. 保存 PowerPoint 2016

对制作好的演示文稿需要及时保存在电脑中,以免发生遗失或误操作。保存演示文稿的方法有很多,下面将分别进行介绍。

(1) 直接保存演示文稿:直接保存演示文稿是最常用的保存方法。其方法是:选择"文件"→"保存"命令或单击快速访问工具栏中的"保存"按钮,打开"另存为"对话框,选择保存位置和输入文件名,单击"确定"按钮。

(2) 另存为演示文稿:若不想改变原有演示文稿中的内容,可通过"另存为"命令将演示文稿保存在其他位置。其方法是:选择"文件"→"另存为"命令,打开"另存为"对话框,设置保存的位置和文件名,单击"确定"按钮,如图 5.1 所示。

3. 退出 PowerPoint 2016

当制作完成或不需要使用该软件编辑演示文稿时,可对软件执行退出操作,将其关闭。退出的方法是:在 PowerPoint 2016 工作界面标题栏右侧单击"关闭"按钮或选择"文件"→"关闭"命令退出 PowerPoint 2016。也可以用快捷键"Alt＋F4"组合键关闭演示文稿。

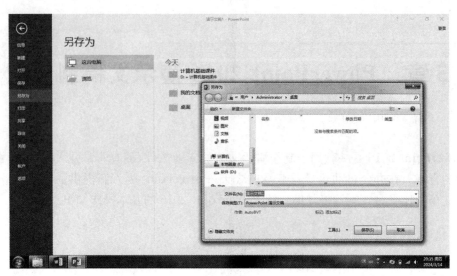

图 5.1　"另存为"页面及对话框

5.1.2　PowerPoint 2016 工作界面

启动 PowerPoint 2016 后将进入其工作界面，熟悉其工作界面以及各组成部分是制作演示文稿的基础。PowerPoint 2016 工作界面由标题栏、快速访问工具栏、选项卡、功能区、幻灯片窗格、编辑区、状态栏等部分组成，如图 5.2 所示。

图 5.2　PowerPoint 2016 工作界面

PowerPoint 2016 工作界面各部分的组成及作用介绍如下。

1. 标题栏

用于显示演示文稿的标题名称。在 PowerPoint 打开一个文件后，该文件的文件名称就会显示在标题栏中居中的位置。最右侧的 3 个按钮分别用于对窗口执行最小化、最大化和关闭等操作。

2. 快速访问工具栏

由几个常用的命令按钮组成,每个命令按钮都代表功能区中的一个命令。命令按钮的使用方法很简单,用鼠标单击某个按钮,即可执行相应的操作功能。

3. 选项卡

相当于菜单命令,它将 PowerPoint 2016 的所有命令集成在几个功能选项卡中,选择某个功能选项卡可切换到相应的功能区。

4. 功能区

在功能区中有许多自动适应窗口大小的工具栏,不同的工具栏中又放置了与此相关的命令按钮或列表框。

5. 幻灯片窗格

用于显示演示文稿的幻灯片数量及位置,通过它可更加方便地掌握整个演示文稿的结构。在幻灯片窗格下,将显示整个演示文稿中幻灯片的编号及缩略图。

6. 编辑区

编辑区是整个工作界面的核心区域,用于显示和编辑幻灯片,在其中可输入文字内容、插入图片和设置动画效果等,是使用 PowerPoint 制作演示文稿的操作平台。

7. 状态栏

用于显示演示文稿当前的编辑状态,如幻灯片的当前张数、演示文稿的总张数、页面中的编辑状态、当前版本使用的语言等。此外还显示幻灯片的视图方式与当前幻灯片的显示比例。

5.1.3　PowerPoint 的视图模式

为满足用户不同的需求,PowerPoint 2016 提供了多种视图模式以编辑查看幻灯片。在工作界面下方单击视图切换按钮中的任意一个按钮,即可切换到相应的视图模式下。下面对各视图进行介绍。

1. 普通视图

PowerPoint 2016 默认显示普通视图,在该视图中可以同时显示幻灯片编辑区、幻灯片窗格以及备注窗格。它主要用于调整演示文稿的结构及编辑单张幻灯片中的内容,如图 5.3 所示。

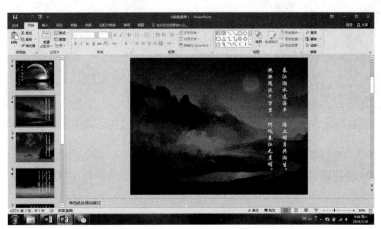

图 5.3　普通视图

2. 幻灯片浏览视图

在幻灯片浏览视图模式下可浏览幻灯片在演示文稿中的整体结构和效果,如图 5.4 所示。在该视图模式中,幻灯片会缩小显示,并以多页并列的方式排列在窗口中,以便用户对幻灯片进行移动、复制和删除等操作。

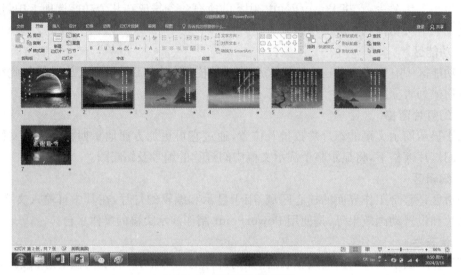

图 5.4　幻灯片浏览视图

3. 阅读视图

该视图仅显示标题栏、阅读区和状态栏,主要用于浏览幻灯片的内容。在该模式下,演示文稿中的幻灯片将以窗口大小进行放映,如图 5.5 所示。

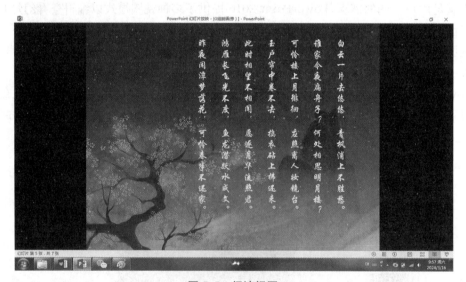

图 5.5　阅读视图

4. 幻灯片放映视图

在该视图模式下,演示文稿中的幻灯片将以全屏动态放映,该模式主要用于预览幻灯片在制作完成后的放映效果,以便及时对在放映过程中不满意的地方进行修改,测试插入的动画、更改声音等效果,还可以在放映过程中标注出重点,观察每张幻灯片的切换效果等。

5. 备注视图

备注视图中包含两个部分,上半部分是幻灯片缩略图,下半部分是备注文本框,用户可以在备注文本框中为幻灯片添加需要的备注内容,也可以插入图片。

5.2　创建演示文稿

为了满足各种办公需要,PowerPoint 2016 提供了多种创建演示文稿的方法,如创建空白演示文稿、利用模板创建演示文稿、Office 主题、其他主题等,下面对前两种创建方法进行讲解。

5.2.1　创建空白演示文稿

启动 PowerPoint 2016 后,系统会自动新建一个名为"演示文稿 1"的空白演示文稿。如果在编辑过程中还需要新建空白演示文稿,主要有以下两种方法。

(1) 选择"文件"→"新建"命令,在"新建"区域中单击"空白演示文稿"图标。

(2) 在 PowerPoint 2016 窗口中,按"Ctrl＋N"组合键。

5.2.2　利用模板创建演示文稿

对于时间不宽裕或是不知如何制作演示文稿的用户来说,可利用 PowerPoint 2016 提供的模板来进行创建,其方法与通过命令创建空白演示文稿的方法类似。启动 PowerPoint 2016,选择"文件"→"新建"命令,在"新建"区域中选择模板或主题,也可以在搜索框中选择"联机模板和主题",如图 5.6 所示。

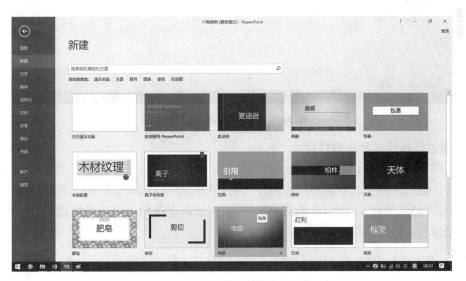

图 5.6　利用模板创建演示文稿

5.3 幻灯片的基本操作

一个完整的演示文稿通常是由多张幻灯片组成的,在制作演示文稿的过程中往往需要对多张幻灯片进行操作,如新建幻灯片、设计幻灯片版式、输入与编辑文本、选择幻灯片、移动和复制幻灯片以及删除幻灯片等。下面将分别进行介绍。

5.3.1 新建幻灯片

演示文稿是由多张幻灯片组成的,用户可以根据需要在演示文稿的任意位置新建幻灯片。常用的新建幻灯片的方法主要有如下两种。

1. 通过快捷菜单新建幻灯片

启动 PowerPoint 2016,在新建的空白演示文稿的幻灯片窗格空白处单击鼠标右键,在弹出的快捷菜单中选择"新建幻灯片"命令,如图 5.7 所示。

图 5.7 快捷菜单新建幻灯片

2. 通过选择版式新建幻灯片

版式用于定义幻灯片中内容的显示位置,用户可根据需要在里面放置文本、图片以及表格等内容。通过选择版式新建幻灯片的方法是:启动 PowerPoint 2016,选择"开始"→"幻灯片"组,单击"新建幻灯片"按钮右侧的小箭头,在弹出的下拉列表中选择新建幻灯片的版式,新建一张带有版式的幻灯片,如图 5.8 所示。

5.3.2 设计幻灯片版式

在 PowerPoint 2016 中,幻灯片版式是一种常规排版的格式,通过幻灯片版式的应用可对文字、图片等进行更加合理、简洁的布局。PowerPoint 2016 主要为用户提供 11 种版式,如"标题"幻灯片、"标题和内容"幻灯片、"空白"幻灯片等。可直接在"开始"→"幻灯片"组中

图 5.8　新建带有版式的幻灯片

单击"版式"按钮右侧的小箭头,在打开的下拉列表中选择一种幻灯片版式,即可将其应用于
当前幻灯片,如图 5.9 所示。

图 5.9　幻灯片版式

5.3.3　输入与编辑文本

为了展示幻灯片的内容,需要在幻灯片中输入和编辑文本,执行新建幻灯片后,幻灯片
中包含"单击此处添加标题"和"单击此处添加文本"等文本框,这些文本框都被称为"点位
符",在其中单击鼠标后原文本就会消失,此时便可在其中输入需要的文本,且文本格式将根
据点位符格式显示,如图 5.10 所示。编辑文本就是编辑文本的字体、字号等,通常可以在
"开始"→"字体"组的各个下拉列表框中选择相应的选项或单击相应的按钮来完成,如图
5.11 所示。

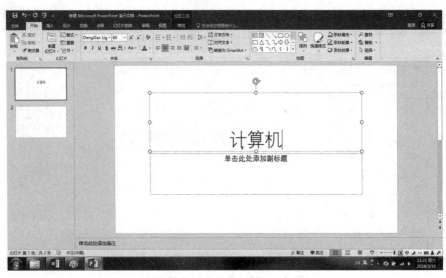

图 5.10　在幻灯片中输入文本

图 5.11　在幻灯片中编辑文本

5.3.4　移动、复制和删除幻灯片

制作的演示文稿可根据需要对各幻灯片的顺序进行调整。在制作演示文稿的过程中，若制作的幻灯片与某张幻灯片非常相似，可复制该幻灯片后再对其进行编辑，这样既能节省时间又能提高工作效率。下面就对移动和复制幻灯片的方法进行介绍。

1. 通过鼠标拖动移动和复制幻灯片

在幻灯片窗格或幻灯片浏览视图中，选择需移动的幻灯片，按住鼠标左键不放拖动到目标位置后，释放鼠标完成移动操作。选择幻灯片后，按住"Ctrl"键的同时拖动到目标位置可实现幻灯片的复制。

2. 通过菜单移动和复制幻灯片

在幻灯片窗格或幻灯片浏览视图中,选择需移动或复制的幻灯片,在其上单击鼠标右键,在弹出的快捷菜单中选择"剪切"或"复制"命令,然后将鼠标定位到目标位置,单击鼠标右键,在弹出的快捷菜单中选择"粘贴"命令,完成移动或复制幻灯片,如图 5.12 所示。

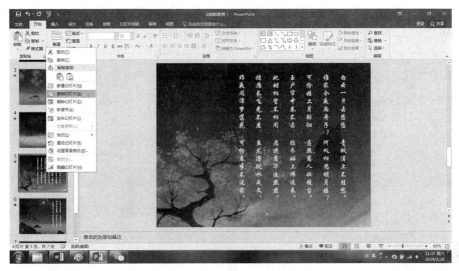

图 5.12　移动或复制幻灯片

3. 通过一些快捷键移动和复制幻灯片

在幻灯片窗格或幻灯片浏览视图中,选择需要复制的幻灯片,按"Ctrl＋C"组合键复制,按"Ctrl＋V"组合键快速粘贴;选择需要移动的幻灯片,按"Ctrl＋X"组合键剪切,按"Ctrl＋V"组合键也可快速移动幻灯片。

4. 删除幻灯片

在幻灯片窗格或幻灯片浏览视图中,可对演示文稿中多余的幻灯片进行删除。其方法是:选择需删除的幻灯片后,按"Delete"键或单击鼠标右键,在弹出的快捷菜单中选择"删除幻灯片"命令,如图 5.13 所示。

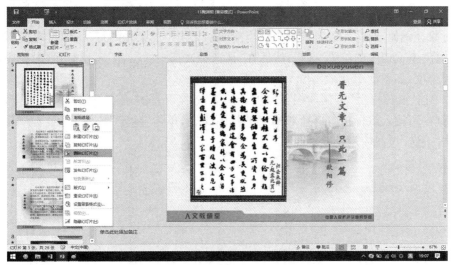

图 5.13　删除幻灯片

5.3.5　添加页眉、页脚、超级链接等辅助信息

1. 添加页眉、页脚

有时，需要在 PowerPoint 2016 中设置页眉、页脚。选择"插入"→"文本"组中单击"页眉和页脚"按钮，在弹出的"页眉和页脚"对话框中进行相应的幻灯片拟包含内容的设置，如图 5.14 所示。

图 5.14　"页眉和页脚"对话框

2. 添加超链接

用户可以在幻灯片中为多种对象，如文本、文本框、形状和图像等添加超链接，添加超链接的文本会自动添加字体颜色，并自动添加下划线，具体操作方法如下：

（1）在幻灯片编辑区中选择要添加超链接的对象，然后在"插入"→"链接"组中单击"超链接"按钮。

（2）打开"插入超链接"对话框，在"链接到"列表框中选择链接对象所在的位置，然后选择链接对象。例如，要将选定对象链接到当前演示文稿中的某张幻灯片，即可在"链接到"列表框中选择"本文档中的位置"选择，然后在"请选择文档中的位置"列表框中，选择要链接到的幻灯片选项，如图 5.15 所示。

（3）单击"屏幕提示"按钮，在打开的"设置超链接屏幕提示"对话框中的"屏幕提示文字"文本框中可输入鼠标指向链接对象时的提示文字，单击"确定"按钮，返回上一级对话框后再单击"确定"按钮应用设置。

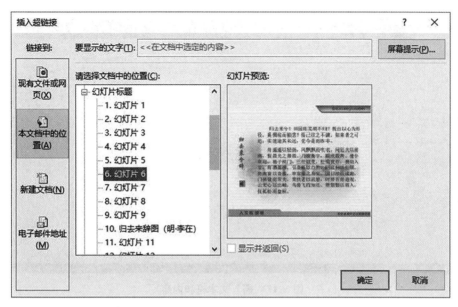

图 5.15　插入超链接

5.4　各类对象的插入及编辑

5.4.1　插入文本框

使用文本框在幻灯片中添加文字的具体操作方法如下：选择"插入"选项卡，单击"文本框"下拉按钮，在弹出的列表中选择"横排文本框"或"竖排文本框"选项，如图 5.16 所示。然后在幻灯片编辑窗口中拖动鼠标，即可绘制一个文本框。在文本框中输入文字，并设置相应的字体格式，如图 5.17 所示。

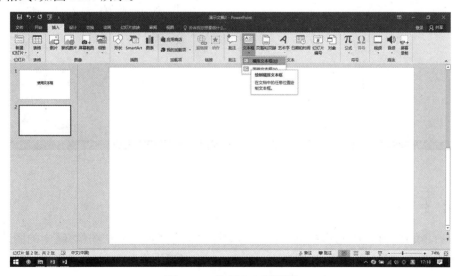

图 5.16　选择文本框类型

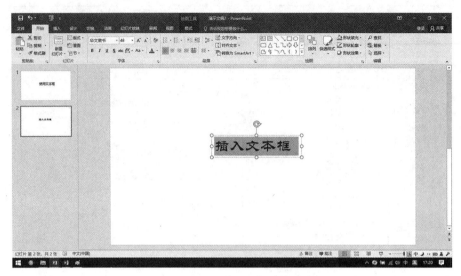

图 5.17　插入文本框和内容

5.4.2　插入艺术字

除了可以在文本框中输入文字外,还可以使用艺术字功能直接输入带有特殊效果的文字。选择"插入"→"文本"组中单击"艺术字"按钮,从弹出的下拉面板中选择并单击一种艺术字样式图标,即可在幻灯片中插入一个艺术字占位符,按照文字提示直接在占位符中输入所需文字即可,如图 5.18 所示。

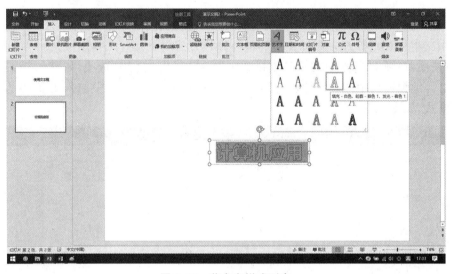

图 5.18　艺术字样式列表

5.4.3　插入图片

PowerPoint 2016 中,选择要插入图片的幻灯片,单击"插入"→"图像"组中的图片、联机图片、屏幕截图即可插入图片,如图 5.19 所示。单击对话框右下角"插入"按钮,即可插入所需的图形文件,如图 5.20 所示。

图 5.19　选择需插入图形文件

图 5.20　插入图片效果

5.4.4　插入自绘图形

当没有合适的外部图片时,通过绘制形状图形能帮助制作者更好地阐述幻灯片的内容,使幻灯片的结构更加清晰明了。

1. 插入形状

在"插入"→"插图"组中单击"形状"按钮,在打开的下拉列表中选择各种绘图样式,当鼠标指针变成＋形状时,按住鼠标左键不放,并拖动鼠标,即可在幻灯片合适位置绘制出所选形状图形,如图 5.21 所示。

2. 编辑形状

插入形状后,在"绘图工具"→"格式"选项卡中可对其大小外观等进行编辑,还可为其添加或更换不同的样式,如图 5.22 所示。

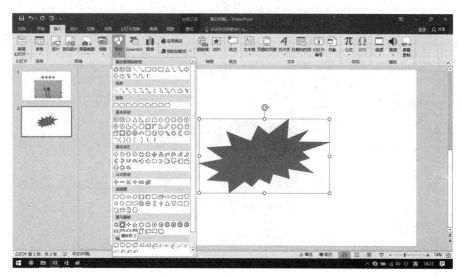

图 5.21　插入自绘图形

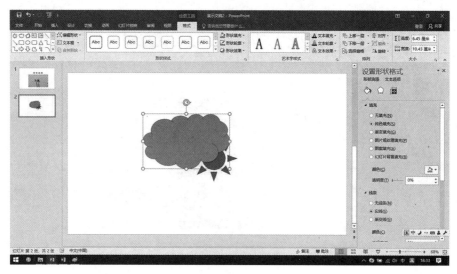

图 5.22　编辑自绘图形

5.4.5　插入表格

PowerPoint 2016 支持表格制作功能,不必依靠 Word 来制作表格,而且其方法跟 Word 表格的制作方法是一样的。插入表格的具体操作步骤如下:选择"插入"→"表格"组中单击"表格"按钮,在下拉菜单中选择"插入表格"命令,则会弹出"插入表格"对话框,在对话框中输入所需的列数和行数,单击"确定"按钮,即可插入表格。

5.4.6　插入图表

在幻灯片中插入图表可以增强演示文稿的数据严密性。插入图表时,可以直接插入幻灯片中,也可以利用占位符进行插入。

1. 在幻灯片中直接插入图表

在"插入"→"插图"组中单击"图表"按钮,在弹出的对话框中选择一种图表,在插入图表的同时 Microsoft Excel 窗口会与 PowerPoint 窗口一起弹出,如图 5.23 所示。

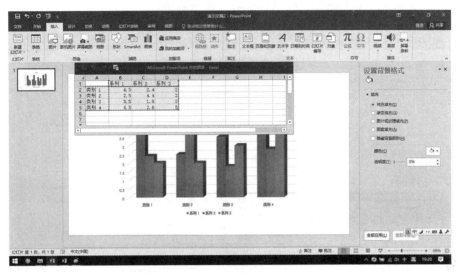

图 5.23　插入的图表

2. 编辑数据

在 Excel 工作表中编辑所需数据,幻灯片中的图表会根据 Excel 工作表中数据的变化同时发生变化,如图 5.24 所示。

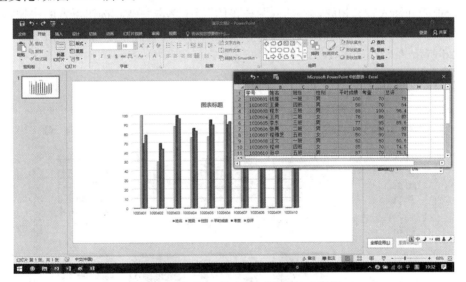

图 5.24　在 PowerPoint 中编辑 Excel 表格

5.4.7　插入音频文件

在 PowerPoint 中可以插入剪辑管理器中的声音,也可插入存储在电脑中的声音文件。其具体操作如下:在"插入"→"媒体"组中单击"音频"按钮下方的按钮,在打开的下拉列表中选择"PC 上的音频"命令,选择要插入的声音文件名称,然后单击"插入"按钮,如图 5.25

所示。

如果要在幻灯片中插入自己录制的声音,需要连接并调试好音频录制设备,如麦克风等。然后打开要插入录制声音的幻灯片,在"插入"→"媒体"组中单击"音频"按钮下方的按钮,在打开的下拉列表中选择"录制音频"即可开始录制声音。

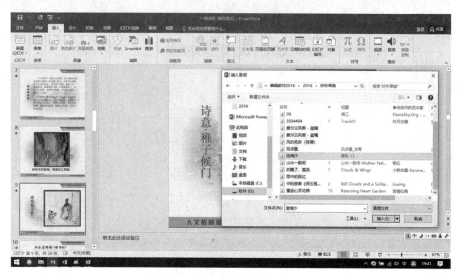

图 5.25　选择音频文件

5.4.8　插入视频文件

插入视频和插入音频相同,在"插入"→"媒体"组中单击"视频"按钮下方的按钮,在打开的下拉列表中选择"PC 上的视频"命令,选择要插入的影片文件名称,然后单击"插入"按钮,如图 5.26 所示。

图 5.26　插入视频效果

5.5　美化演示文稿

新建的演示文稿中,幻灯片的背景色通常为白色,为了丰富背景,可以通过应用幻灯片背景、幻灯片母版和幻灯片主题的方法为幻灯片配色。下面进行介绍。

5.5.1　设置幻灯片的背景

在"设置背景格式"对话框中可为幻灯片设置纯色背景、渐变背景、图片或纹理背景和图案背景。

1. 设置纯色填充

在"设计"→"自定义"组中单击"设置背景格式"按钮,打开"设置背景格式"对话框,在"填充"栏中选中"纯色填充"单选项,然后单击"颜色"按钮,在打开的下拉列表中选择相应的颜色作为幻灯片的填充背景,如图 5.27 所示。

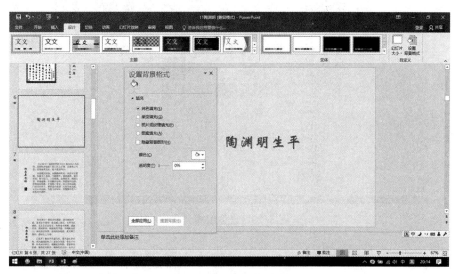

图 5.27　设置纯色背景

2. 设置渐变填充

由两种或两种以上的颜色,通过均匀过渡并呈现出特定的底纹的填充效果称为渐变色。

在"设置背景格式"对话框中选中"渐变填充"单选项,在此可以设置渐变背景的样式、类型、方向、角度等选项,如图 5.28 所示。

3. 设置图片或纹理填充

幻灯片的背景还可以使用电脑中的图片或纹理进行设置。

(1) 打开"设置背景格式"对话框,在"填充"栏中选中"图片或纹理填充"单选项,单击"纹理"按钮,在打开的下拉列表中选择合适的纹理样式,如图 5.29 所示。

(2) 单击"插入图片来自"下方的"文件"按钮,打开"插入图片"对话框,选择插入的图片,单击"打开"按钮即可插入图片,如图 5.30 所示。

图 5.28　设置渐变背景

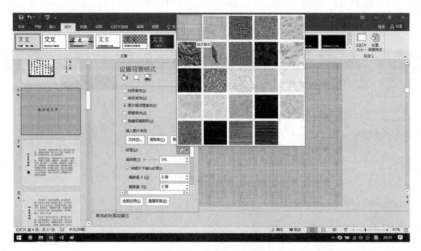

图 5.29　设置纹理背景

图 5.30　设置图片背景

（3）通过对话框下方的参数区可以对图片或纹理填充的清晰度、亮度、对比度、饱和度、色调等进行设置。

4. 设置图案填充

在"设置背景格式"对话框中单击选中"图案填充"单选项,在列表框中选择合适的图案背景,通过下方的"前景"按钮和"背景"按钮可以设置图案颜色,如图 5.31 所示。

图 5.31　设置图案背景

5.5.2　使用母版

母版的作用是统一和存储幻灯片的模板信息,在对母版进行编辑后,可快速生成相同样式的幻灯片,从而减少重复输入的操作,提高工作效率。通常情况下,如果要将同一背景、标志、标题文本及主要文本格式运用到整篇演示文稿的每张幻灯片中,就可以使用 Power-Point 2016 母版功能。

PowerPoint 2016 中的母版有幻灯片母版、讲义母版和备注母版 3 种,其作用和效果各不相同,下面分别进行介绍。

1. 幻灯片母版

幻灯片母版是存储模板信息的设计模板的一个元素。幻灯片母版中的信息包括字形、占位符的大小和位置、背景设计和配色方案。在"视图"→"母版视图"组中单击"幻灯片母版"按钮,即可进入幻灯片母版视图,如图 5.32 所示。

2. 讲义母版

讲义母版是为制作讲义而准备的,通常需要打印输出,因此讲义母版的设置大多和打印页面有关。它允许设置一页讲义中包含多张幻灯片,允许设置页眉、页脚、页码等基本信息。在讲义母版中插入新的对象或者更改版式时,新的页面效果不会反映在其他母版视图中。在"视图"→"母版视图"组中单击"讲义母版"按钮,即可进入讲义母版视图。

3. 备注母版

备注母版主要用来设置幻灯片的备注格式,一般也是用来打印输出的,所以备注母版的设置大多也和打印页面有关。在"视图"→"母版视图"组中单击"备注母版"按钮,即可进入备注母版视图。

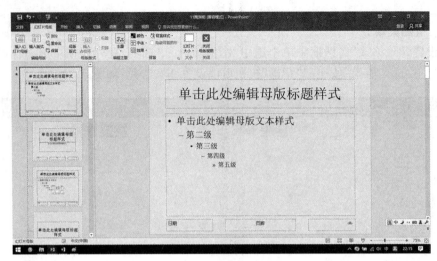

图 5.32　幻灯片母版视图

5.5.3　设置演示文稿主题

主题是指对幻灯片中的标题、文字、图片、背景等项目设定一组配置，包括主题颜色、主题字体和主题效果。PowerPoint 2016 提供了多种内置主题，可以快速统一演示文稿的外观。与模板不同，主题不提供内容，仅提供格式。同一个演示文稿中的幻灯片可以使用一种主题，也可以使用多种主题。用户可以自由选择主题，也可以自定义新的主题。

1. 应用幻灯片主题

在"设计"→"主题"组右边的下拉列表中选择一种主题选项，如图 5.33 所示。在默认情况下，应用主题时会同时更改所有幻灯片的主题，若想只更改当前幻灯片的主题，需在主题上右击，在弹出的快捷菜单中选择"应用于选定幻灯片"命令。有的主题还提供了变体功能，使用该功能可以在应用主题效果后，对其中涉及的变体进行更改，如背景颜色、形状样式上的变化等。

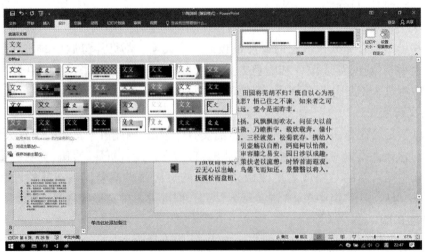

图 5.33　应用幻灯片主题

2. 自定义主题

若用户需要自定义主题,则可以单击"设计"→"变体"组右边的下拉列表,从中选择相应的"颜色""字体"和"效果"选项进行自定义。

5.6　幻灯片动画与切换设计

在演示文稿的放映过程中,为了获得更好的放映效果,PowerPoint 2016 提供幻灯片动画效果和切换效果设置,另外还可以设置动作等。

5.6.1　设置动画效果

使用"动画"选项卡可以设计幻灯片中各个对象的动画效果,如文本、图形、图表和其他对象的进入、强调、退出等动画效果,这样可以突出重点、控制信息流,并增加演示文稿的趣味性。设置动画效果的步骤如下。

(1)选择要设置动画效果的对象。

(2)单击"动画"→"动画"组中动画效果,可以设置对象的进入、强调或退出的效果。

(3)在功能区右侧"效果选项"中设置"方向"和"序列"等风格,还可以在"计时"组中设置"开始""持续时间""延迟"等,如图 5.34 所示。

图 5.34　添加动画

(4)依次设置其他对象的动画效果。

(5)单击"动画"→"高级动画"组中的动画窗格,可以修改动画效果以及调整动画顺序等,如图 5.35 所示。

5.6.2　设置动作按钮

演示文稿放映时,由演讲者操作幻灯片上的对象去完成下一步的某项既定工作,称为该

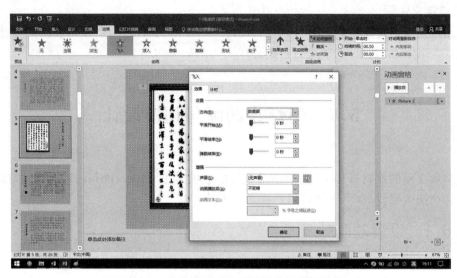

图 5.35　在"动画"窗格中设置动画增强效果

对象的动作。对象动作的设置提供了在幻灯片放映中人机交互的一个途径,使演讲者可以根据自己的需要选择幻灯片的演示顺序和展示演示内容,可以在众多的幻灯片中实现快速跳转,也可以实现与网络的超链接,甚至可以应用动作设置启动某一个应用程序或宏。

选择需要设置为动作按钮的图形对象,在"插入"→"链接"组中单击"动作"按钮,如图 5.36 所示。在弹出的"动画设置"对话框中选中"超链接到"单选按钮,并在下拉列表中选择要链接到的幻灯片选项;在"播放声音"复选框中选择一种声音,设置完成后单击"确定"按钮。

图 5.36　"动作"按钮对话框

5.6.3　幻灯片切换

设置幻灯片切换动画就是设置一张幻灯片放映结束后切换到下一张幻灯片时动画效果,设置动画之后可使幻灯片之间的衔接更加自然、生动。

在"切换"→"切换到此幻灯片"组中选择一种切换的效果,如图 5.37 所示。设置完成后,单击"预览"按钮进行预览。单击"计时"组中"声音"按钮右侧的下三角按钮,在弹出的下拉列表中选择一种声音特效。如果想将设置的切换效果用于演示文稿中的所有幻灯片上,可单击"计时"组中"全部应用"按钮,如图 5.38 所示。

图 5.37　幻灯片切换效果

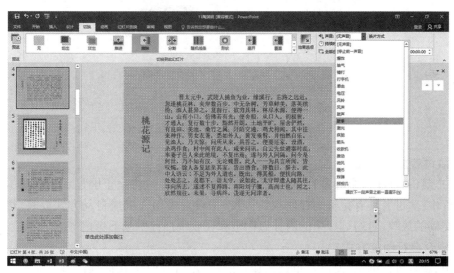

图 5.38　切换时播放声音

5.7　幻灯片放映

将演示文稿制作完成后,就可以开始放映了。通过观看的放映效果,可以让观众更好地领会该文稿要表达的内容和理念,同时对于文稿的制作者来说,只有完整地观看了演示文稿后才能发现其中的缺点与不足,从而对其进行修改和完善。下面对演示文稿的放映方式进行讲解。

5.7.1　设置放映方式

一般情况下系统默认的幻灯片放映方式是演讲者放映方式,但在不同场合下演讲者可能会对放映方式有不同的需求,这时就可以对幻灯片的放映方式进行设置。选择"幻灯片放映"→"设置"组,单击"设置幻灯片放映"按钮,在打开的"设置放映方式"对话框中进行设置即可,如图5.39所示。各放映方式的特点分别介绍如下。

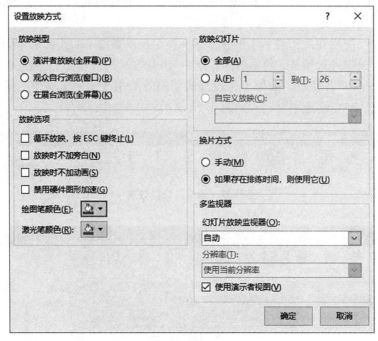

图 5.39　设置放映方式

1. 演讲者放映方式

选中"演讲者放映(全屏幕)"单选按钮,在放映幻灯片时将呈全屏显示。在演示文稿的播放过程中,演讲者具有完整的控制权,可以根据设置采用人工或自动方式放映,也可以暂停演示文稿的放映,对幻灯片中的内容做标记和在放映过程中录下旁白等。

2. 观众自行浏览方式

选中"观众自行浏览(窗口)"单选按钮,在放映幻灯片时将在标准窗口中显示演示文稿的放映情况。在播放过程中,不能通过单击鼠标进行放映,但可以通过拖动滚动条浏览幻灯片。

3. 在展台浏览方式

选中"在展台浏览(全屏幕)"单选按钮将自动运行全屏幻灯片放映。在放映过程中,除了保留光标用于选择屏幕对象外,其他功能全部失效,终止放映时只能按"Esc"键。

5.7.2　设置排练计时

排练计时的作用在于为演示文稿中的每张幻灯片计算播放时间,在正式放映时便可让其自行放映,演示文稿将按设置好的时间和顺序进行播放。选择"幻灯片放映"→"设置"组,单击"排练计时"按钮,此时将进入排练计时状态,打开的"录制"工具栏将开始计时,如图5.40所示。

若当前幻灯片中的内容显示的时间足够以后,则可单击鼠标进入下一对象或下一张幻灯片的计时,当所有内容完成计时后,将打开提示对话框,单击"保留"按钮即可保留排练计时。

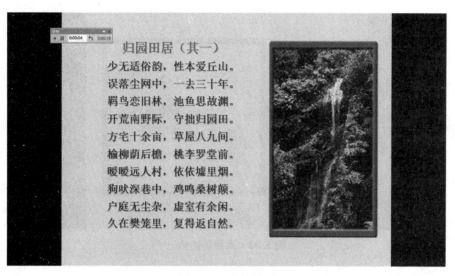

图 5.40　排练计时

5.7.3　控制放映过程

放映幻灯片时可通过定位幻灯片方式控制幻灯片的放映,比如在放映幻灯片时单击鼠标右键,从快捷菜单中选择需要定位到的幻灯片,如图 5.41 所示。

图 5.41　定位幻灯片

5.7.4　为幻灯片添加墨迹标记

若想在放映幻灯片时为重要位置添加墨迹标记以突出强调,则可在放映幻灯片时单击鼠标右键,在弹出的快捷菜单中选择"指针选项"命令,然后在弹出的子菜单中选择"激光指针""笔"或"荧光笔"命令,此时按住鼠标左键不放并拖动鼠标即可为幻灯片绘制标记,如图 5.42 所示。

图 5.42　添加墨迹标记

5.8　演示文稿打包与打印

当幻灯片包含音乐、视频或其他设置时，如果其他电脑上没有自己设置的特殊格式，通过打包可以保存用户在自己电脑上做的设置，能够为在其他电脑上演示幻灯片带来很大的方便。要想将演示文稿中的内容保存在纸上，可将其进行打印。下面分别进行介绍。

5.8.1　打包演示文稿

将演示文稿所需要的文件进行打包，这样在其他没有安装 PowerPoint 2016 的电脑中也可以放映该演示文稿，打包后的文件能很方便地存放在立体化教学或者其他移动存储设备中进行携带与播放。打开需要打包的幻灯片，选择"文件"→"导出"→"将演示文稿打包成CD"命令，单击"打包成 CD"按钮，对演示文稿进行打包。如图 5.43 所示。在打开的"打包成 CD"对话框中为 CD 命名，并设置打包文件夹需要保存的位置，最后单击"确定"按钮。

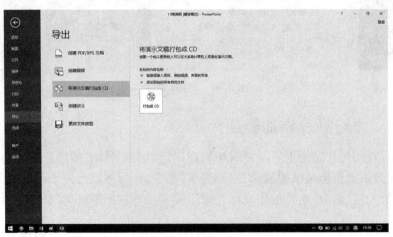

图 5.43　打包演示文稿

5.8.2　打印演示文稿

打印演示文稿与打印 Word 文档或 Excel 工作簿的方法完全相同,在其中还可对打印颜色进行设置。选择"文件"→"打印"命令,选择打印机,对打印份数进行设置,在"颜色"下拉列表框中选择打印颜色,包括"颜色""灰度"和"纯黑白"选项,设置完成后单击"打印"按钮即可,如图 5.44 所示。

图 5.44　打印演示文稿

习　题　5

5.1　单项选择题

1. PowerPoint 2016 是_____。

A. 数据库管理软件　　　　　　　　B. 文字处理软件

C. 电子表格软件　　　　　　　　　D. 幻灯片制作软件(或演示文稿制作软件)

2. PowerPoint 2016 演示文稿的扩展名是_____。

A. psdx　　　　　B. ppsx　　　　　C. pptx　　　　　D. ppsx

3. 在 PowerPoint 2016 幻灯片浏览视图中,选定多张不连续幻灯片,在单击选定幻灯片之前应该按住_____。

A. "Alt"　　　　　B. "Shift"　　　　　C. "Tab"　　　　　D. "Ctrl"

4. 放映当前幻灯片的快捷键是_____。

A. "F6"　　　　　B. "Shift+F6"　　　　　C. "F5"　　　　　D. "Shift+F5"

5. PowerPoint 2016"文件"选项卡中的"新建"命令的功能是建立_____。

A. 一个演示文稿　　　　　　　　　B. 插入一张新幻灯片

C. 一个新超链接　　　　　　　　　D. 一个新备注

6. 在 PowerPoint 2016 的浏览视图下,选定某幻灯片并拖动,可以完成的操作是_____。

A. 移动幻灯片　　　　　　　　　　B. 复制幻灯片

    C. 删除幻灯片   D. 选定幻灯片

    7. 当保存演示文稿时(例如单击快速访问工具栏中"保存"按钮),出现"另存为"对话框,则说明_____。

    A. 该文件保存时不能用该文件原来的文件名

    B. 该文件不能保存

    C. 该文件未保存过

    D. 该文件已经保存过

    8. 若用键盘按键来关闭 PowerPoint 窗口,可以按_____键。

    A. "Alt + F4"   B. "Ctrl + X"   C. "Esc"   D. "Shift + F4"

    9. 在 PowerPoint 2016 中,在普通视图下删除幻灯片的操作是_____。

    A. 在幻灯片窗格中选定要删除的幻灯片(单击它即可选定),然后按"Delete"键

    B. 在幻灯片窗格中选定幻灯片,再单击"开始"选项卡中的"删除"按钮

    C. 在"编辑"选项卡下单击"编辑"组中的"删除"按钮

    D. 以上说法都不正确

    10. PowerPoint 2016 中,要隐藏某个幻灯片,可在普通视图下左侧的幻灯片窗格中选定要隐藏的幻灯片,然后_____。

    A. 单击"视图"选项卡→"隐藏幻灯片"命令按钮

    B. 单击"幻灯片放映"→"设置"组中"隐藏幻灯片"命令按钮

    C. 左击该幻灯片,选择"隐藏幻灯片"命令

    D. 以上说法都不正确

    11. 在 PowerPoint 2016 中,下列关于幻灯片版式说法正确的是_____。

    A. 在"标题和内容"版式中,没有"剪贴画"占位符

    B. 剪贴画只能插入到空白版式中

    C. 任何版式中都可以插入剪贴画

    D. 剪贴画只能插入到有"剪贴画"占位符的版式中

    12. 在 PowerPoint 2016 中,若要更换另一种幻灯片的版式,下列操作正确的是_____。

    A. 单击"插入"→"幻灯片"组中"版式"命令按钮

    B. 单击"开始"→"幻灯片"组中"版式"命令按钮

    C. 单击"设计"→"幻灯片"组中"版式"命令按钮

    D. 以上说法都不正确

    13. 在 PowerPoint 中,将某张幻灯片版式更改为"垂直排列标题文本",应选择的选项卡是_____。

    A. 文件   B. 动画   C. 插入   D. 开始

    14. PowerPoint 2016 中编辑某张幻灯片,欲插入图像的方法是_____。

    A. "插入"→"图像"组中的"图片"或"剪贴画"按钮

    B. "插入"→"文本框"按钮

    C. "插入"→"表格"按钮

    D. "插入"→"图表"按钮

    15. 在 PowerPoint 中,一位同学要在当前幻灯片中输入"你好"字样,采用操作的第一步是_____。

A. 选择"开始"选项卡下的"文本框"命令按钮

B. 选择"插入"选项卡下的"图片"命令按钮

C. 选择"插入"选项卡下的"文本框"命令按钮

D. 以上说法都不对

16. 将 PowerPoint 幻灯片中的所有汉字"电脑"都更换为"计算机",应使用的操作是_____。

A. 单击"开始"选项卡"替换"命令按钮

B. 单击"插入"选项卡"替换"命令按钮

C. 单击"开始"选项卡"查找"命令按钮

D. 单击"插入"选项卡"查找"命令按钮

17. 在 PowerPoint 2016 中,下列说法正确的是_____。

A. 不可以在幻灯片中插入剪贴画和自定义图像

B. 可以在幻灯片中插入声音和视频

C. 不可以在幻灯片中插入艺术字

D. 不可以在幻灯片中插入超链接

18. 在 PowerPoint 2016 中,选定了文字、图片等对象后,可以插入超链接,超链接中所链接的目标可以是_____。

A. 计算机硬盘中的可执行文件

B. 其他幻灯片文件(即其他演示文稿)

C. 同一演示文稿的某一张幻灯片

D. 以上都可以

19. 如果要从第 2 张幻灯片跳转到第 8 张幻灯片,应使用"插入"选项卡中的_____。

A. 自定义动画　　B. 预设动画　　　C. 幻灯片切换　　D. 超链接或动作

20. 在 PowerPoint 2016 的页面设置中,能够设置_____。

A. 幻灯片页面的对齐方式　　　　　B. 幻灯片的页脚

C. 幻灯片的页眉　　　　　　　　　D. 幻灯片编号的起始值

21. 幻灯片母版设置可以起到的作用是_____。

A. 设置幻灯片的放映方式

B. 定义幻灯片的打印页面设置

C. 设置幻灯片的片间切换

D. 统一设置整套幻灯片的标志图片或多媒体元素

22. 在 PowerPoint 2016 中,进入幻灯片母版的方法是_____。

A. 选择"开始"→"母版视图"组中的"幻灯片母版"命令按钮

B. 选择"视图"→"母版视图"组中的"幻灯片母版"命令按钮

C. 按住"Shift"键同时,再单击"普通视图"按钮

D. 以上说法都不对

23. 在 PowerPoint 2016 编辑中,想要在每张幻灯片相同的位置插入某个学校的校标,最好的设置方法是在幻灯片的_____中进行。

A. 普通视图　　　　B. 浏览视图　　　　C. 母版视图　　　　D. 备注视图

24. 在 PowerPoint 2016 中,设置幻灯片背景格式的填充选项中包含_____。

A. 字体、字号、颜色、风格

B. 纯色、渐变、图片或纹理、图案

C. 设计模板、幻灯片版式

D. 以上都不正确

25. 在 PowerPoint 2016 中，打开"设置背景格式"对话框的正确方法是_____。

A. 鼠标右击幻灯片空白处，在弹出的菜单中选择"设置背景格式"命令

B. 单击"插入"选项卡，选择"背景"命令按钮

C. 单击"开始"选项卡，选择"背景"命令按钮

D. 以上都不正确

26. 在 PowerPoint 2016 中，若想设置幻灯片中图片对象的动画效果，在选中图片对象后，应选择_____。

A. "动画"选项卡下的"动画"按钮

B. "幻灯片放映"选项卡

C. "设计"选项卡下的"效果"按钮

D. "切换"选项卡下"换片方式"

27. 在对 PowerPoint 2016 的幻灯片进行自定义动画操作时，可以改变_____。

A. 幻灯片间切换的速度

B. 幻灯片的背景

C. 幻灯片中某一对象的动画效果

D. 幻灯片设计模板

28. 在 PowerPoint 2016 中，下列说法中错误的是_____。

A. 可以动态显示文本和对象

B. 可以更改动画对象的出现顺序

C. 图表不可以设置动画效果

D. 可以设置幻灯片间切换效果

29. 要使幻灯片中的标题、图片、文字等按用户的要求顺序出现，应进行的设置是_____。

A. 设置放映方式   B. 幻灯片切换

C. 幻灯片链接   D. 自定义动画

30. 在 PowerPoint 2016 中，要设置幻灯片间切换效果（例如从一张幻灯片"溶解"到下一张幻灯片），应使用_____选项卡进行设置。

A. "动作设置"   B. "设计"   C. "切换"   D. "动画"

31. 在 PowerPoint 2016 中，若要把幻灯片的设计模板（即应用文档主题），设置为"行云流水"，应进行的一组操作是_____。

A. "幻灯片放映"选项卡"自定义动画""行云流水"

B. "动画"→"幻灯片设计""行云流水"

C. "插入"→"图片""行云流水"

D. "设计"→"主题""行云流水"

32. PowerPoint 2016 提供的幻灯片模板（主题），主要是解决幻灯片的_____。

A. 文字格式   B. 文字颜色   C. 背景图案   D. 以上全是

33．在 PowerPoint 2016 中,播放已制作好的幻灯片的方式有好几种,如果采用选项卡操作,其步骤是_____。

A．选择"切换"选项卡"从头开始"命令按钮

B．选择"动画"选项卡"从头开始"命令按钮

C．选择"幻灯片放映"选项卡"从头开始"按钮

D．选择"设计"选项卡"从当前幻灯片开始"按钮

34．在 PowerPoint 2016 中,要设置幻灯片循环放映,应使用的是_____,然后选择"设置幻灯片放映"命令按钮。

A．"开始"选项卡　　　　　　　　B．"视图"选项卡

C．"幻灯片放映"选项卡　　　　　D．"审阅"选项卡

35．在 PowerPoint 2016 中,若要使幻灯片按规定的时间,实现连续自动播放,应进行_____。

A．设置放映方式　　　　　　　　B．打包操作

C．排练计时　　　　　　　　　　D．幻灯片切换

36．在演示文稿中插入超级链接时,所链接的目标不能是_____。

A．另一个演示文稿

B．同一演示文稿的某一张幻灯片

C．其他应用程序的文档

D．幻灯片中的某一个对象

37．在 PowerPoint 2016 中,若要使幻灯片在播放时能每隔 3 秒自动转到下一页,应在"切换"选项卡下_____组中进行设置。

A．"预览"

B．"切换到此幻灯片"

C．"计时"

D．以上说法都不对

38．在 PowerPoint 2016 中,停止幻灯片播放的快捷键是_____。

A．"Enter"　　　　B．"Shift"　　　　C．"Ctrl"　　　　D．"Esc"

39．如果将演示文稿放在另外一台没有安装 PowerPoint 软件的电脑上播放,需要进行_____。

A．复制/粘贴操作　　　　　　　　B．重新安装软件和文件

C．打包操作　　　　　　　　　　D．新建幻灯片文件

5.2　判断题(正确画"√",错误画"×")

1．在幻灯片放映视图中,可以看到对幻灯片演示设置的各种放映效果。(　　)

2．要播放演示文稿可以使用幻灯片浏览视图。(　　)

3．我们在放映幻灯片时使用绘图笔在幻灯片上画的颜色不能被删除。(　　)

4．PowerPoint 2016 是一种能够进行文字处理的软件。(　　)

5．在 PowerPoint 2016 中将一张幻灯片上的内容全部选定的快捷键是"Ctrl＋A"。(　　)

6．只能使用鼠标控制演示文稿播放,不能使用键盘控制播放。(　　)

7．在幻灯片母版中进行设置,可以起到统一整个幻灯片的风格的作用。(　　)

8. 在 PowerPoint 2016 的设计选项卡中可以进行幻灯片页面设置、主题模板的选择和设计。（　　）

9. 幻灯片应用模板一旦选定，就不能改变。（　　）

10. 母版可以预先定义前景颜色、文本颜色、字体大小等。（　　）

11. 设置幻灯片的"水平百叶窗""盒状展开"等切换效果时，不能设置切换的速度。（　　）

12. 插入的对象可以是自己绘制的图片。（　　）

5.3　实训题

1. 练习启动和退出 PowerPoint 2016 的方法；熟悉 PowerPoint 2016 的工作窗口；熟悉 PowerPoint 2016 各种视图方法功能。

2. 打开"幻灯片母版"视图，练习移动、删除和恢复占位符的操作；制作一张幻灯片，为幻灯片填充蓝色背景，然后再为所有幻灯片定义一种"新闻纸"纹理背景。

3. 创建一个空演示文稿，在第 1 张幻灯片中插入艺术字"欢迎光临"，在第 2 张幻灯片中画出 4 个大红灯笼，上面分别写上"新""年""快""乐"4 个字；分别为两张幻灯片插入一首歌曲。

第6章 因特网基础知识及应用

计算机网络是计算机技术与通信技术密切结合的产物,它的产生使人们的工作和生活发生了巨大的变化,小到网上新闻的浏览、电子邮件的接收与传送,大到企业信息化管理、电子商务和电子政务的应用,无不体现着计算机网络技术的应用,计算机网络技术已成为人们社会生活中必不可少的工具。

6.1 计算机网络基本概念

从计算机网络概念的提出,到如今计算机网络技术的普遍应用,计算机网络技术经历了从简单到复杂、从初级到高级不断变化和发展的阶段。通常,人们将计算机网络技术的发展概括为以下四个阶段。

第一阶段,面向终端的计算机网络。

该阶段可追溯到20世纪50年代初,人们将地理位置分散的不同终端,通过传输介质及相应的通信设备与一台计算机相连,这种以单台计算机为中心的联机系统被称为面向终端的计算机网络,为计算机网络技术的进一步发展奠定了良好的理论基础和技术基础。

第二阶段,以资源共享为目标的计算机网络。

20世纪60年代,为了进一步加强通信和计算机软/硬件资源、信息资源的共享,人们提出将地理位置分散且具有独立功能的计算机互连起来,共同完成数据处理和通信功能。这种以共享资源为目的的计算机网络被认为是计算机网络技术发展的第二个阶段。在这一阶段,由美国国防部高级研究计划局在1969年建成的ARPANET实验网被认为是计算机网络技术发展的一个重要里程碑,从最初的四个节点到以后规模的不断扩大,ARPANET以实现资源共享为目的,使用TCP/IP协议作为通信协议,实现了分组交换技术,提出了通信子网、资源子网等重要的基本概念,为因特网(Internet)的产生奠定了基础。

第三阶段,建立标准化的计算机网络。

20世纪70年代中期,计算机网络技术发展迅速,计算机生产厂商纷纷推出了自己的计算机产品和网络产品,由于这些产品在技术和结构上有很大差异,很难实现互联,于是构建网络标准化的问题被提出。国际标准化组织ISO为此专门制定和颁布了开放系统互连参考模型(Open System Interconnection/Reference Model,OSI/RM),即著名的国际标准ISO7 498。ISOOSI/RM极大地推动了计算机网络标准化进程,促进了计算机网络理论体系的形成和技术的进步。

第四阶段,广泛应用计算机网络。

20世纪90年代,互联网技术飞速发展,随之而来的是Internet的广泛应用。互联网以其开放性改变了人们的生活，为人们带来了便利，互联网技术的应用渗透到社会生活的方方面面。人们利用互联网传递信息、共享资源，工作效率和生活质量显著提高。随着计算机网络技术的不断进步，计算机网络技术的应用将给人们的工作和生活带来更多的便利。

6.1.1　计算机网络的定义及分类

1. 计算机网络的定义

关于计算机网络的定义，有基于资源共享、广义、用户透明性等不同角度的观点，它们从不同角度对计算机网络进行了定义。从资源共享的角度将计算机网络定义为"以能够相互共享资源的方式互连起来的自治计算机系统的集合"；从广义的角度将计算机网络定义为"计算机技术与通信技术相结合，实现远程信息处理和进一步达到资源共享的系统"；从用户透明性的角度将计算机网络定义为"存在着一个能为用户自动管理资源的网络操作系统，由它调用完成用户任务所需要的资源，而整个网络像一个大的计算机系统一样对用户是透明的"。通常认为用户透明性的观点定义了分布式计算机系统，实际上，还有从其他角度出发对计算机网络的定义。

一般地，从计算机网络的基本特征和功能来理解，计算机网络就是把地理上分散的、功能独立的计算机互连起来，实现资源共享的计算机系统集合。这里的资源包括各种硬件资源、软件资源和信息资源。

从系统构成来讲，计算机网络系统由硬件和软件两部分组成，具体包括计算机系统、通信线路和通信设备、网络协议、网络软件。为了更好地理解、研究和开发计算机网络技术，人们根据计算机网络各组成部分的功能将计算机网络划分为资源子网和通信子网，将其称为计算机网络的逻辑结构。资源子网提供网络访问、网络资源共享和数据处理业务，由计算机系统、存储系统、终端服务器和终端设备等组成。通信子网提供网络通信的功能，由通信线路、通信设备和通信控制处理机（Communication Control Processor，CCP）组成。图 7.1 所示为计算机网络的逻辑结构。

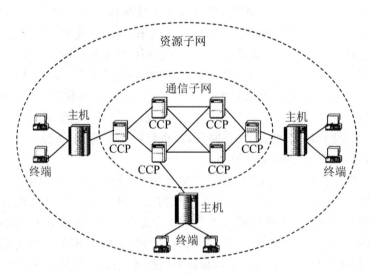

图 6.1　计算机网络的逻辑结构

2. 计算机网络的分类

计算机网络从不同角度有不同的分类方法,其中主要的分类方法有以下几种。

(1) 按照网络覆盖的地理范围分类,计算机网络可分为局域网、城域网和广域网。

① 局域网。局域网(Local Area Network,LAN)的地理覆盖半径从几十米至数千米,一般是在一间办公室、一栋大楼、一个单位内部将各种计算机、终端及外部设备互联成网络。局域网覆盖的地理范围小,网络传输速率高,网络拓扑结构简单。

② 城域网。城域网(Metropolitan Area Network,MAN)的地理覆盖半径从几十千米至数百千米,一般是在一个城市范围内。城域网以及宽带城域网的建设已成为目前网络建设的热点。

③ 广域网。广域网(Wide Area Network,WAN)的地理覆盖半径从数百千米至数万千米,可跨越省市、地区、国家、洲及全球,因此又被称为远程网。广域网覆盖的地理范围大,网络传输速率较低,网络拓扑结构复杂。Internet 就是一种广域网。

需要指出的是,广域网、城域网和局域网的划分只是一个相对的分界。随着计算机网络技术的发展,三者的界限将变得模糊化。

(2) 按照网络的拓扑结构分类。拓扑结构是几何学中的一个概念,它将现实中的实体抽象成与其大小、形状无关的点,将实体之间的连接抽象成线,从而便于研究实体之间的关系。计算机网络拓扑结构借助于拓扑学的概念,将计算机网络中的实体抽象成网络节点,并通过描述网络节点与通信线路之间所组成的几何形状,反映计算机网络实体之间的网络结构。典型的计算机网络拓扑结构有:总线型拓扑结构、环型拓扑结构、星型拓扑结构、树型拓扑结构和网型拓扑结构。因此,按照网络的拓扑结构类型,计算机网络分为总线型网络、环型网络、星型网络、树型网络、网状型网络和混合型网络。

(3) 按照网络所使用的传输技术分类。网络传输技术有广播式传输和点到点传输两种方式,因此,按照网络所使用的传输技术分类,计算机网络分为广播式网络和点到点网络。

① 广播式网络。在广播式网络中,所有联网的计算机共享一条通信信道,一台计算机发送的消息,其他计算机均可接收到,并根据消息中的目的地地址判断消息是否是传送给自己的。如果是则接收该消息,否则放弃。良好的信道控制机制是广播式网络要解决的关键问题。

② 点到点网络。在点到点网络中,每条通信线路连接两台计算机。当网络中的两台计算机传递消息没有直接的通信线路连接时,就需要通过其他计算机转发。另外,点到点网络结构可能很复杂,怎样才能实现消息从一个节点到另一个节点高效率地传输,需要选择合适的路径,因此存储转发技术和路由选择算法是点到点网络的重要研究内容。

除了上述常见的分类方法外,还有一些其他的分类方法。例如,按照网络使用的传输介质,还可以将计算机网络分为同轴电缆网、双绞线网、光纤网和无线网;按网的使用范围分类,可将计算机网络分为公用网和专用网两类等。

6.1.2　数据通信

所谓数据通信就是按照通信协议,利用传输技术在功能单元之间传递数据信息,从而实现计算机与计算机之间、计算机与其终端之间以及其他数据终端设备之间的信息交互而产生的一种通信技术。它传送数据不仅是为了交换数据,更主要的是为了利用计算机来处理数据。可以说它是将快速传输数据的通信技术和数据处理、加工及存储的计算机技术相结合，从而给用户提供及时准确的数据。

1. 信息和数据

（1）信息。信息是对客观事物的反映，可以是对物质的形态、大小、结构、性能等全部或部分特性的描述，也可以表示物质与外部的联系。信息有各种存在形式。

（2）数据。信息可以用数字的形式来表示，数字化的信息称为数据。数据可以分成两类：模拟数据和数字数据。

2. 数据通信系统的组成

数据通信系统是通过数据电路将分布在远地的数据终端设备与计算机系统连接起来，实现数据传输、交换、存储和处理的系统。比较典型的数据通信系统主要由数据终端设备、数据电路、计算机系统三部分组成，如图 7.2 所示。

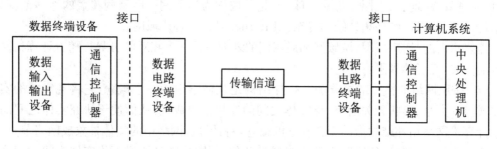

图 6.2　数据通信系统组成

3. 数据通信的交换方式

通常数据通信有三种交换方式：

（1）电路交换。电路交换是指两台计算机或终端在相互通信时，使用同一条实际的物理链路，通信中自始至终使用该链路进行信息传输，且不允许其他计算机或终端同时共享该电路。

（2）报文交换。报文交换是将用户的报文存储在交换机的存储器中（内存或外存），当所需输出电路空闲时，再将该报文发往需接收的交换机或终端。这种存储—转发的方式可以提高中继线和电路的利用率。

（3）分组交换。分组交换是将用户发来的整份报文分割成若干个定长的数据块（称为分组或打包），将这些分组以存储—转发的方式在网内传输。每一个分组信息都连有接收地址和发送地址的标识。在分组交换网中，不同用户的分组数据均采用动态复用的技术传送，所以线路利用率较高。

4. 数据电路和数据链路

数据电路指的是在线路或信道上加信号变换设备之后形成的二进制比特流通路，它由传输信道及其两端的数据电路终端设备（Data Circuit-terminating Equipment，DCE）组成。

数据链路是在数据电路已建立的基础上，通过发送方和接收方之间交换"握手"信号，使双方确认后方可开始传输数据的两个或两个以上的终端装置与互联线路的组合体。所谓"握手"信号是指通信双方建立同步联系、使双方设备处于正确收发状态、通信双方相互核对地址等。如图 6.2 所示，加了通信控制器以后的数据电路称为数据链路。可见数据链路包括物理链路和实现链路协议的硬件和软件，只有建立了数据链路之后，双方数据终端设备才可真正有效地进行数据传输。

特别注意的是,在数据通信网中,它仅仅操作于相邻的两个节点之间,因此从一个 DTE 到另一个 DTE 之间的连接可以操作多段数据链路。

5. 数据线路的通信方式

根据数据信息在传输线上的传送方向,数据通信方式有单工通信、半双工通信和全双工通信三种。

(1) 单工通信:指消息只能单方向传输的工作方式。单工通信信道是单向信道,发送端和接收端的身份是固定的,发送端只能发送信息,不能接收信息;接收端只能接收信息,不能发送信息,数据信号仅从一端传送到另一端,即信息流是单方向的。采用单工通信的典型发送设备如早期计算机的读卡器,典型的接收设备如打印机。

(2) 半双工通信:指数据可以沿两个方向传送,但同一时刻一个信道只允许单方向传送,因此又被称为双向交替通信(信息在两点之间能够在两个方向上进行发送,但不能同时发送的工作方式)。半双工方式要求收发两端都有发送装置和接收装置。由于这种方式要频繁变换信道方向,故效率低,但可以节约传输线路。半双工方式适用于终端与终端之间的会话式通信。方向的转变由软件控制的电子开关来控制。例如:无线对讲机就是一种半双工设备,在同一时间内只允许一方讲话。

(3) 全双工通信:指在通信的任意时刻,线路上可以同时存在 A 到 B 和 B 到 A 的双向信号传输。在全双工方式下,通信系统的每一端都设置了发送器和接收器,因此能控制数据同时在两个方向上传送。全双工方式无须进行方向的切换,因此没有切换操作所产生的时间延迟,这对那些不能有时间延误的交互式应用(例如远程监测和控制系统)十分有利。比如,电话机是一种全双工设备,其通话双方可以同时进行对话。

6.1.3　网络拓扑结构

拓扑结构一般指点和线的几何排列或组成的几何图形。计算机网络的拓扑结构是指一个网络的通信链路和节点的几何排列或物理布局图形。链路是网络中相邻两个节点之间的物理通路,节点指计算机和有关的网络设备,甚至指一个网络。按拓扑结构分类,计算机网络可分为以下五类。

1. 常用的网络拓扑结构

(1) 总线型网络。由一条高速公用总线连接若干个节点所形成的网络即为总线型网络,拓扑结构如图 6.3(a)所示。

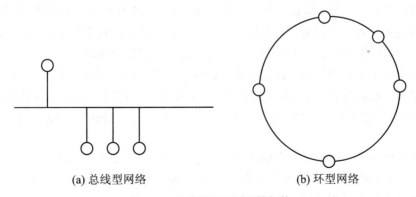

(a) 总线型网络　　　　　　　　(b) 环型网络

图 6.3　总线型和环型网络拓扑

总线型网络的特点主要是结构简单灵活,便于扩充,是一种很容易建造的网络。由于多个节点共用一条传输信道,故信道利用率高,但容易产生访问冲突;总线型网络传输速率高,可达 1～100 Mbps;但总线型网常因一个节点出现故障(如接头接触不良等)而导致整个网络不通,因此可靠性不高。

(2) 环型网络。环型网中各节点通过环路接口连在一条首尾相连的闭合环型通信线路中,拓扑结构如图 6.3(b)所示,环上任何节点均可请求发送信息。

环型网络的主要特点是信息在网络中沿固定方向流动,两个节点间仅有唯一的通路,大大简化了路径选择的控制;某个节点发生故障时,可以自动旁路,可靠性较高;由于信息是串行穿过多个节点环路接口的,当节点过多时,网络响应时间变长。但当网络确定时,其延时固定,实时性强。

(3) 星型网络。星型拓扑是以中央节点为中心与各节点连接组成的,多节点与中央节点通过点到点的方式连接。拓扑结构如图 6.4(a)所示,中央节点执行集中式控制策略,因此中央节点相当复杂,负担比其他各节点重得多。

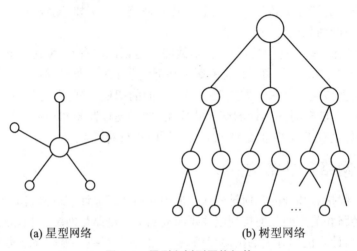

(a) 星型网络   (b) 树型网络

图 6.4　星型和树型网络拓扑

星型网络的特点是:网络结构简单,便于管理;控制简单,建网容易;网络延迟时间较短,误码率较低;网络共享能力较差;通信线路利用率不高;中央节点负荷太重。

2. 其他的网络拓扑结构

(1) 树型网络。在实际建造一个大型网络时,往往是采用多级星型网络,将多级星型网络按层次排列即形成树型网络,其拓扑结构如图 6.4(b)所示。我国的电话网络即采用树型结构,其由五级星型网构成。Internet 从整体上看也是采用树型结构。

树型网络的主要特点是结构比较简单、成本低。在网络中,任意两个节点之间不产生回路,每个链路都支持双向传输。网络中节点扩充方便灵活,寻找链路路径比较方便。但在这种网络系统中,除叶节点及其相连的链路外,任何一个节点或链路产生的故障都会影响整个网络。

(2) 网状型网络。网状型网络如图 6.5 所示,其为分组交换网示意图。图中虚线以内部分为通信子网,每个节点上的计算机称为节点交换机。图中虚线以外的计算机(Host)和终端设备统称为数据处理子网或资源子网。

网状型网络是广域网中最常采用的一种网络形式,是典型的点到点结构。网状型网络

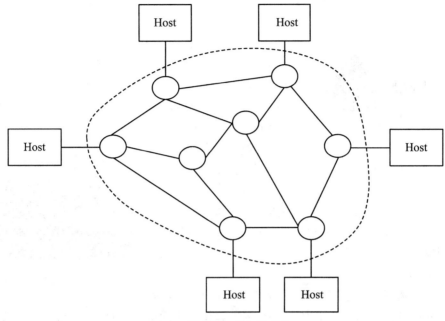

6.5　网状型网络拓扑结构

的主要特点是，网络可靠性高，一般通信子网任意两个节点交换机之间，存在着两条或两条以上的通信路径。这样，当一条路径发生故障时，还可以通过另一条路径把信息送到节点交换机。另外，可扩充性好，该网络无论是增加新功能，还是要将另一台新的计算机入网，以形成更大或更新的网络，都比较方便；而且网络可建成各种形状，采用多种通信信道、多种传输速率。

以上介绍了五种基本的网络拓扑结构，事实上以此为基础，还可构造出一些复合型的网络拓扑结构。

6.1.4　网络硬件和软件

一般来说，计算机网络主要由网络服务器、用户工作站和通信设备（网络适配器、传输介质、网络互联设备）三个部分组成。

1. 服务器

服务器（Server）是向所有工作站提供服务的计算机，主要运行网络操作系统（NOS），提供硬盘、文件数据及打印机共享等服务功能，为网络提供共享资源并对其进行管理，是网络控制的核心。服务器一般由具备足够内存的高档微机或具有大容量硬盘的专用或多用微机服务器充当。

网络服务器根据用途可以分为：文件服务器、数据库服务器、打印服务器、文件传输服务器等。一台计算机通过配置后可以同时担任多种角色。

2. 工作站

工作站也称为客户机（Client），是指连接到计算机网络中供用户使用的个人计算机。它可以有自己的操作系统，具有独立处理能力；通过运行工作站网络软件，访问服务器共享资源。工作站一般由普通微机来充当。

工作站分为有盘工作站和无盘工作站。所谓无盘工作站,是指没有软盘和硬盘的工作站。

图 6.6 网卡

3. 网络适配器

网络适配器也叫网络接口卡(Net Interface Card, NIC),俗称网卡。网卡(图 6.6)插在计算机的扩展槽上,用来实现与主机总线的通信连接。目前常用的网卡有 100 Mb/s 自适应网卡和 1 000 Mb/s 网卡。

4. 调制解调器

调制解调器(图 6.7)英文名称是 Modem,必须成对使用,用来实现数字信号与模拟信号的转换。在信号发送端,将数字信号调制为模拟信号;在接收端,将模拟信号解调成数字信号。

图 6.7 调制解调器

5. 中继器

中继器是物理层的连接设备,用来连接具有相同物理层协议的局域网。它的主要作用是:在信号传输了一定距离后,对信号进行整形和放大。但是它不能对信号做校验处理,即不能消除信号中的错误信息和杂音。

6. 集线器

如图 6.8 所示,实际上集线器(Hub)就是一个多口的中继器,通常使用的集线器的前端有 8 个或 16 个插座,还有一个 BNC 插座可以通过 T 形头连接到同轴电缆上。集线器可以从任意一个端口上接收信号,经过整形放大,发送到与它连接的其他端口上。使用集线器可以很方便地对网络进行管理和维护。

图 6.8 集线器

7. 网桥

网桥用来实现不同类型网络之间的连接,它在数据链路层对信号进行存储和转发,与高层协议无关。

8. 网关

网关也称为网间协议变换器,它工作在网络层上,实现不同网络之间的连接。

9. 路由器

路由器(图 6.9)是工作在网络层上的设备,它能将不同协议的网络进行连接,集网关、网桥、交换技术于一体,并能跨越 WAN 连接 LAN。它是一种面向协议的设备,能识别网络层地址,能很好地控制拥塞、隔离子网、强化管理。

10. 交换机

交换机(图 6.10)是基于网络交换技术的产品,它具有简单、低价、高性能和高端口密集等特点,体现了桥接技术的复杂交换技术,它工作在 OSI 参考模型的第二层(数据链路层)。交换机的任意两个端口之间都可以进行通信而不影响其他端口,每对端口都可以并发地进行通信而独占带宽,从而突破了共享式集线器同时只能有一对端口工作的限制,增大了整个网络的带宽。

图 6.9　路由器

图 6.10　交换机

11. 传输介质

传输介质是网络上信息流动的载体,是通信网络中发送方和接收方之间的物理通路。目前常用的传输介质有双绞线、同轴电缆、光缆和无线信道。

(1) 双绞线。将一对以上的双绞线封装在一个绝缘外套中,为了降低干扰,每对相互扭绕而成,分为非屏蔽双绞线(UTP)和屏蔽双绞线(STP)。使用时,一对绞线作为一条通信链路。双绞线点到点之间的距离一般不能超出 100 m。目前局域网中使用的双绞线有三类线、五类线、超五类线、六类线、七类线等。双绞线电缆的连接器一般为 RJ-45 头,如图 6.11所示。

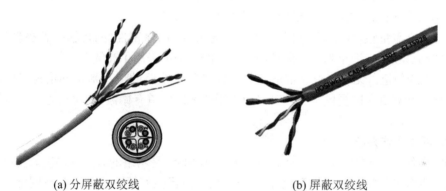

(a) 分屏蔽双绞线　　　　　　　　　　　(b) 屏蔽双绞线

图 6.11　双绞线示意图

(2) 同轴电缆。它由一根空心的外圆柱导体和一根位于中心轴线的内导线组成,两导体间用绝缘材料隔开,如图 6.12 所示。

同轴电缆按直径可分为粗缆和细缆,粗缆的传输距离长,性能高但成本也高,使用于大型局域网干线,连接时两端需要连接终接器;细缆的传输距离短,相对便宜,连接时两端连接 50 Ω 终端电阻。

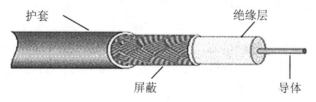

图 6.12　同轴电缆示意图

同轴电缆按传输频带可分为基带同轴电缆和宽带同轴电缆。基带同轴电缆只用于传输数字信号，宽带同轴电缆可用于传输多个经过调制的模拟信号。

（3）光缆。光缆由缆芯（玻璃光纤）、紧靠纤芯的包层、吸收外壳以及保护层组成，如图6.13所示。光缆传输的是光信号，为使用光缆传输信号，光纤两端必须配有光发射机和接收机。应用光学原理，由光发射机产生光束，将电信号变为光信号，再把光信号导入光缆，在另一端由光接收机接收光缆上传来的光信号，并把它变为电信号，经解码后再处理。

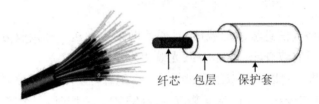

纤芯　包层　保护套

图 6.13　光缆示意图

根据光在光缆中的传播方式，光缆可以分为单模光缆和多模光缆。

单模光缆：由激光作光源，仅有一条光通路，传输距离长达 2 000 m 以上。

多模光纤：由二极管发光，低速短距离，2 000 m 以内。

光缆具有重量轻、频带宽、误码率低、不受电磁干扰、保密性好、传输损耗极低等一系列优点，尽管成本较高，近年来新建局域网的主干网络中都采用了光缆。

（4）无线信道。无线信道非常适合难于铺设传输线路的偏远地带和沿海岛屿，也为大量的便携式计算机入网提供了条件。目前常用的无线信道有微波、卫星信道、红外线和激光信道。

12. 网络操作系统

网络操作系统（Network Operating System，NOS）是网络的心脏和灵魂，是向网络上的计算机提供服务的特殊的操作系统，使网络上的计算机能方便而有效地共享网络资源，是为网络用户提供所需的各种服务的软件和有关规程的集合。

网络操作系统提供高效、可靠的网络通信功能，还提供多种网络服务功能，如文件传输服务功能、电子邮件服务功能、远程打印服务功能等。

网络操作系统的安全特性可用来管理每个用户的访问权限，确保关键数据的安全保密。因此，网络操作系统从根本上说是一种管理器，用来管理连接资源和通信量的流向。

各种不同局域网的硬件组成基本相同，使用不同的网络操作系统就有不同种类的局域网。网络操作系统的性能直接影响网络系统的功能。目前，常用的网络操作系统有Windows Server 2003/2008、UNIX、Linux 等。

13. 其他软件

计算机网络软件主要包括网络协议软件、通信软件等。协议软件主要用于实现物理层及数据链路层的某些功能。通信软件用于管理各个工作站之间的信息传输，如实现运输层及网络层功能的网络驱动程序等。

6.1.5　无线局域网

1. 无线局域网的概念

无线局域网（Wireless Local Area Network，WLAN）是利用无线通信技术，在一定的局部范围内建立的网络,是计算机网络与无线通信技术相结合的产物。它以无线传输媒体作为传输介质,提供传统有线局域网的功能,并能使用户实现随时、随地的网络接入。之所以称其是局域网,是因为受到无线连接设备与计算机之间距离的限制而影响传输范围,必须在区域范围之内才可以组网。

2. WLAN 的特点

(1) 安装便捷、维护方便。免去或减少了网络布线的工作量,一般只要安装一个或多个接入点(Access Point, AP)设备,就可以建立覆盖整个建筑物或区域的局域网。

(2) 使用灵活、移动简单。一旦无线局域网建成后,在无线网的信号覆盖范围内任何一个位置都可以接入网络。使用无线局域网不仅可以减少与布线相关的一些费用,还可以为用户提供灵活性更高、移动性更强的信息获取方法。

(3) 易于扩展、大小自如。有多种配置方式,能够根据需要灵活选择,能胜任从只有几个用户的小型局域网到上千用户的大型网络。

3. 无线局域网标准

(1) IEEE802.11x 标准:

① IEEE802.11。1990 年 IEEE802 标准化委员会成立 IEEE802.11 无线局域网(WLAN)标准工作组。IEEE802.11 无线局域网标准工作组的任务主要是研究 1 Mbps 和 2 Mbps 数据速率、为工作在 2.4 GHz 开放频段的无线设备和网络发展制定全球标准,并于 1997 年 6 月公布了该标准,它是第一代无线局域网标准之一。该标准定义了物理层和媒体访问控制(MAC)规范,允许无线局域网及无线设备制造商建立互操作网络设备。后来又相继公布了 802.11b 和 802.11a,这两个标准是对 802.11 的补充。

② IEEE802.11b。IEEE802.11b 标准规定无线局域网工作频段在 2.4～2.4835 GHz,数据传输速率达到 11 Mbps,传输距离控制在 50～150 m。IEEE802.11b 已成为当前主流的无线局域网标准,被多数厂商所采用,所推出的产品广泛应用于办公室、家庭、宾馆、车站、机场等众多场合。

③ IEEE802.11a。IEEE802.11a 标准规定无线局域网工作频段在 5.15～8.825 GHz,数据传输速率达到 54 Mbps,传输距离控制在 10～100 m。IEEE802.11a 标准的优点是传输速度快,可达 54 Mbps,完全能满足语音、数据、图像等业务的需要;缺点是无法与 IEEE802.11b 兼容,使一些早期购买 IEEE802.11b 标准的无线网络设备在新的 802.11a 网络中不能使用。

④ IEEE802.11g。最早推出的是 802.11b,它的传输速率为 11 Mbps,因为它的连接速度比较低,随后推出了 802.11a 标准,它的连接速度可达 54 Mbps。但由于两者互不兼容,所以 IEEE 又正式推出了完全兼容 802.11b 且与 802.11a 速率上兼容的 802.11g 标准,这样通过 802.11g,原有的 802.11b 和 802.11a 两种标准的设备就可以在同一网络中使用。

(2) HomeRF(家庭网络)标准。HomeRF(RF 意为射频)无线标准是由 HomeRF 工作组开发的,旨在在家庭范围内,使计算机与其他电子设备之间实现无线通信的开放性工业标准。2001 年 8 月推出 HomeRF 2.0 版,集成了语音和数据传送技术,工作频段在 10 GHz,数据传输速率达到 10 Mbps,在 WLAN 的安全性方面主要体现在访问控制和加密技术。

(3) 蓝牙(Bluetooth)标准。对于 802.11 来说,蓝牙(IEEE802.15)技术的出现不是为了竞争而是为了相互补充。"蓝牙"是一种先进的近距离无线数字通信的技术标准,其目标是实现最高数据传输速度 1 Mbps(有效传输速率为 721 kbps)、传输距离为 10 cm～10 m,通过增加发射功率可达 100 m。从目前的蓝牙产品来看,蓝牙主要应用在手机、笔记本计算机等数字终端设备之间的通信和以上设备与 Internet 的连接。

4. WLAN 网络结构

WLAN 有两种网络类型：对等网络和基础结构网络。对等网络由一组有无线接口卡的计算机组成。这些计算机以相同的工作组名、ESSID 和密码以对等的方式相互直接连接，在 WLAN 的覆盖范围之内，进行点对点与点对多点之间的通信。在基础结构网络中，具有无线接口卡的无线终端以无线接入点 AP 为中心，通过无线网桥 AB、无线接入网关 AG、无线接入控制器 AC 和无线接入服务器 AS 等将无线局域网与有线网络连接起来，可以组建多种复杂的无线局域网接入网络，实现无线移动办公、家居智能。

5. WLAN 应用

作为有线网络的无线延伸，WLAN 可以广泛应用在生活社区、游乐园、旅馆、机场、车站等游玩区域实现旅游休闲上网；可以应用在政府办公大楼、校园、企事业单位等实现移动办公、方便开会及上课等；可以应用在医疗、金融证券等领域，实现医生对病人在网上诊断，实现金融证券室外网上交易。

对于难于布线的环境，如老式建筑、沙漠区域等；对于频繁变化的环境，如各种展览大厅；对于临时需要的宽带接入、流动工作站等，建立 WLAN 是理想的选择。

6. WLAN 安全

在 WLAN 应用中，对于家庭用户、公共场景安全性要求不高的用户，使用 VLAN(Virtual Local Area Networks)隔离、MAC 地址过滤、服务区域认证 ID(ESSID)、密码访问控制和无线静态加密协议 WEP(Wired Equivalent Privacy)可以满足其安全性需求。但对于公共场景中安全性要求较高的用户，仍然存在着安全隐患，需要将有线网络中的一些安全机制引进到 WLAN 中，在无线接入点 AP 实现复杂的加密解密算法，通过无线接入控制器 AC，利用 PPPOE 或者 DHCP＋Web 认证方式对用户进行第二次合法认证，对用户的业务流实行实时监控。

6.2　因特网基础

Internet 是一个由各种不同类型和规模并独立运行和管理的计算机网络组成的全球范围的计算机网络，组成 Internet 的计算机网络包括局域网(LAN)、城域网(MAN)以及大规模的广域网(WAN)等。这些网络通过普通电话线、高速率专用线路、卫星、微波和光缆等通信线路把不同国家的大学、公司、科研机构以及军事和政府等组织的网络连接起来。Internet 网络互联采用的基本协议是 TCP/IP。Internet 为人们提供了巨大的，并且还在不断增长的信息资源和服务工具宝库，任何一个地方的任意一个 Internet 用户都可以从 Internet 中获得任何方面的信息。支持 Internet 的各种软件、硬件，以及由它们组成的各种系统为 Internet 的用户提供了各种各样的应用系统，这些应用系统把各种 Internet 信息资源有机地结合在一起，从而构成了 Internet 所拥有的一切。

Internet 的起源与发展情况如下：

（1）ARPANET 网络与 Internet 名称的由来。

在 20 世纪 60 年代,美国军方为寻求将其所属各军方网络互联的方法,由国防部下属的高级计划研究署出资赞助大学的研究人员开展网络互联技术的研究。研究人员最初在四所大学之间组建了一个实验性的网络,叫 ARPANET。随后深入的研究促使了 TCP/IP 协议的出现与发展。

1983 年初,美国军方正式将其所有军事基地的各个网络都连到了 ARPANET 上,并全部采用 TCP/IP 协议,这标志着 Internet 的正式诞生。

ARPANET 实际上是一个网际网(网之间的网),被当时的研究人员简称为 Internet。同时,开发人员用 Internet 这一称呼来特指为研究建立的网络原型,这一称呼被沿袭至今。

作为 Internet 的第一代主干网,ARPANET 虽然已经退役,但它对网络技术的发展产生了重要的影响。

(2) 20 世纪 80 年代中期的 NSFNET。

20 世纪 80 年代,美国国家科学基金会(NSF)组建了一个从开始就使用 TCP/IP 协议的网络 NSFNET。NSFNET 取代 ARPANET,于 20 世纪 80 年代末正式成为 Internet 的主干网。

NSFNET 采取的是一种层次结构,分为主干网、地区网与校园网。各主机连入校园网,校园网联入地区网,地区网连入主干网。

NSFNET 扩大了网络的容量,入网者主要是大学和科研机构。它同 ARPANET 一样,都是由美国政府出资的,不允许商业机构介入用于商业用途。

(3) 20 世纪 90 年代,商业机构介入 Internet,带来 Internet 的第二次飞跃。

至 Internet 问世后,每年加入 Internet 的计算机呈指数式增长。NSFNET 在完成的同时就出现了网络负荷过重的问题,美国政府无力承担组建一个新的、更大容量网络的全部费用,NSF 鼓励 MERIT、MCI 与 IBM 三家商业公司接管了 NSFNET。

三家公司组建了一个非营利性的公司 ANS 在 1990 年接管了 NSFNET。到 1991 年底,NSFNET 的全部主干网都与 ANS 提供的新的主干网连通,构成了 ANSNET。与此同时,很多的商业机构也开始运行它们的商业网络并连接到主干网上。

Internet 的商业化开拓了其在通信、资料检索、客户服务等方面的巨大潜力,导致了 Internet 新的飞跃,并最终走向全球。

从 Internet 的发展过程可以看到,Internet 是历史的变革造成的,是千万个可单独运作的网络以 TCP/IP 协议互联起来形成的,这些网络属于不同的组织或机构,整个 Internet 不属于任何国家、政府或机构。

Internet 在我国的发展情况如下:

Internet 在我国起步虽然较晚,但发展是比较迅速的。1986 年,中国科学院等一些科研单位,通过国际长途电话拨号到欧洲一些国家,开始初步接触 Internet。1990 年,中国科学院高能所、北京计算机应用研究所、信息产业部华北计算所、石家庄 54 所等单位先后通过 X.25 网接入到欧洲一些国家,实现了中国用户与 Internet 之间的电子邮件通信。1993 年,中国科学院高能所实现了与美国斯坦福线性加速中心(SLAC)的国际数据专用信道的互联。

Internet 在我国的发展经历了两个阶段。第一阶段是 1987 年至 1993 年,这一阶段实际上只是少数高等院校、研究机构提供了 Internet 的电子邮件服务;第二阶段从 1994 年开始,实现了和 Internet 的 TCP/IP 连接，从而开通了 Internet 的全功能服务。

到 1995 年我国初步建成国家计算机与网络设施（NCFC）、中国教育和科研计算机网（CERNET）、中国公用计算机互联网（CHINANET）、中国金桥信息网（CHINAGBN）四大骨干网络，为 Internet 在我国互联网的进一步发展奠定了基础。

6.2.1　因特网接入方式

在连入 Internet 之前，首先要了解哪种上网方式适合自己，然后再根据所选的上网方式购买上网的硬件设备，之后到 Internet 服务提供商处申请一个上网账号和密码，最后通过这个账号和密码连入 Internet。

目前常见的上网方式通常有以下几种：电话线上网、专线上网、有线电视网络上网（需要 Cable Modem）和无线微波上网等。

由于电话线上网的方式较为普遍，又可以细分为以下三种：通过电话线拨号上网、通过 ISDN 上网、通过 ADSL 上网。ISDN（综合业务数字网络）俗称一线通，其能在一根普通电话线上提供语音、数据、图像等综合性业务，且可同时使用两台终端（如一部电话、一台计算机或一台数据终端）。ADSL 是利用分频技术把普通电话线路所传输的低频信号和高频信号分离，3 400 Hz 以下的低频供电话使用，3 400 Hz 以上的高频部分供上网使用。这样可以提供很快的传输速率，而且在上网的同时不影响电话的正常使用，但要求电话线所在地方与电信局的 ADSL 节点之间的距离不得超过 3 km。

1. 调制解调器

调制解调器的作用是把计算机和电话线路连接起来，并对计算机中的数字信息和电话线路上的模拟信息进行相互转换。调制解调器有内置式、外置式、PCMCIA 卡三种。

（1）内置式调制解调器又叫 Modem 卡，插在计算机的扩展槽上，价格便宜，不需要专门的外接电源和电缆线。其安装过程比较麻烦，首先要根据说明书给出的方法设置调制解调器的异步通信口，注意不能与其他硬件设备冲突，然后将调制解调器插在计算机的扩展槽中，把电话线接在调制解调器上标有 LINE 的 RJ-11 插座上。

（2）外置式调制解调器通过电缆线连接在计算机的一个空闲串口上（COM），拆装方便，但它需要一个外接电源。安装时先把同调制解调器配套的电缆线的一端接在调制解调器后的插座上，另一端接在计算机 COM1 口或 COM2 口上，把电话线接在调制解调器上标有 LINE 的 RJ-11 插座上，最后为调制解调器插上电源。

（3）PCMCIA 卡又叫 PC 卡，是用于便携式计算机上的。

调制解调器的硬件安装完毕后，需要在操作系统中安装调制解调器的驱动程序，这与在 Windows 中安装其他驱动程序类似。

2. 在 Windows 7 下创建拨号连接

完成调制解调器安装后，要实现与 Internet 的连接，还需要在 Windows 7 中建立拨号连接。

（1）打开控制面板，选择"网络和 Internet"，如图 6.14 所示。

（2）在网络和共享中心中选择"设置新连接"，如图 6.15 所示。

（3）选择"连接到 Internet"，如图 6.16 所示。

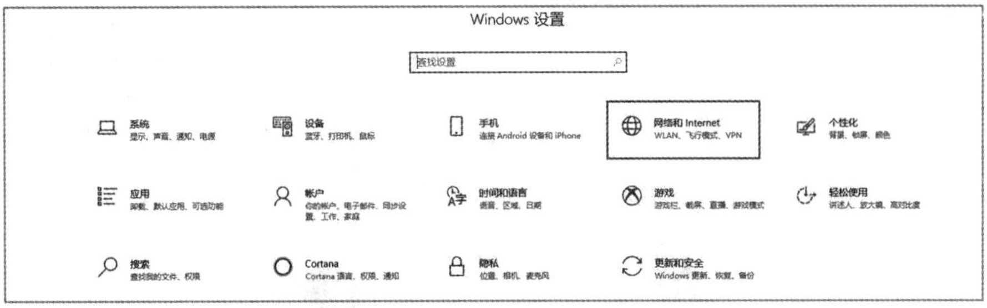

图 6.14　选择"网络和 Internet"

图 6.15　选择"设置新连接"

图 6.16　选择"连接到 Internet"

（4）选择"设置新连接"，如图 6.17 所示。

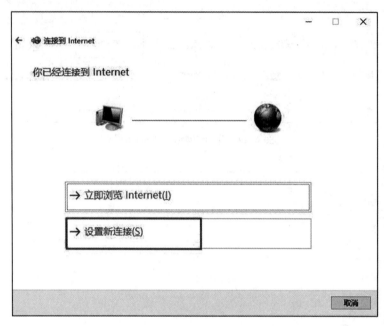

图 6.17　选择"设置新连接"

（5）选择"宽带 PPPoE"，如图 6.18 所示。

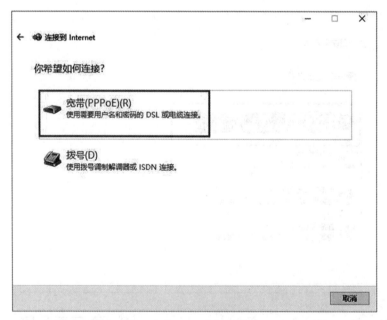

图 6.18　选择"宽带（PPPoE）"

（6）输入对应的宽带账号及密码，点击"连接"即可，如图 6.19 所示。

（7）创建桌面快捷方式。

① 点击"更改适配器设置"，如图 6.20 所示。

② 在"宽带连接"上点击右键选择"创建快捷方式"即可，如图 6.21 所示。

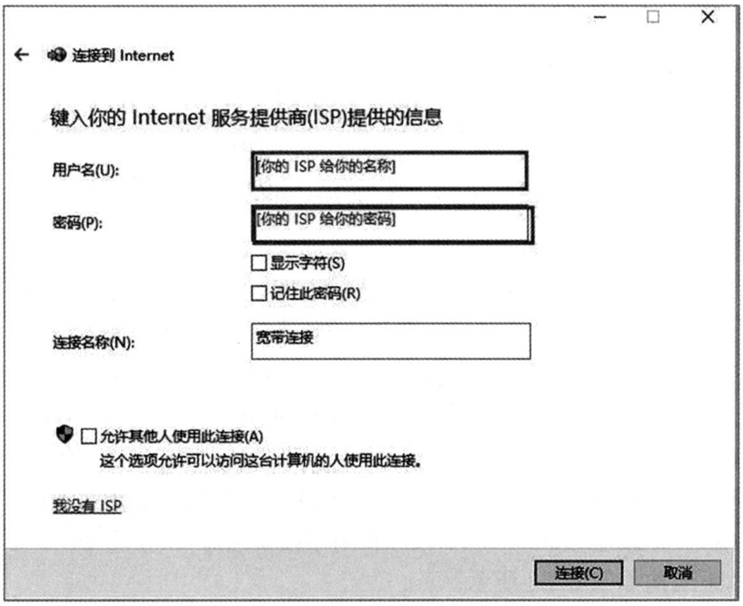

图 6.19　点击"连接"对话框

图 6.20　点击"更改适配器设置"

图 6.21　创建"宽带连接"快捷方式

6.2.2　TCP/IP 协议工作原理

1. TCP/IP 网络协议

TCP/IP 协议是目前最流行的商业化网络协议,尽管它不是某一标准化组织提出的正式标准,但它已经被公认为目前的工业标准或"事实标准"。因特网之所以能迅速发展,是因为 TCP/IP 协议能够适应和满足世界范围内数据通信的需要。

TCP/IP 协议的特点:

① 开放的协议标准,可以免费使用,并且独立于特定的计算机硬件与操作系统。

② 独立于特定的网络硬件,可以运行在局域网、广域网,以及互联网中。

③ 统一的网络地址分配方案,使得整个 TCP/IP 设备在网中都具有唯一的地址。

④ 标准化的高层协议,可以提供多种可靠的用户服务。

2. TCP/IP 体系结构的层次

TCP/IP 体系结构将网络划分为四层,它们分别是应用层(Application Layer)、传输层(Transport Layer)、互联层(Internet Layer)和网络接口层(Network Interface Layer)。

TCP/IP 体系结构如图 6.22 所示。

应用层	SMTP	DNS	FTP	TELNET	SNMP
传输层	TCP			UDP	
互联层	IP(ICMP、IGMP、ARP、RARP)				
网络接口层	Ethernet	FR	ATM	Token-Ring	

图 6.22　TCP/IP 参考模型示意图

(1) 网络接口层。在 TCP/IP 分层体系结构中,网络接口层又称为主机接口层,它处于最底层,负责接收 IP 数据报并通过网络发送出去,或者从网络上接收物理帧,抽取数据包交给互联层。TCP/IP 体系结构并未对网络接口层使用的协议作出强硬的规定,它允许主机连入网络时使用多种现成的和流行的协议,如局域网协议或其他一些协议。

(2) 互联层。互联层又称为网际层,是 TCP/IP 体系结构的第二层,互联层负责将源主机的报文分组发送到目的主机,源主机与目的主机可以在同一个网上,也可以在不同的网上。

互联层的主要功能包括以下几个方面:

① 处理来自传输层的分组发送请求。在收到分组发送请求之后,将分组装入 IP 数据报,填充报头,选择发送路径,然后将数据报发送到相应的网络接口。

② 处理接收的数据报。首先检查其合法性,然后进行路由选择。在接收到其他主机发送的数据报之后检查目的地址,如需要转发,则选择发送路径转发出去;如目的地址为本节点 IP 地址,则除去报头分组送交传输层处理。

③ 处理 ICMP 报文、路由、流控与拥塞问题。

(3) 传输层。传输层位于互联层之上,它的主要功能是负责应用进程之间的端到端通信。在 TCP/IP 体系结构中,设计传输层的主要目的是在互联层中的源主机与目的主机的对等实体之间建立用于会话的端到端连接。

(4) 应用层。应用层是最高层,用于提供网络服务,如文件传输、远程登录、域名服务和简单网络管理等。

3. OSI 参考模型与 TCP/IP 参考模型的比较

尽管 TCP/IP 体系结构与 OSI 参考模型在层次划分及使用的协议上有很大区别,但它们在设计中都采用了层次结构的思想。无论是 OSI 参考模型还是 TCP/IP 体系结构都不是完美的,对两者的赞美与批评都很多。

OSI 参考模型的主要问题是定义复杂、实现困难,有些同样的功能(如流量控制与差错控制等)在多层重复出现、效率低下等。而 TCP/IP 体系结构的缺陷包括网络接口层本身并不是实际的一层,每层的功能定义与其实现方法没能区分开来,使 TCP/IP 体系结构不适合于其他非 TCP/IP 协议簇等。

人们普遍希望网络标准化,但 OSI 迟迟没有成熟的网络产品。因此,OSI 参考模型与协议没有像专家们所预想的那样风靡世界。而 TCP/IP 体系结构与协议在 Internet 中经受了几十年的风风雨雨,得到了 IBM、Microsoft、Novell 及 Oracle 等大型网络公司的支持,成为计算机网络中的主要标准体系。

6.2.3　因特网 IP 地址和域名的工作原理

在 TCP/IP 协议中,编址由网际协议(Internet Protocol,IP)规定,IP 标准规定每台主机分配一个 32 位数作为该主机的地址。所有 Internet 上的计算机都必须有一个 Internet 上唯一的编号作为其在 Internet 的标志,这个编号称为 IP 地址。每个数据包中包含有发送方的 IP 地址和接收方的 IP 地址。

1. IP 地址

IP 地址(图 6.23)是一个 32 位二进制数,为了输入和读取的方便,通常采用点分十进制表示法,即以 32 位数中的每 8 位为一组,用十进制表示,并将各组用句点分开。例如某台机器的 IP 地址为 11001010 01110010 01000000 00100001,写成点分十进制表示形式就是 202.114.64.33。

整个 Internet 由很多独立的网络互联而成,每个独立的网络就是一个子网,包含若干台计算机。根据这个模式,Internet 的设计人员用两级层次模式构造 IP 地址。IP 地址的 32 个二进制位也被分为两个部分,即网络地址和主机地址。网络地址就像电话的区号,标明主机所在的子网,主机地址则在子网内部区分具体的主机。

网络地址	主机地址

图 6.23　IP 地址组成

2. IP 地址分类

IP 地址根据网络规模的不同分为 A、B、C、D、E 五类,其中 A、B 和 C 类称为基本类,D 类地址是多址广播地址,允许发送到一组计算机,E 类是实验性地址,这里主要介绍基本类型。

(1) A 类地址(图 6.24)。A 类 IP 地址的最高位为 0,前 8 位为网络地址,是在申请地址时由管理机构已设定的,后 24 位为主机地址,可以由本地网络管理员分配给本机构子网的各主机。一个 A 类地址最多可容纳 2^{24}(约 1 600 万)台主机,最多可有 2^7(128)个 A 类地址。当然这两个"最多"是从数学上讲的,事实上不可能达到,因为一个网络中有些地址另有特殊用途，不能分配给具体的主机和网络。下面在 B 类、C 类地址中的数字也是同样的。

用 A 类地址组建的网络称为 A 类网络。

0XXXXXXX
EEEEEEEE
EEEEEEEE
EEEEEEEE
网络地址
主机地址

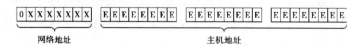

图 6.24 A 类地址

(2) B 类地址(图 6.25)。B 类 IP 地址的前 16 位为网络地址，后 16 位为主机地址，且第一位为 1，第二位为 0。B 类地址的第一个十进制整数的值在 128 与 191 之间。一个 B 类网络最多可容纳 2^{16}(65 536)台主机，最多可有 214 个 B 类地址。

10XXXXXX
XXXXXXXX
EEEEEEEE
EEEEEEEE
网络地址
主机地址

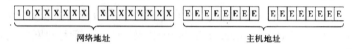

图 6.25 B 类地址

(3) C 类地址(图 6.26)。C 类 IP 地址的前 24 位为网络地址，后 8 位为主机地址，且第一位、第二位为 1，第三位为 0。C 类地址的第一个整数值在 192 与 223 之间。一个 C 类网络最多可容纳 2^{8}(256)台主机，共有 221 个 C 类地址。

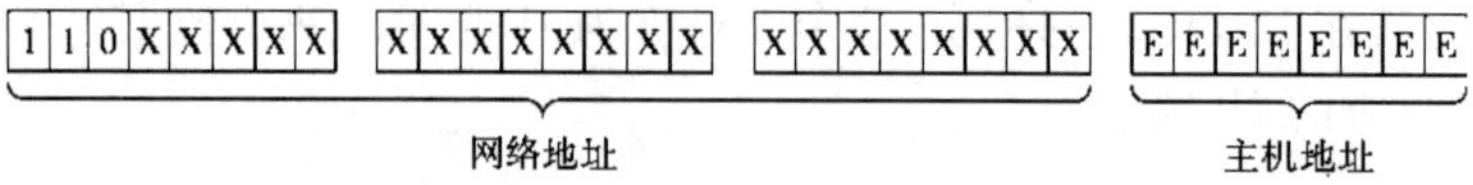

110XXXXX
XXXXXXXX
XXXXXXXX
EEEEEEEE
网络地址
主机地址

图 6.26 C 类地址

3. 特殊 IP 地址

有些 IP 地址具有特定的含义，因而不能分配给主机，主要包括以下几种，如表 6.1 所示。

表 6.1 特殊 IP 地址

名 称	定 义	功 能 和 特 点	举 例
回送地址	前 8 位为 01111111(十进制的 127)的 IP 地址	用于网络软件测试和本机进程间通信。无论什么程序，如果它向回送地址发送数据，TCP/IP 协议软件立即将数据返回，不做任何网络传输	127.0.0.0
子网地址	主机地址全为 0 的 IP 地址为子网地址	代表当前所在的子网	160.23.0.0
广播地址	主机地址全为 1 的 IP 地址为广播地址	向广播地址发送信息就是向子网中的每个成员发送信息	17.255.255.255

4. 子网的划分

取得一个 A 类或 B 类或 C 类地址后，有时因为实际情况，需要用这个地址组建多个网络，这时要进行子网划分。比如某单位有 200 台计算机，其中的 150 台属于一个部门子网，另外 50 台属于另一部门子网，而该单位只申请到了一个 C 类地址，这时该单位的网络管理员就需要对 C 类地址进行子网划分后分配给两个子网。进行子网划分时,同一子网中各主机的 IP 地址必须有共同的网络地址。

表 6.2 给出了对 C 类地址进行划分的规则,其中地址的前三段用 x、y、z 表示,代表了所有可能的 C 类地址。

表 6.2　C 类网划分为子网

子　网　数	子　网　掩　码	网络地址数	广　播　地　址	剩余 IP
1	255. 255. 255. 0	x. y. z. 0	x. y. z. 255	254
2	255. 255. 255. 128	x. y. z. 0	x. y. z. 127	126
	255. 255. 255. 128	x. y. z. 128	x. y. z. 255	126
4	255. 255. 255. 192	x. y. z. 0	x. y. z. 63	62
	255. 255. 255. 192	x. y. z. 64	x. y. z. 127	62
	255. 255. 255. 192	x. y. z. 128	x. y. z. 191	62
	255. 255. 255. 192	x. y. z. 192	x. y. z. 255	62
8	255. 255. 255. 224	x. y. z. 0	x. y. z. 31	30
	255. 255. 255. 224	x. y. z. 32	x. y. z. 63	30
	255. 255. 255. 224	x. y. z. 64	x. y. z. 95	30
	255. 255. 255. 224	x. y. z. 96	x. y. z. 127	30
	255. 255. 255. 224	x. y. z. 128	x. y. z. 159	30
	255. 255. 255. 224	x. y. z. 160	x. y. z. 191	30
	255. 255. 255. 224	x. y. z. 192	x. y. z. 223	30
	255. 255. 255. 224	x. y. z. 224	x. y. z. 255	30

5. 子网掩码

每个独立的子网有一个子网掩码。分组中含有目的计算机的 IP 地址,如何判断目的计算机与源计算机是在同一子网中还是应将分组送往路由器由它向外发送呢? 这时要用到子网掩码。

子网掩码的表示形式与 IP 地址相似。如果一个子网的网络地址占 n 位(当然它的主机地址就是 $32-n$ 位),则该子网的子网掩码的前 n 位为 1,后 $32-n$ 位为 0。IP 协议正是根据主机的 IP 地址、目的 IP 地址以及子网掩码进行相应运算来判断源 IP 地址与目的 IP 地址是否在同一子网内的。IP 协议首先将主机自己的 IP 地址与子网掩码做运算,再用运算结果同目的地址做异或运算,如果子网掩码的前 n 位为 1,而运算结果的前 n 位全为 0,IP 软件就会认为该目的地址与主机在同一子网内,否则认为目的地址与主机不在同一子网内。

6. IPv6

虽然目前的 IP 地址非常成功,但由于它的长度为 32 位,只能允许超过 200 万个的网络地址,只有有限的地址空间,而随着 Internet 用户的日益增长,IP 地址很可能很快就会用光,因此,人们提出了新的 IP 地址的版本。因为 6 是新版本的正式版本号,因此,这一新的协议也称为 IPv6。

IPv6 的新增特征主要包括以下五个方面:

（1）地址尺寸。每个 IPv6 地址含 128 位，代替了原来的 32 位，这样地址空间大得足以适应未来几十年全球 Internet 的发展。

（2）头部格式。IPv6 的数据报头与现在版本完全不一样。

（3）扩展头部。IPv6 将信息放在分离的头部之中，报文包含基本头部、零个或多个扩展头部和数据。

（4）对音频和视频的支持。在 IPv6 中，发送方与接收方能够通过底层网络建立一条高质量的路径，这样就为音频和视频的应用提供高性能的保证。

（5）可扩展的协议。IPv6 提供了可扩展的方案，使得发送者能为一个数据报增加另外的信息，因此更加灵活。

7. 域名地址

IP 地址的定义严格且易于划分子网，因此非常有用，但它记忆起来十分不方便。因此，人们用简单易记的英文简写——域名地址来代替难记的数字。

一个完整的域名地址的构成通常不超过五级，各级之间由小数点隔开，且从右到左各级之间大致上是包含关系。

域名地址的右边第一部分通常是国别代码。表 6.3 给出了部分地理性域名的代码，大多数美国以外的域名地址中都有国别代码，美国的机构则不需要国别代码。

表 6.3 地理性顶级域名的标准（部分）

代码	国家或地区	代码	国家或地区
CN	中国	BE	比利时
AU	澳大利亚	SG	新加坡
FL	芬兰	DE	德国
IE	爱尔兰	IT	意大利
NL	荷兰	RU	俄罗斯
ES	西班牙	CH	瑞士
UK	英国	IN	印度
CA	加拿大	JP	日本
FR	法国	IL	以色列

为了表示主机所属机构的性质，Internet 的管理机构（IAB）给出了七个标志机构性质的组织性域名的标准，如表 6.4 所示。

表 6.4 组织性顶级域名的标准

域 名	含 义
com	商业机构
edu	教育机构
gov	政府机构
int	国际机构

续表

域　　　名	含　　　义
mil	军事机构
net	网络服务提供者
org	非营利组织

如域名地址 bbs. ustc. edu. cn 代表中国(cn)教育科研网(edu)上中国科学技术大学校园网(ustc)内的 bbs 服务器,又如域名地址 www. ibm. com 代表商业公司(com)IBM 公司的 WWW 服务器。

8. 域名管理系统

在域名管理系统(Domain Name System,DNS)中,采用层次式的管理机制,如 cn 域代表中国,它由中国互联网信息中心(China Internet Network Information Center,CNNIC)管理,它的一个子域 edu. cn 由中国教育和科研计算机网(China Education and Research Network,CERNET)网络中心负责管理。域名系统采用层次结构的优点是每个组织可以在它们的域内再划分域,只要保证组织内的域名唯一性,就不用担心与其他组织内的域名冲突。

对用户来说,有了域名地址就不必去记 IP 地址了。但对于计算机来说,数据分组中只能是 IP 地址而不是域名地址,这就需要把域名地址转化为 IP 地址。一般来说,Internet 服务提供商(ISP)的网络中心中都会有一台专门完成域名地址转化为 IP 地址工作的计算机,这台计算机叫作域名服务器。域名服务器上运行着一个数据库系统,数据库中保存的是域名地址与 IP 地址的对应关系。用户的主机在需要把域名地址转化为 IP 地址时向域名服务器提出查询请求,域名服务器根据用户主机提出的请求进行查询并把结果返回给用户主机。

Internet 上 IP 地址是唯一的,一个 IP 地址对应着唯一的一台主机。相应地,给定一个域名地址也能找到一个唯一对应的 IP 地址,这是域名地址与 IP 地址之间的一对一关系。

有些情况下,往往用一台计算机提供多种服务,比如既作 WWW 服务器又作邮件服务器。这时计算机的 IP 地址当然还是唯一的,但可以根据计算机所提供的多个服务给予不同的多个域名,这是 IP 地址与域名间的一对多关系。

6.2.4　因特网中的客户机/服务器体系结构

尽管 Internet 上的应用程序多种多样,而且在使用方法上有明显的差别,但是这些软件都遵从一种单一的模式,即"客户机/服务器"模式。

1. 客户机/服务器计算模式

Internet 上使用了一种单一的客户机/服务器计算模式,它的基础就是分布式计算。这种计算模式的思想很简单,Internet 上的某些计算机提供一种其他计算机可以访问的服务。

例如,某些服务器管理着文件,一个客户程序能与该服务器连接,请求访问该服务器,拷贝其中一个文件。在 Internet 中,这类服务器称为 FTP 服务器。Internet 如何使用一种单一的客户机/服务器计算模式,提供令人惊奇的各种各样服务呢?

(1) 计算机之间的通信是程序间的通信。计算机之间的通信,本质上是程序之间的通信。也就是说,在一台计算机上运行的程序,使用通信软件与另一台计算机上的程序建立连接并交换信息。

正因为是程序之间的通信,所以,才使一台计算机与其他计算机进行多个会话成为可能。

（2）一台计算机可以运行多个程序。

2. 客户机与服务器

参与通信的计算机可以分为两类，一类是提供服务的程序，属于服务器；另一类是访问服务器的程序，属于客户机。

（1）客户机通常是使用 Internet 服务的用户与网络打交道的设备，将运行客户软件。例如，IE 浏览器软件、E-mail 软件和 FTP 软件等，都是工作在用户端的客户软件。

客户机使用 Internet 与服务器通信时，对于某些服务器来说，客户机利用客户软件与服务器进行交互，生成一个请求，并通过网络将请求发送到服务器，然后等待回答。

（2）服务器则由另一些更为复杂的软件组成，它在接收到客户机发来的请求之后，便要分析其请求，并给予回答，回答的信息（数据包）也通过网络发送到客户机。

客户机接到回答信息以后，再将结果显示给用户，服务器的程序必须一直运行着，随时准备接收客户机发来的请求。客户机可以在任何时候访问服务器。

6.3　因特网基本应用

Internet 上的常用服务主要有万维网、电子邮件、文件传输、远程登录服务等。

6.3.1　网页浏览相关概念

1. 万维网

WWW 是 World Wide Web 的缩写，中文名字为"万维网"。WWW 服务帮助人们从 Internet 网络上浏览所需的信息。万维网是建立在 TCP 基础上的，是采用浏览器/服务器（Browser/Server，B/S）工作模式的一种网络应用。它将分散在世界各地的 Web 服务器（专门存放和管理 WWW 资源）中的信息，用超文本方式链接在一起，供 Internet 上的计算机用户查询和调用。图 6.27 为万维网各部分协同工作的示例网。

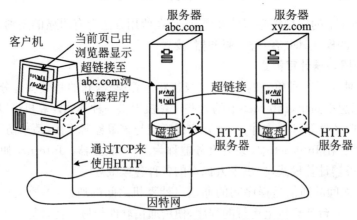

图 6.27　WWW 各部分协同工作的示例图

2. 统一资源定位符

在 WWW 上,每一个信息资源都有统一的且在网上唯一的地址,该地址称为统一资源定位符(Uniform Resource Locator,URL)。统一资源定位符是用于完整地描述 Internet 上网页和其他资源的地址的一种标志方法。简单地说,URL 就是 Web 地址,俗称"网址"。URL 由三部分组成:协议类型(资源类型)、存放资源的主机域名和路径及文件名。

URL 的地址格式如下:

应用协议类型://信息资源所在主机名(域名或 IP 地址)/路径名/…/文件名

例如:http://news.163.com/15/0414/19/AN6GM0TR00014JB5.html 表示用 HTTP协议访问主机名为 news.163.com 的一个 html 文件。

(1) http://:代表超文本传输协议,通知 news.163.com 服务器显示 Web 页面,通常也可以省略。

(2) news:代表一个新闻类的 Web 服务器。

(3) 163.com:装有文件的服务器域名或站点服务器名称。

(4) /15/0414/19/:为该服务器上的子目录,类似于 Windows 资源管理器中的文件夹。

(5) AN6GM0TR00014JB5.html:文件夹中的一个 html 文件。

这个 URL 地址说明通过 HTTP 协议,从互联网中的//news.163.com 服务器上的/15/0414/19/文件夹中下载了名为 AN6GM0TR00014JB5.html 的文件到客户端浏览器中。

HTTP 是超文本协议,它与其他协议相比,简单、通信速度快、时间耗用少,并且 HTTP允许传输任意类型的数据。Internet 上的所有资源都可以用 URL 来表示,如 Http、Ftp、Telnet、Mailto、News、Gopher 等。

3. 超链接

所谓超链接是指从一个网页指向一个目标的连接关系,这个目标可以是另一个网页,也可以是相同网页上的不同位置,还可以是一个图片、一个电子邮件地址、一个文件,甚至是一个应用程序。而在一个网页中用来超链接的对象,可以是一段文本或者是一个图片。当浏览者单击已经链接的文字或图片后,链接目标将显示在浏览器上,并且根据目标的类型来打开或运行。

4. 超文本

超文本是用超链接的方法,将各种不同空间的文字信息组织在一起的网状文本。超文本更是一种用户界面范式,用来显示文本及与文本之间相关的内容。现时超文本普遍以电子文档方式存在,其中的文字包含有可以链接到其他位置或者文档的链接,允许从当前阅读位置直接切换到超文本链接所指向的位置。我们日常浏览的网页上的链接都属于超文本。

5. 浏览器

浏览器是指可以显示网页服务器或者文件系统的 HTML 文件(标准通用标记语言的一个应用)内容,并让用户与这些文件交互的一种软件。

它用来显示在万维网或局域网等内的文字、图像及其他信息。这些文字或图像,可以是连接其他网址的超链接,用户可轻易及迅速地浏览各种信息。

6. 文件传输(FTP)

文件传输协议(File Transfer Protocol,FTP)是 Internet 上使用非常广泛的一种通信协议。它是由支持 Internet 文件传输的各种规则所组成的集合,这些规则使 Internet 用户可以把文件从一个主机复制到另一个主机上,因而为用户提供了极大的方便和利益。FTP 通常也表示用户执行这个协议所使用的应用程序。FTP 和其他 Internet 服务一样,也是采用客户机/服务器方式。其使用方法很简单,启动 FTP 客户端程序先与远程主机建立连接,然后向远程主机发出传输命令,远程主机在收到命令后就给予响应,并执行正确的命令。目前 Windows 操作系统环境中最常用的 FTP 软件有 CutFTP。FTP 有一个根本的限制,那就是如果用户未被某一 FTP 主机授权,就不能访问该主机,实际上是用户不能远程登录(Remote Login)进入该主机。也就是说,如果用户在某个主机上没有注册获得授权,没有用户名和口令,就不能与该主机进行文件的传输,而 Anonymous FTP(匿名 FTP)则取消了这种限制。

7. 远程登录(Telnet)

Telnet 是进行远程登录的标准协议和主要方式,它为用户提供了在本地计算机上完成远程主机工作的能力,使得操作者如同面对服务器操作一样,可以控制服务器的工作、了解服务器的工作状态、改变文件权限等。通过使用 Telnet,Internet 用户可以与全世界许多信息中心图书馆及其他信息资源联系。Telnet 远程登录的使用主要有两种情况,第一种是用户在远程主机上有自己的账号(Account),即用户拥有注册的用户名和口令;第二种是许多 Internet 主机为用户提供了某种形式的公共 Telnet 信息资源,这种资源对于每一个 Telnet 用户都是开放的。Telnet 是使用较为简单的 Internet 工具。在 UNIX 系统中,要建立一个与远程主机的对话,只需在系统提示符下输入命令 Telnet 远程主机名,用户就会看到远程主机的欢迎信息或登录标志。在 Windows 系统中,用户将以具有图形界面的 Telnet 客户端程序与远程主机建立 Telnet 连接。

6.3.2 认识 Internet Explorer 浏览器窗口

常用的信息浏览工具是 Internet Explorer(简称 IE)。Internet Explorer 是由微软公司开发的,是目前使用最广泛的一种 WWW 浏览器软件。Internet Explorer 浏览器集成在 Windows 操作系统中,它与最新的 Web 智能化搜索工具结合,使用户可以得到与喜爱的主题有关的信息。Internet Explorer 同时为各类用户提供全面的集成化工具,包括电子邮件、新闻、会议、创作工具、出版工具及其广播,具有浏览、发信、下载软件等多种网络功能,有了它,就可以在网上任意驰骋了。Internet Explorer 工作界面如图 6.28 所示。

下面简单介绍 Internet Explorer 工作界面主要功能按钮的作用。

(1) "后退"按钮:单击此按钮可返回到前一页。"前进"按钮:如果已访问过很多 Web 页,单击此按钮可以进入下一页。单击"小三角形"按钮,会弹出一个下拉列表框,列出所有以前访问过的网址,可以从列表框中直接选择一个网址,转到此地址。

(2) "主页"按钮:单击此按钮可以进入主页(即每次打开浏览器首先看到的那一页)。

(3) "历史"按钮:单击此按钮,窗口中将出现文件夹列表,列出几天或几周前访问过的 Web 站点的链接。

(4) "停止"按钮:单击此按钮会中断所要看的 Web 页的连接。

(5) "刷新"按钮:单击此按钮可更新当前页。如果在频繁更新的 Web 页上看到旧的信息或者图形加载不正确,这时可以使用该功能。

(6) "打印"按钮:单击此按钮可以打印 Web 页。可以按照屏幕的显示进行打印,也

图 6.28　IE 工作界面

可以打印选定的部分,如框架。另外,还可以指定打印页眉和页脚中的附加信息,如栏目标题、日期、时间和页码。

(7)　_{收藏夹}“收藏”按钮:单击此按钮可以打开收藏夹栏,可以在其中存储经常访问的站点或文档的链接。

(8)　“邮件”按钮:单击此按钮可以阅读和新建邮件,发送链接、发送网页、阅读新闻等。

6.3.3　IE 浏览器基本操作

1. 主页设置

为了增强上网的效果,通常情况下大部分上网用户都会选择适合自己的主页,这样每当打开浏览器时,主页会在第一时间被打开,这样就显得更加人性化。下面就来看一下具体设置主页的方法。

(1)打开浏览器,点击“工具”菜单中的“Internet 选项”菜单项,如图 6.29 所示。

图 6.29　点击“Internet 选项”

（2）在打开的"Internet 选项"窗口中切换至"常规"选项卡，然后在主页栏的输入框中输入主页地址，如"http://www.baidu.com"，并按回车键，最后点击"确定"完成设置，如图6.30 和图 6.31 所示。

图 6.30　选择"常规"选项卡

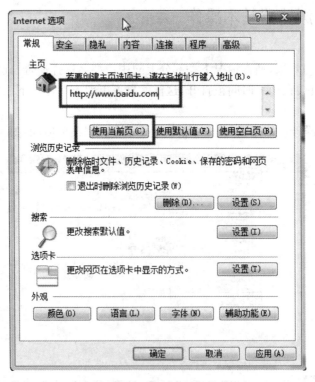

图 6.31　输入主页网址

（3）重新打开浏览器，就会发现当前窗口中打开了新设置的主页。

（4）当然，在任何时候，我们也可以通过点击工具栏中的"主页"按钮来打开主页页面，如图 6.32 所示。

图 6.32　点击工具栏中的"主页"按钮

2. 清除历史记录

（1）打开浏览器，点击"工具"菜单中的"Internet 选项"菜单项，如图 6.29 所示。

（2）点击"Internet 选项"后，就打开如图 6.33 所示的"Internet 选项"设置对话框。

（3）点击对话框中部的"删除"按钮，如图 6.33 所示方框标注所示。

图 6.33　"Internet 选项"对话框

（4）点击"删除"按钮后，就打开如图 6.34 所示的删除项目对话框，按照如图 6.34 所示的设置进行设置，去掉第一个勾选，然后勾选下面其他所有项，最后点击右下角的"删除"按钮，这样 IE 就开始删除浏览记录了，若是很久没有删除 IE 浏览器的历史记录，那么时间可能会久一点，另外在删除 IE 浏览器记录时，最好关闭其他打开的 IE 浏览器网页，这样就可以确保删除"干净"。

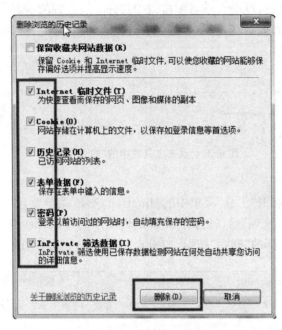

图 6.34 "删除浏览的历史记录"对话框

（5）在"Internet 选项"的中部点击"设置"按钮，如图 6.35 方框标注所示，点击设置后就打开如图 6.36 所示的"Internet 临时文件和历史记录设置"，可以将要使用的磁盘空间设置小一些，然后将最下面的"网页保存在历史记录中的天数"改小，或者改为 0，这样就可以不让 IE 浏览器保存历史记录了。

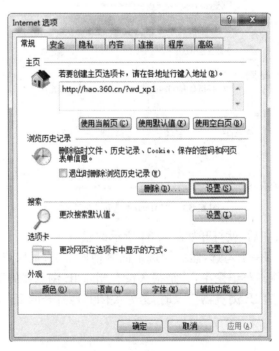

图 6.35 点击"Internet 选项"中"设置"按钮

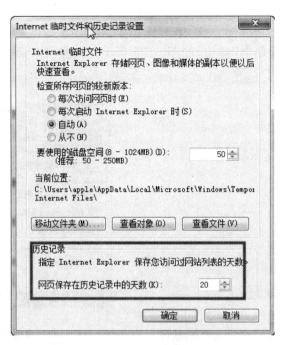

图 6.36　"Internet 临时文件和历史记录设置"对话框

（6）在"Internet 选项"界面勾选"退出时删除浏览历史记录"，如图 6.37 所示，在关闭 IE 浏览器时系统就会自动删除历史浏览记录，不用手动去删除，从而减少我们的工作，也避免在忙碌的时候忘记删除浏览记录。

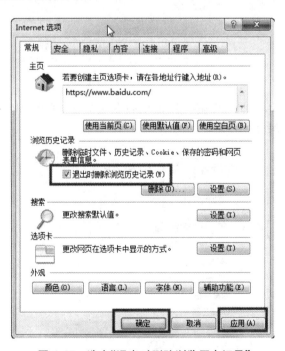

图 6.37　选中"退出时删除浏览历史记录"

3. 收藏夹的使用

（1）在 IE 浏览器中打开一个页面，单击 IE 浏览器栏中的"收藏夹"按钮，如图 6.38 所示。

（2）单击"添加到收藏夹"按钮，如图 6.39 所示。在弹出对话框中单击"添加"，如图 6.40 所示。

图 6.38　单击 IE 浏览器栏中的"收藏夹"按钮　　　　**图 6.39　单击"添加到收藏夹"按钮**

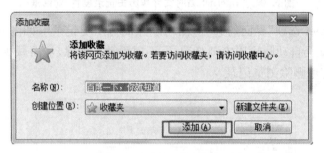

图 6.40　"添加收藏"对话框

（3）如图 6.41 所示，当前页面就被添加到收藏夹里了，下次再在收藏夹里单击对应条目，就可以直接访问该网页。

图 6.41　添加网页至收藏夹

6.3.4　搜索信息

互联网常用的两种信息查询方法，一是浏览，二是搜索。浏览是上网查看新闻的最好方式。应用搜索工具，通过输入恰当的关键词，可以搜索到大量的、自己所需要的和工作、生活、学习相关的有用信息。互联网的优势就在于能随时提供最新、最全面的资讯，因此，如何发挥网络的作用，根本在于如何应用。把握了搜索引擎的使用方法也就意味着抓住了网络应用的关键。搜索引擎通过对互联网上的信息进行分类整理，形成一个可供查询的大型数据库。要想正确采集信息，最主要的是了解如何灵活运用搜索方法。

1. 搜索引擎的基本原理

搜索引擎并不是真正搜索互联网的网页，它搜索的实际上是预先整理好的网页索引数据库。搜索引擎不能真正理解网页上的内容，目前，它只能机械地匹配网页上的文字。几乎所有流行的专业搜索引擎，都提供了按组合关键词搜索的搜索功能。

2. 搜索引擎的几种主要语法

所有专业搜索引擎都使用基本相同的语法。

(1) 使用逻辑词辅助查找［AND(与)、OR(或)、NOT(非)］。

(2) 对关键词加双引号进行精确查找。

(3) 使用加、减号限定查找(＋为必选，－为不选，)。"＋"与"－"号应是半角字符。

在实际应用中，不需要用"&"来表示逻辑"与"操作，只要用空格就可以了，搜索结果中将包含搜索的关键词。

用减号"－"表示逻辑"非"操作。"A－B"，其中 A 与 B 分别表示不同的关键词，表示搜索结果应包含 A 但没有 B 的网页内容。

注意　这里的空格和"－"号，是半角字符，而不是全角字符。此外，操作符与作用的关键词之间，不能有空格。

在使用搜索引擎搜索信息之前，应该先花一点时间想一下，网页中会含有哪些关键词。

关键词的选择是搜索的最重要技巧。善用关键词，可准确查到所需的信息。关键词要求精练、准确、具有代表性。

例如输入："旅游"，发现有许多介绍旅游的网站和网页，此时如对黄山旅游的信息感兴趣，再输入："黄山旅游"，出现许多直接与黄山旅游相关的信息。

6.3.5　发送电子邮件

电子邮件(Electronic Mail,E-mail)是 Internet 上的重要信息服务方式。它为世界各地的 Internet 用户提供了一种极为快速、简单、经济的通信和交换信息的方法。与常规信函相比，E-mail 传递信息更加迅速，把信息传递时间由几天到十几天减少至几分钟。而且使用 E-mail 非常方便，即写即发。与电话相比，E-mail 的使用是非常经济的，它的传输几乎是免费的。正是由于这些优点，Internet 上数以亿计的用户都有自己的 E-mail 地址，E-mail 也成为利用率最高的 Internet 应用。

E-mail 地址是以域名为基础的地址，格式是收信人邮箱名@邮箱所在主机的域名，如 user@ustc. edu. cn。E-mail 地址是 Internet 的动态分配的地址，不是 IP 地址。后者是 Internet 主机所需具有的静态的固定地址。除了为用户提供基本的电子邮件服务外，还可以使用 E-mail 给邮寄列表(Mailing List)中的每个注册成员分发电子邮件以及提供电子期刊。

E-mail 的传递是通过一个标准化的简单邮件传输协议 SMTP(Simple Mail Transfer Protocol)来完成的。SMTP 是 TCP/IP 协议的一部分,它概述了电子邮件的信息格式和传输处理方法。

(1) 请登录邮箱,点击页面左侧"写信"按钮,如图 6.42 所示。

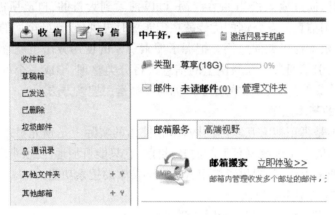

图 6.42　点击"写信"按钮

(2) 输入"收件人"地址,若有多个地址,地址间用半角";"隔开;也可在"通讯录"中选择一位或多位联系人,选中的联系人地址将会自动填写在"收件人"一栏中,如图 6.43 所示。

图 6.43　输入"收件人"地址

(3) 若想抄送信件,请点击"抄送",将会出现抄送地址栏,如图 6.44 所示。

图 6.44　添加抄送地址

（4）若想密送信件，请点击"密送"，将会出现密送地址栏，再填写密送人的 E-mail 地址，如图 6.45 所示。

图 6.45　点击密送地址

（5）在"主题"一栏中填入邮件的主题，如图 6.46 所示。

图 6.46　添加主题

（6）如要添加附件，点击主题下方的"添加附件""批量上传附件""网盘附件"上传相应的附件，如图 6.47 所示。

图 6.47　添加附件

（7）在正文框中填写信件正文，如图6.48所示。

图6.48　添加信件正文

一切准备就绪，点击页面上方或下方任意一个"发送"按钮，邮件就发出去了。

6.3.6　流媒体的使用

随着Internet的发展，多媒体信息在网上的传输越来越重要，流式技术以其边下载边播放的特性发展迅速。通过流方式进行传输，即使在网络非常拥挤或很差的条件下，也能给观众提供清晰、不中断的影音内容，实现了网上动画、影音等多媒体的实时播放。

1. 流媒体的概念

流媒体的英文名称为Stream Media，它其实就是一种流式媒体。流媒体的播放方式不同于网上下载，网上下载需要将音视频文件下载到本地磁盘再播放，而流媒体可以实现边下载边观看，这就是流媒体的特点所在。

流媒体又叫流式媒体，是指采用流式传输的方式在Internet播放的媒体格式。它由网站用一个视频传送服务器把节目当成数据包发出，并传送到网络上。用户通过解压设备对这些数据进行解压后，节目就会像发送前那样显示出来。这个过程中的一系列相关的包称为"流"。流媒体实际指的是一种新的媒体传送方式，而非一种新的媒体。

流式媒体在播放前并不下载整个文件，只将开始部分内容存入内存，流式媒体的数据流随时传送随时播放，只是在开始时有一些延迟。流媒体实现的关键技术就是流式传输。

2. 流式传输方式

流式传输的定义很广泛，现在主要指通过网络传送媒体（如视频、音频）的技术总称。其特定含义为通过Internet将影视节目传送到终端。实现流式传输有两种方法：实时流式传输（Realtime Streaming）和顺序流式传输（Progressive Streaming）。一般来说，如视频为实时广播，或使用流式传输媒体服务器，或应用如RTSP的实时协议，即为实时流式传输。如使用HTTP服务器，文件即通过顺序流发送。采用哪种传输方法取决于个人的需求。当然，流式文件也支持在播放前完全下载到本地磁盘。

流式传输方式则是将整个多媒体文件经过特殊的压缩方式分成一个个压缩包，由视频服务器向用户计算机连续、实时传送。在采用流式传输方式的系统中，用户不必像采用下载方式那样等到整个文件全部下载完毕，而是只需经过几秒或几十秒的启动延时即可在用户的计算机上利用解压设备（硬件或软件）对压缩的多媒体文件解压后进行播放和观看。此时多媒体文件的剩余部分将在后台的服务器内继续下载。

与单纯的下载方式相比,这种对多媒体文件边下载边播放的流式传输方式不仅使启动延时大幅度地缩短,而且对系统缓存容量的需求也大大降低了。

由于受网络宽带、计算机处理能力和协议规范等方面的限制,要想从 Internet 上下载大量的音频和视频数据,无论是在下载时间上还是在存储空间上都是不太现实的,而流媒体技术的出现则很好地解决了这一难题。

(1) 顺序流式传输。顺序流传输采用顺序下载的方式进行传输,在下载的同时用户可以在线回放多媒体数据,但给定时刻只能观看已经下载的部分,不能跳到尚未下载的部分,也不能在传输期间根据网络状况对下载速度进行调整。由于标准的 HTTP 服务器就可以发送这种形式的流媒体,而不需要其他特殊协议的支持,因此也常常被称作 HTTP 流式传输。顺序流式传输比较适合于高质量的多媒体片段,如片头、片尾或者广告等。由于该文件在播放前观看的部分是无损下载的,这种方法保证电影播放的最终质量。这意味着用户在观看前,必须经历延迟,对网速较慢的连接尤其如此。对通过调制解调器发布短片段,顺序流式传输显得很实用,它允许用比调制解调器更高的数据速率创建视频片段。尽管有延迟,但毕竟可发布较高质量的视频片段。顺序流式文件是放在标准 HTTP 或 FTP 服务器上的,易于管理,基本上与防火墙无关。顺序流式传输不适合长片段和有随机访问要求的视频,如讲座、演说与演示。它也不支持现场广播,严格来说,它是一种点播技术。

(2) 实时流式传输。实时流式传输保证媒体信号宽带能够与当前网络状况相匹配,从而使得流媒体数据总是被实时地传送,因此特别适合于现场事件。实时流传输支持随机访问,即用户可以通过快进或者后退操作来观看前面或者后面的内容。与顺序流传输不同的是,实时流传输需要用到特定的流媒体服务器,而且还需要特定网络协议的支持。

实时流式传输必须匹配连接宽带,这意味着在以调制解调器速度连接时图像质量较差。而且,由于出错丢失的信息被忽略掉,网络拥挤或出现问题时,视频质量很差。如欲保证视频质量,顺序流式传输也许更好。实时流式传输需要特定服务器,如 QuickTime Streaming Server、RealServer 与 Windows Media Server。这些服务器允许对媒体发送进行更高级别的控制,因而系统设置、管理比标准 HTTP 服务器更复杂。实时流式传输还需要特殊网络协议,如 RTSP (Realtime Streaming Protocol)或 MMS (Microsoft Media Server)。这些协议在有防火墙时有时会出现问题,导致用户不能看到一些地点的实时内容。

3. 流媒体技术原理

流式传输的实现需要缓存,因为 Internet 以包传输为基础进行断续的异步传输,对一个实时源或存储的文件,在传输中它们要被分解为许多包,由于网络是动态变化的,各个包选择的路由可能不尽相同,故到达客户端的时间延迟也就不等,甚至先发的数据包还有可能后到。因此,需要使用缓存系统来弥补延迟和抖动的影响,并保证数据包的顺序正确,从而使媒体数据能连续输出,而不会因为网络暂时堵塞使播放出现停顿。通常高速缓存所需容量并不大,因为高速缓存使用环型链表结构来存储数据:通过丢弃已经播放的内容,流可以重新利用空出的高速缓存空间来缓存后续尚未播放的内容。

流式传输的实现需要合适的传输协议。在流式传输的实现方案中,一般采用 HTTP/TCP 来传输控制信息,而用 RTP/UDP 来传输实时声音数据。

4. 流媒体数据格式

流媒体是指在 Internet/Intranet 中使用流式传输技术的连续时基媒体,如音频、视频等多媒体文件。文件格式和传输协议是流媒体应用的主要技术。从不同的角度看,流媒体数据有三种格式：压缩格式、文件格式、发布格式。其中压缩格式描述了流媒体文件中媒体数据的编码、解码方式；流媒体文件格式是指服务器端待传输的流媒体组织形式，文件格式为数据交换提供了标准化的方式；流媒体发布格式是一种呈现给客户端的媒体安排方式。

几种常见的流媒体格式文件如下。

（1）微软高级流 ASF 格式。

Microsoft 公司的 Windows Media 的核心是 ASF（Advanced Stream Format）。微软将 ASF 定义为同步媒体的统一容器文件格式。ASF 是一种数据格式，音频、视频、图像以及控制命令脚本等多媒体信息通过这种格式，以网络数据包的形式传输，实现流式多媒体内容发布。

ASF 的最大优点就是体积小，因此适合网络传输，使用微软公司的媒体播放器（Microsoft Windows Media Player）可以直接播放该格式的文件。用户可以将图形、声音和动画数据组合成一个 ASF 格式的文件，当然也可以将其他格式的视频和音频转换为 ASF 格式，而且用户还可以通过声卡和视频捕获卡将诸如麦克风、录像机等外设的数据保存为 ASF 格式。另外，ASF 格式的视频中可以带有命令代码，便于用户指定在到达视频或音频的某个时间后触发某个事件或操作。

（2）RealSystem 的 RealMedia 文件格式。

RealNetworks 公司的 RealMedia 包括 RealAudio、RealVideo 和 RealFlash 三类文件，其中 RealAudio 用来传输接近 CD 音质的音频数据，RealVideo 用来传输不间断的视频数据，RealFlash 则是 RealNetworks 公司与 Macromedia 公司联合推出的一种高压缩比的动画格式。RealMedia 文件格式的引入，使得 RealSystem 可以通过各种网络传送高质量的多媒体内容。第三方开发者可以通过 RealNetworks 公司提供的 SDK 将它们的媒体格式转换成 RealMedia 文件格式。

（3）QuickTime 电影文件格式。

Apple 公司的 QuickTime 电影文件现已成为数字媒体领域的工业标准。QuickTime 电影文件格式定义了存储数字媒体内容的标准方法，使用这种文件格式不仅可以存储单个的媒体内容（如视频帧或音频采样），而且能保存对该媒体作品的完整描述；QuickTime 文件格式被设计用来适应为与数字化媒体一同工作需要存储的各种数据。因为这种文件格式能用来描述几乎所有的媒体结构，所以它是应用程序间（不管运行平台如何）交换数据的理想格式。媒体数据是所有的采样数据，如视频帧和音频采样，媒体数据可以与 QuickTime 电影存储在同一个文件中，也可以在一个单独的文件或者在几个文件中。

常用的流媒体格式主要有：mov、asf、3gp、swf、rt、rp、ra、rm 等。

5. 流媒体传输协议

实时传输协议（Real-time Transport Protocol，PRT）是在 Internet 上处理多媒体数据流的一种网络协议，利用它能够在一对一（Unicast，单播）或者一对多（Multicast，多播）的网络环境中实现流媒体数据的实时传输。RTP 通常使用 UDP 来进行多媒体数据的传输，但如果需要的话可以使用 TCP 或者 ATM 等其他协议，整个 RTP 协议由两个密切相关的部分组成：RTP 数据协议和 RTP 控制协议。实时流协议（RTSP）最早由 Real Networks 和 Netscape 公司共同提出，它位于 RTP 和 RTCP 之上，其目的是希望通过 IP 网络有效地传输多媒体数据。常用流媒体协议主要有 HTTP、RTP\RTCP、MMS、RTSP。

6. 流媒体系统的组成

流媒体系统主要包括五个部分：

（1）编码工具：用于创建、捕捉和编辑多媒体数据，从而形成流媒体格式，如 FME。

（2）流媒体数据：包括视频、音频，常用 Flash 的 swf 格式。

（3）服务器：存储和控制流媒体，如 FMS（Flash Media Services）。

（4）传输网络：传输协议 RTMP，建立在 TCP 或 HTTP 协议之上。

（5）播放器：如流媒体播放器 Realplayer。

7. 流媒体系统所涉及的软硬件产品

（1）编码器：由一台普通计算机、一块高清视频流媒体采集卡和流媒体编码软件组成。流媒体采集卡负责将音视频信息源输入计算机，供编码软件处理；编码软件负责将流媒体采集卡传送过来的数字音视频信号压缩成流媒体格式。如果做直播，它还负责实时地将压缩好的流媒体信号上传给流媒体服务器。

（2）服务器：由流媒体软件系统的服务器部分和一台硬件服务器组成。这部分负责管理、存储、分发编码器传上来的流媒体节目。

（3）终端播放器：也叫解码器，这部分由流媒体系统的播放软件和一台普通计算机组成，用它来播放用户想要收看的流媒体服务器上的视频节目。

习　题　6

6.1　单项选择题

1. 在 Internet 中，IP 地址由＿＿＿＿位二进制数值组成。

A. 10　　　　　　　B. 16　　　　　　　C. 8　　　　　　　D. 32

2. 表示中国的一级域名是＿＿＿＿。

A. China　　　　　B. Ch　　　　　　C. cn　　　　　　D. ca

3. 以文件服务器为中央节点，各工作站作为外围节点都单独连接到中央节点上，这种网络拓扑结构属于＿＿＿＿。

A. 星型　　　　　B. 总线型　　　　C. 环型　　　　　D. 树型

4. 局域网常用的基本拓扑结构有＿＿＿＿、环型和星型。

A. 层次型　　　　B. 总线型　　　　C. 交换型　　　　D. 分组型

5. 目前，局域网的传输介质（媒体）主要是＿＿＿＿、同轴电缆和光纤。

A. 电话线　　　　B. 双绞线　　　　C. 公共数据网　　D. 通信卫星

6. 在局域网中的各个节点的计算机都应在主机扩展槽中插有网卡，网卡的正式名称是＿＿＿＿。

A. 集线器　　　　　　　　　　　B. T 形接头（连接器）

C. 终端匹配器　　　　　　　　　D. 网络适配器

7. 调制解调器用于完成计算机数字信号与＿＿＿＿之间的转换。

A. 电话线上的数字信号　　　　　B. 同轴电线上的音频信号

C. 同轴电缆上的数字信号　　　　D. 电话线上的音频信号

8. 下列主机域名的正确书写格式是＿＿＿＿。

A. Mail、tjnu、edu、cn　　　　　　B. Mail，tjnu，edu，cn

C. Mail tjnu edu cn   D. Mail. tjnu. edu. cn

9. 万维网 WWW 以_____方式提供世界范围的多媒体信息服务。

A. 文本   B. 信息   C. 超文本   D. 声音

10. IP 地址由两部分组成,一部分是_____地址,另一部分是主机地址。

A. 网络   B. 服务器   C. 机构名称   D. 路由器

11. 下列 URL 的表示方法中,正确的是_____。

A. http://www. microsoft. com/index. html

B. http:\\www. microsoft. com/index. html

C. http://www. microsoft. com\\index. html

D. http//www. microsoft. com/index. html

12. 将一座办公大楼内各个办公室中的计算机进行联网,这个网络属于_____。

A. WAN   B. LAN   C. MAN   D. GAN

13. 常用的通信有线介质包括双绞线、同轴电缆和_____。

A. 微波   B. 红外线   C. 光缆   D. 激光

14. 在计算机网络中,通常把提供并管理共享资源的计算机称为_____。

A. 服务器   B. 工作站   C. 网关   D. 网桥

15. TCP/IP 参考模型的基本结构分为_____层。

A. 4   B. 5   C. 6   D. 7

16. 实现计算机网络需要硬件和软件,其中,负责管理整个网络的各种资源、协调各种操作的软件叫作_____。

A. 网络应用软件   B. 通信协议软件

C. OSI   D. 网络操作系统

17. 所谓互联网,指的是_____。

A. 同种类型的网络及其产品相互连接起来

B. 同种或异种类型的网络及其产品相互连接起来

C. 大型主机与远程终端相互连接起来

D. 若干台大型主机相互连接起来

18. 一个用户想使用电子信函(电子邮件)功能,应当_____。

A. 向附近的一个邮局申请,办理一个自己专用的信箱

B. 把自己的计算机通过网络与附近的一个邮局连起来

C. 通过电话得到一个电子邮局的服务支持

D. 使自己的计算机通过网络得到网上一个 E-mail 服务器的服务支持

19. 在 Internet 中完成从域名到 IP 地址或者从 IP 地址到域名转换的是_____服务。

A. DNS   B. FTP   C. WWW   D. ADSL

20. HTTP 是一种_____。

A. 高级程序设计语言   B. 域名

C. 超文本传输协议   D. 网址

21. 互联网上许多复杂网络和许多不同类型的计算机之间能够互相通信的基础是_____。

A. X. 25   B. ATM   C. NOVELL   D. TCP/IP

22. 从 www. ustc. edu. cn 可以看出，它是中国的一个_____的站点。

A. 政府部门　　　B. 军事部门　　　C. 工商部门　　　D. 教育部门

23. Internet 的基本结构与技术起源于_____。

A. DECnet　　　B. ARPANET　　C. NOVELL　　　D. UNIX

24. Internet 的通信协议是_____。

A. X. 25　　　B. CSMA/CD　　C. TCP/IP　　　D. CSMA

25. 为了保证全网的正确通信，Internet 为联网的每个网络和每台主机都分配了唯一的地址，该地址由纯数字并用小数点分隔，将它称为 _____。

A. TCP 地址　　　　　　　　　　B. IP 地址

C. WWW 服务器地址　　　　　　D. WWW 客户机地址

26. 已知接入 Internet 的计算机用户名为 Xinhua，而连接的服务商主机名为 public. tpt. fj. cn，相应的 E-mail 地址应为_____。

A. Xinhua@Public. tpt. fj. cn

B. @Xinhua. public. tpt. fj. cn

C. Xinhua. Public@tpt. fj. cn

D. public. tpt. fj. cn@Xinhua

27. 下列叙述中，错误的是_____。

A. 发送电子邮件时，一次发送操作只能发送给一个接收者

B. 收发电子邮件时，接收方无须了解对方的电子邮件地址就能发回函

C. 向对方发送电子邮件时，并不要求对方一定处于开机状态

D. 使用电子邮件的首要条件是拥有一个电子信箱

28. 把同种或异种类型的网络相互联起来，叫作_____。

A. 广域网　　　　B. 万维网(WWW)　C. 城域网　　　D. 互联网

29. 在下列 4 项中，合法的 IP 地址是(　　)。

A. 190. 220. 5　　　　　　　　B. 206. 53. 3. 78

C. 206. 53. 312. 78　　　　　　D. 123,43,82,220

30. 用来浏览 Internet 网上 WWW 页面的软件称为_____。

A. 服务器　　　　B. 转换器　　　　C. 浏览器　　　D. 编辑器

31. 下列选项中，不属于 Internet 提供的服务是_____。

A. 电子邮件　　　B. 文件传输　　　C. 远程登录　　D. 实时监测控制

32. 目前，互联网上最主要的服务方式是_____。

A. E-mail　　　　B. WWW　　　　C. FTP　　　　D. CHAT

6.2　多项选择题

1. 对 IP 地址描述错误的是_____。

A. IP 地址在整个网络中可以不唯一

B. IP 地址一般以点分十六进制编址

C. IP 地址用于标志网络中的某个对象的位置

D. IP 地址只有三类，即 A 类、B 类、C 类

2. 星型网络的特点是_____。

A. 网络中任何两个节点间通信都要经过中央节点

B. 系统故障率高

C. 系统稳定性好

D. 整个网络构成闭合环

3. 信道的传输媒体有_____。

A. 电话线   B. 双绞线   C. 电缆线   D. 光缆

4. Internet 上的常用服务主要有_____服务等。

A. 万维网   B. 电子邮件   C. 文件传输   D. 远程登录

5. 已知接入 Internet 网的计算机用户为 zhang，而连接的服务商主机名为 163.com，下列 E-mail 地址错误的为 _____。

A. zhang@163.com   B. @zhang.163.com

C. zhang163.com   D. 163.com@zhang

6. 根据数据信息在传输线上的传送方向，数据通信方式有_____。

A. 半单工   B. 单工   C. 半双工   D. 双工

7. 常用的局域网的拓扑结构主要有_____。

A. 星型网   B. 混合型网   C. 总线型网   D. 环型网

8. 网络操作系统主要有_____。

A. UNIX   B. Linux

C. Windows server 2003   D. Windows server 2008

9. TCP/IP 体系结构将网络划分为四层，它们是：网络接口层和_____。

A. 应用层   B. 传输层   C. 互联层   D. 会话层

10. 以下 IP 地址中为 C 类地址是_____。

A. 127.0.0.1   B. 202.201.0.1

C. 16.32.0.1   D. 210.26.50.248

6.3 实训题

1. 访问门户网站网易：www.163.com，在其上申请一个电子信箱，并利用其收发电子邮件。

2. 用 IE 浏览器访问 http://press.ustc.edu.cm，将该网站设为 IE 的主页并添加到收藏夹。

第7章　信息安全与网络道德法规

7.1　信　息　安　全

7.1.1　信息安全概述

信息,指音讯、消息、通信系统传输和处理的对象,泛指人类社会传播的一切内容。人通过识别自然界和社会的不同信息来区别不同事物,得以认识和改造世界。在一切通信和控制系统中,信息是一种普遍联系的信号或字符,是代表物质的或精神的经验消息、经验数据、图片等。

信息安全(Information Security)是通过各种计算机、网络和密钥技术,保证在各种计算机网络系统中传输、交换和存储的信息,不受偶然或恶意的因素而遭到破坏、更改、泄露,系统能连续、可靠、正常地运行,信息服务不中断。信息安全是一门涉及计算机科学、网络技术、通信技术、密码技术、信息安全技术、应用数学、数论、信息论等多门学科的综合性学科。

信息安全不单纯是技术问题,它还涉及管理、制度、法律、历史、文化、道德等诸多方面,它是一个关系国家主权、社会稳定、民族文化继承和发扬的重要问题,其重要性越来越引起各国政府重视。

1. 信息系统不安全的因素

常见的不安全因素包括:物理因素、网络因素、系统因素、应用因素和管理因素。

(1) 物理因素:信息系统中物理设备的自然损坏、人为破坏会带来安全上的威胁。它涉及整个系统的配套部件、设备和设施的安全性,所处的环境安全性以及系统可靠运行等方面,是信息系统安全运行的基本保障。

(2) 网络因素:首先是网络自身存在安全缺陷。网络协议和服务设计的交互机制存在漏洞,如网络协议本身泄漏口令,密码保密措施不强等。其次是网络开放性带来安全隐患,如远程访问使得各种攻击无须到现场就能得手。最后是黑客的攻击。黑客基于兴趣或利益非法入侵网络系统。

(3) 系统因素:由于软件程序的复杂性、编程的多样性和人能力的局限性,软件程序不可避免地存在着缺陷,即隐藏着某种破坏正常运行的问题、错误和功能缺陷。软件缺陷的存在会导致软件产品在某种程度上不能满足用户的需要,即所谓的安全漏洞。

(4) 应用因素:在信息系统的使用过程中,不正确的操作或人为蓄意破坏等带来安全上的威胁。

(5) 管理因素:对信息系统管理不当会带来安全上的威胁。信息系统的安全管理,不仅要看所采用的安全技术和防范措施,还要看它所采取的管理措施和执行信息安全保护法律法规的力度。只有将两者紧密结合起来，才能使信息系统安全落到实处。

2. 信息安全需求

当代社会信息安全需求包括以下六个方面：

（1）保密性：保证信息为授权者享用而不泄漏给未经授权者。只有授权的用户才能动用和修改信息系统的信息。

（2）完整性：保证信息从真实的发信者传送到真实的收信者手中，传送过程中没有被他人添加、删除、替换。也就是说信息必须以其原形被授权的用户所用，也只有授权的用户才能修改信息。

（3）抗毁性：信息系统设备具有备份机制、容错机制，在系统出现单点失败时，系统的备份机制将保证系统的正常运行。

（4）可控性：保证管理者对信息和信息系统实施安全监控和管理，防止非法利用信息和信息系统。

（5）可用性：保证信息和信息系统随时为授权者提供服务，而不要出现非授权者滥用却对授权者拒绝服务的情况。

（6）不可否认性：信息服务商和用户要为自己的信息提供和使用行为负责，他们要依法提供信息证据，满足政府和社会机构依法管理需要。不可否认性在商业活动中显得尤为重要。

3. 信息安全服务

信息安全服务是指为用户提供全面或部分信息安全解决方案的服务，它包含从全面安全体系到具体的技术解决措施。维护信息安全就是抵抗对信息的攻击。对抗信息攻击的基本安全服务有：机密性服务、完整性服务、可用性服务和可审性服务。

（1）机密性服务。机密性服务将确保信息的保密。正确地使用该服务，就可以防止非授权用户访问信息。具体又可分为：

① 文件机密性：信息文件的存在形式不同，它的机密性服务的方式也不同。对于文件机密性，一是指存放信息文件的物理位置是可控的，二是指访问信息文件身份标志和身份鉴别是可控的。

② 信息传输机密性：用户在信息传输过程中可通过加密来实现保护信息的目的。

③ 通信流机密性：通信流的机密性并不是针对正在传输或存储信息本身的内容，而是研究分析通信流各组两个端点之间的通信形式，在大量通信流各组两个端点之间加入遮掩信息流来提供通信流机密性服务。

（2）完整性服务。完整性服务是保证信息传输过程中的正确性，即验证收到的信息和原来信息是否完全一致，正确地使用完整性服务，就可以使用户确信收到的信息是正确的，在传输过程中未经过非授权修改。

① 文件完整性：采用文件访问控制的方法可以保证信息完整性。

② 信息传输完整性：就是阻止恶意篡改攻击传输中的信息，以保证信息完整性。数字签名算法是一种信息传输完整性服务，一般用于完整性要求较高的领域，特别是商业、金融业等领域。

（3）可用性服务。可用性服务是用来对付拒绝服务攻击的系统恢复。可用性并不能阻止拒绝服务攻击，但可以用来减少这类攻击的影响，并使系统得以在线恢复，正常运行。

① 备份：备份是指将重要信息拷贝一份，并存储在安全的地方。这是一种最简单的可

用性服务。

② 在线恢复：在线提供系统信息和能力重构，在线恢复系统配置，检测出系统故障，并重建诸如处理、信息访问、通信等能力。

③ 灾难恢复：当整个系统或重要的设备不可用时，采取重构一个组织的进程来保护系统的信息和能力。

（4）可审性服务。可审性服务不能对攻击提供保护，它必须和其他安全服务相结合，才能使这些服务更加有效。可审性服务会增加系统的复杂性，降低系统的使用能力，如果没有可审性服务，机密性服务与完整性服务就会失效。

① 身份标志与身份鉴别有两个目的：一是对试图执行一项功能的每个用户的身份进行标志；二是验证这些用户的身份。

② 网络环境下的身份鉴别：它是验证通信参与方的身份是否与其所声称的身份一致的过程，一般通过身份认证协议实现。身份认证协议定义了参与认证服务的所有通信方在身份认证过程中需要交换的所有消息的格式、消息的发送次序及消息的语义，通常采用密码机制，如加密算法来保证消息的完整性、机密性。身份认证是建立安全通信的前提条件，只有通信双方相互确认对方身份后才能通过加密等手段建立安全通信，同时它也是授权访问和审计记录等服务的基础，因此身份认证在网络安全中占据十分重要的位置。

③ 审计功能：审计提供历史事件的记录，审计记录将每个人及其在计算机系统中或在物理世界中的行为联系起来。如果没有正确的身份标志与身份鉴别，就无法保证这些记录事件是谁执行的，因此这些审计记录也是没用的。

4. 信息安全评估标准

1983 年，美国国防部推出计算机安全评价准则 TCSEC（Trusted Computer System Evaluation Criteria，俗称橘皮书）。TCSEC 将计算机安全从高到低分为 A、B、C、D 四类八个级别，共 27 条评估准则。其中，D 为无保护级，C 为自主保护级，B 为强制保护级，A 为验证保护级。TCSEC 为信息安全产品的测评提供准则和方法，指导信息安全产品的制造和应用。最初 TCSEC 是针对独立计算机系统提出的，特别是小型机和主机系统，假设有一定的物理屏障，是一个静态模型。TCSEC 随后又补充了针对网络、数据库等的安全需求。

20 世纪 90 年代，欧洲四国（英、法、德、荷）参照 TCSEC，补充了完整性、可用性需求，提出了信息技术安全评价准则（ITSEC）。随后六国七方（美、加、英、法、德、荷和 ISO）共同推出通用评价准则 CC（Common Criteria for IT Security Evaluation），成为 ISO 不断发展的 ISO/IEC 15408 标准。CC 作为国际标准，对信息系统的安全功能、安全保障给出了分类描述，并综合考虑信息系统的资产价值、威胁等因素后，对被评估对象提出了安全需求及安全实现等方面的评估。

我国是国际标准化组织的成员国，我国的信息安全标准化工作在各方面的努力下，取得了积极成果。我国已颁布的信息技术安全标准几十项，涉及信息技术设备安全、信息系统互联安全体系结构、数据加密、数字签名、实体鉴别、抗抵赖和防火墙安全技术等。我国颁布国家标准 GB/T 18336（此标准等同国际标准 ISO/IEC 15408）、GB/T 22239—2019《信息安全技术基本要求》。此外，一些对信息安全要求较高的行业和信息安全管理部门，也制定一些信息安全的行业标准和部门标准，例如金融行业、公安部门等。

7.1.2　计算机安全

计算机安全涉及计算机工作环境、物理安全、计算机操作以及病毒预防等方面。

1. 工作环境

计算机工作环境是指计算机对其工作的物理环境方面的要求，它包括五个方面：

（1）环境温度：计算机的一般正常工作室温在 15～35 ℃。若室内温度低于 15 ℃ 或高于 35 ℃，则会影响机器内各部件的正常工作。有条件的用户应将计算机放置在有空调的房间。

（2）环境湿度：室内湿度若超过 80％，会由于结露而使计算机内的元器件受潮变质或发生短路而损坏机器。室内湿度若低于 20％，会由于过分干燥而产生静电干扰，引起计算机的错误动作。

（3）洁净要求：如果机房内灰尘过多，灰尘附落在磁盘或磁头上，不仅会造成磁盘读写错误，而且也会缩短磁盘的寿命。通常应保持机房的清洁。

（4）电源要求：计算机对电源有两个基本要求：一是电压要稳；二是在机器工作时不能断电。电压不稳不仅会造成读写数据错误，而且会影响显示器和打印机的工作。在工作要求较高的场合，可以使用交流稳压电源和不间断供电电源（UPS）等装备。

（5）防止电磁干扰：在计算机工作时，还应避免强电设备开关而产生电磁干扰。如电炉、电视等设备。

2. 物理安全

计算机物理安全是指防止人为地破坏计算机设备和自然灾害（水灾、火灾等）损坏计算机设备。它主要包括计算机设备安装场地的安全、计算机设备的物理防护措施、对自然灾害的防护措施等。

3. 计算机的安全操作

为了保证计算机安全、可靠地工作，在使用时应注意以下事项：开机前应先查看稳压器输出电压是否正常（220 V），确认电压正常后，先打开显示器开关，再打开主机电源开关；计算机加电后，不要随便搬动机器；磁盘中的重要数据文件要及时备份；计算机使用后，短时间内不再使用机器时，应及时关机；关机时应先关主机，再关外部设备。

4. 病毒预防

在所有的计算机安全威胁中，计算机病毒无疑是破坏力最大、影响最为广泛的一种。一般来说，计算机病毒的预防分为两种：管理机制上的预防和技术上的预防，这两种方法必须相辅相成。

7.1.3　数据加密

所谓数据加密，就是按确定的加密变换方法（加密算法）对需要保护的数据（也称为明文，Plaintext）做处理，使其变换成为难以识读的数据（密文，Ciphertext）。其逆过程，即将密文按对应的解密变换方法（解密算法）恢复出现明文的过程称为数据解密。为了使加密算法能被许多人共用，在加密过程中又引入了一个可变量——加密密钥。这样，不改变加密算法，只要按照需要改变密钥，也能将相同的明文加密成不同的密文。加密的基本功能包括：防止不速之客查看机密的数据文件；防止机密数据被泄露或篡改；防止特权用户（如系统管理员）查看私人数据文件；使入侵者不能轻易地查找系统的文件。

7.2　计算机网络安全

7.2.1　计算机网络安全涉及的领域

计算机网络安全(简称网络安全)是指网络系统的硬件、软件及其系统中的数据受到保护,不因偶然或者恶意的因素而遭受破坏、更改、泄露,系统能连续、可靠、正常地运行,保持网络服务不中断。网络规模越大,通信链路越长,网络用户数量越多,则网络的脆弱性和安全问题也随之增加。

网络安全不仅涉及防黑客、防病毒等网络安全技术领域,也涉及网络法制建设和行政管理领域。其中网络安全技术是保障网络安全的手段,网络法制建设和行政管理是保障网络安全的依据。

1. 网络安全技术领域

网络安全技术包括通信安全技术和计算机安全技术。

(1) 网络安全涉及的通信安全技术。

① 信息加密技术。信息加密技术是保障信息安全最基本的、最核心的技术措施和理论基础。

② 信息确认技术:信息确认技术通过限定信息的共享来防止信息被非法伪造、篡改和删除。

③ 网络控制技术:它涉及防火墙技术、审计技术、访问控制技术、入侵检测技术等四个方面。防火墙技术,是一种允许接入外部网络,但同时又能够识别抵抗非授权访问的网络安全技术。审计技术,它使信息系统自动记录下网络中机器的使用时间、敏感操作和违纪操作。访问控制技术,它允许用户对其常用的信息库进行适当权限的访问,限制他人随意删除、修改和复制文件。入侵检测技术,是指在不影响网络性能的情况下,对网络进行监控,从而提供对内部攻击、外部攻击和误操作的实时保护。

(2) 网络安全涉及的计算机安全技术。

① 容错计算机技术:在发生故障或存在软件错误的情况下仍能继续正确地完成指定任务的计算机系统。

② 安全操作系统:操作系统是计算机工作的平台,一般的操作系统都在一定程度上具有访问控制、安全内核和系统设计等安全功能。

③ 计算机反病毒技术:计算机系统应具有软件、硬件防治病毒功能。

2. 网络法制建设领域

网络法制建设是维护网络安全、守住安全底线的屏障。随着全球网络信息产业的蓬勃发展,在给人们生活、学习和工作带来方便的同时,也为不法分子提供了作案的工具和空间,主要违法现象有网络盗窃、侵犯隐私权、侵犯知识产权、网络诈骗、损害公序良俗、网络洗钱、非法垄断技术等。要解决这些问题,必须加快信息网络法制化建设,依法规范网络秩序,保护社会公众正当权益,营造良好的网络环境。

网络法制建设是全人类的事业。尽管世界各国的社会制度、经济实力、网络发展水平不同,但在实现网络信息法制化、依法规范网络秩序、维护本国的主权和社会价值、促进网络信息的健康发展的目标是一致的。因此,世界各国在建立健全网络法律体系的事业上,要做到步调一致,互通互融。

3. 行政管理领域

行政管理领域包括三个方面内容:

(1) 组织建设。组织建设是指有关信息安全管理机构的建设。

(2) 制度建设。以法律法规规范来明确各级管理机构的职责和权利。

(3) 人员意识。有了组织机构和相应的制度,还要有领导高度重视和群众防范意识。

7.2.2 应对网络安全问题的策略

自从有了计算机网络以来,网络安全问题就成为网络使用者不得不面对的问题,随着互联网的日益普及,这一问题变得尤为突出。

1. 网络安全问题

常见的网络安全问题有以下几类:

(1) 黑客的攻击:黑客的攻击手段可分为非破坏性攻击和破坏性攻击两类。非破坏性攻击一般只是为了扰乱系统的运行,并不盗窃系统资料,通常采用拒绝服务攻击或信息炸弹;破坏性攻击以侵入他人电脑系统、盗窃系统保密信息、破坏目标系统的数据为目的。

(2) 计算机病毒:病毒实际上是一种特殊的程序或普通程序中的一段特殊代码,它的功能是破坏计算机的正常运行或窃取用户计算机上的数据信息。计算机感染上病毒后,轻则使系统效率下降,重则造成系统死机或毁坏,使部分数据或全部数据丢失,甚至造成计算机主板等部件的损坏。在互联网上,病毒的传播速度更快,涉及范围更广,危害性更大。

(3) 垃圾邮件和间谍软件:一些人利用电子邮件地址的"公开性"和系统的"可广播性"进行商业、宗教、政治等活动,把自己的电子邮件强行"推入"别人的电子邮箱,强迫他人接收垃圾邮件。间谍软件的主要目的不在于对系统造成破坏,而是窃取系统或用户信息。间谍软件的功能繁多,它可以监视用户行为,或是发布广告,修改系统设置,威胁用户隐私和计算机安全,并可能不同程度地影响系统性能。

(4) 计算机犯罪:不法分子通常利用窃取口令等手段非法侵入他人计算机网络系统,传播有害信息,恶意破坏计算机网络系统,实施犯罪行为。

2. 网络安全策略

为保证网络安全,可采取以下策略:

(1) 物理安全策略。物理安全策略的目的是保护计算机系统、网络服务器和通信链路等硬件设备免受自然灾害、人为破坏;验证用户的身份和使用权限,防止用户越权操作;确保计算机网络系统有一个良好的工作环境;建立完备的安全管理制度,防止非法者进入计算机控制室进行偷窃、破坏活动。

(2) 访问控制策略。访问控制是网络安全防范和保护的核心策略之一,它的主要任务是保证网络资源不被非法使用和非法访问。它包括网络访问控制、网络的权限控制及客户端安全防护策略。

(3) 信息传输安全策略。网络上的任何信息都是经过重重中介网站分段传送至目的地的。由于网络信息的传输无固定路径,且通过哪些中介网站亦难以查证,因此任何中介站点均可能拦截、读取,甚至破坏和篡改封包的信息。所以应该利用加密技术确保信息传输的安全。

（4）网络服务器安全策略。网络的核心都在于服务器，包括 Web 服务器、数据库服务器、文件和打印服务器等。配置一台运行稳定、安全可靠的服务器对网络安全极其重要。

（5）操作系统及网络软件安全策略。可以通过"防火墙"技术来保护操作系统及网络软件的安全。

（6）网络安全管理策略。加强网络的安全管理，制定有关规章制度，对于确保网络的安全、可靠运行，将起到十分有效的作用。网络安全管理包括确定安全管理等级和安全管理范围，制定有关网络操作使用规程和人员出入机房管理制度，制定网络系统维护制度及应急措施等。

7.2.3　网络安全属性

网络安全的属性有可用性、机密性、完整性、可靠性和不可抵赖性。

1. 可用性

可用性是指得到授权的用户在需要时可以使用所需要的网络资源和服务。用户对信息和通信需求是随机的、多方面的，有的还对实时性有较高的要求，网络必须能够保证所有用户的通信需要，不能拒绝用户要求。攻击者常会采用一些手段来占用或破坏系统的资源，以阻止合法用户使用网络资源，这就是对网络可用性的攻击。对于针对网络可用性的攻击，一方面要采取物理加固技术，保障物理设备安全、可靠地工作；另一方面通过访问控制机制，阻止非法访问进入网络。

2. 机密性

机密性是指网络中信息不被非授权用户（包括用户和进程等）获取与使用。网络信息包括国家机密、企业和社会团体的商业和工作秘密、个人秘密（如银行账号）和隐私（如邮件、电子照片）等。网络的广泛使用，使对网络机密性的要求有所提高。网络机密性主要是密码技术，网络层次不同，有不同的机制来保障机密性，在物理层上主要是采取屏蔽技术、干扰及跳频技术防止电磁辐射造成信息外泄，在网络层、传输层及应用层上主要采用加密、路由控制、访问控制、审计等方法防止信息外泄。

3. 完整性

完整性是指网络信息的真实可靠性，即网络信息不会被偶然或蓄意地删除、修改、伪造、插入和破坏，保证授权用户得到的信息是真实的。只有具有修改权限的用户才能修改信息，如果信息被未经授权的用户修改了或在传输过程中出现错误，信息的使用者应能够通过一定的方式判断出信息是否真实可靠。

4. 可靠性

可靠性是指系统在规定的条件下和规定的时间内，完成规定功能的概率。可靠性是网络安全基本的要求之一。目前对于网络可靠性的研究主要偏重硬件，如采用硬件冗余、提高硬件质量和精确度等方法。实际上软件的可靠性、人员的可靠性和环境的可靠性在保证系统可靠性方面也是非常重要的。

5. 不可抵赖性

不可抵赖性也称为不可否认性，是指通信的双方在通信过程中，对于自己所发送或接收的消息不可抵赖，即发送者不能抵赖他发送过消息的事实和消息内容，而接收者也不能抵赖其接收到消息的事实和内容。

7.2.4　网络安全机制运行过程

网络安全机制运行过程是一个周而复始的连续过程,它包含五个关键的阶段。

1. 评估阶段

网络安全评估阶段要回答以下几个基本问题:一个组织的信息资产的价值;对资产的威胁及网络系统的漏洞;风险评估对该组织的重要性;如何将风险降低到可接受的水平。

2. 策略制定阶段

在评估基础上确定策略,此阶段要确定该组织期望的安全状态以及实施期间要做的工作。

3. 实施阶段

安全策略的实施包括技术工具、物理控制以及安全职员招聘等方面。

4. 培训阶段

为了保护组织的信息资源,需要该组织内全体员工介入,培训组织内部员工是必需的工作。

5. 审计阶段

审计是网络安全机制运行过程的最后阶段,该阶段是要审查安全策略规定的所有安全控制是否得到正确的配置和执行。

7.2.5　防火墙

防火墙(Firewall)由计算机网络软件和硬件设备组合而成的,在互联网与内部网(Intranet)之间建立起一个安全网关(Security Gateway),就是在内部网和外部网之间、专用网与公共网之间构造一个保护屏障,从而保护内部网免受非法用户的侵入。防火墙主要由服务访问规则、验证工具、包过滤和应用网关四个部分组成。

1. 防火墙的功能

(1) 访问控制:限制未经授权的用户访问本企业的网络和信息资源的措施,访问者必须适用现行所有的服务和应用。防火墙支持多种应用、服务和协议,提供基于状态检测技术的IP 地址、端口、用户和时间的管理控制。

(2) 防御功能:防传输控制协议(TCP)、用户数据报协议(UDP)等端口扫描;抗拒绝服务(DOS)、分布式拒绝服务(DDOS)攻击;可防御源路由攻击、因特网互联协议(IP)碎片包攻击、服务器地址协议(DNS)/路由器协议(RIP)/控制报文协议(ICMP)攻击等多种攻击;阻止 ActiveX、Java、JavaScript 等侵入;提供实时监控、审计和警告功能;可扩展支持第三方IDS 入侵检测系统,实现协同工作。

(3) 用户认证:企业网络对访问链接用户采用有效的权限控制和身份识别,以确保系统安全。提供安全强度高的一次性口令(OTP)用户认证;一次性口令认证机制是高强度的认证机制,能极大地提高访问控制的安全性,有效阻止非授权用户进入网络,保证网络系统的合法使用。可扩展支持第三方认证和智能 IC 卡、Ikey 等硬件方式认证。

(4) 安全管理:提供基于 OTP 机制的管理员认证、分权管理安全机制、远程管理加密机制、远程管理安全措施、安全策略检测机制、丰富完整的审计机制以及日志下载、备份、查询和计费功能。

(5) 双机热备份:提供防火墙的双机热备份功能,以提高应用系统可靠性。热备份通过多种方式触发及工作模式切换,模式切换时间短。

(6) 操作管理:提供灵活的本地、远程管理方式,支持嵌入式系统(GUI)和命令行多种操作方式。

2. 防火墙的分类

(1) 从软硬件形式上分类,可将防火墙分为软件防火墙、硬件防火墙和芯片级防火墙三类。

① 软件防火墙:软件防火墙工作于系统接口与 NDIS 之间,用于检查过滤由 NDIS 发送过来的数据,在无须改动硬件的前提下便能实现一定强度的安全保障。由于软件防火墙属于运行于系统上的程序,它需要占用一部分 CPU 资源,而且数据判断处理需要一定的时间,在数据流量大的网络里,软件防火墙会使整个系统工作效率和数据吞吐速度下降,导致有害数据可以绕过它的防御体系,给数据安全带来损失。

② 硬件防火墙:硬件防火墙是指把防火墙程序做到芯片里面,由硬件执行这些功能,能减少 CPU 的负担,使路由器更稳定。

③ 芯片级防火墙:芯片级防火墙基于专门的硬件平台,没有操作系统。专用集成电路(ASIC)芯片比其他种类的防火墙速度更快,处理能力更强,性能更高。

(2) 从防火墙技术上分类,可将防火墙分为"包过滤型"和"应用代理型"两类。

① 包过滤(Packet Filtering)型:包过滤型防火墙工作在 OSI 网络层和传输层,它具有很好的传输性能,可扩展能力强。它的缺陷是系统对应用层信息无感知,就是防火墙不理解通信的内容,所以易被黑客所攻破。因此,包过滤型防火墙通常和应用网关配合使用,共同组成防火墙系统。

② 应用代理(Application Proxy)型:它工作在 OSI 应用层,其特点是完全"阻隔"了网络通信流,通过对每种应用服务编制专门的代理程序,实现监视和控制应用层通信流的作用。它的优点就是安全。由于它工作于最高层,所以它可以对网络中任何一层数据通信进行筛选保护,不像包过滤防火墙,只是对网络层的数据进行过滤。

7.3　计算机病毒及其防治

7.3.1　计算机病毒概述

1. 计算机病毒的概念

计算机病毒是指编制、插入在计算机程序中,破坏计算机功能、毁坏计算机资源、影响计算机使用,并能够自我复制的一组计算机指令或者程序代码。

计算机病毒与医学上的"病毒"不同,计算机病毒不是天然存在的,是人利用计算机软件和硬件所固有的脆弱性编制的一组指令集或程序代码。它能潜伏在计算机的存储介质(或程序)里,当条件满足时即被激活,通过修改其他程序的方法将自己精确拷贝或者可能演化的形式放入其他程序中,从而感染其他程序,对计算机资源进行破坏。

2. 计算机病毒的特征

计算机病毒的主要特征如下:

（1）非授权可执行性。计算机病毒具有正常程序的一切特性，它隐蔽在合法的程序或数据中，当用户运行正常程序时，病毒伺机窃取到系统控制权，先于正常程序执行。

（2）广泛传染性。计算机病毒通过各种渠道从已经被感染的文件扩散到其他文件，从已经被感染的计算机扩散到其他计算机，这就是计算机病毒的传染性。传染性是衡量一种程序是否为病毒的首要条件。

（3）潜伏性。计算机病毒的潜伏性是指病毒隐蔽在合法的文件中寄生的能力。病毒在潜伏期里不执行它的破坏功能，使用户难以察觉，只有到达某个时间点或受其他条件的激发时才执行恶意代码。

（4）可触发性。病毒的发作一般都有一个激发条件，即一个条件控制。一个病毒程序可以按照设计者的要求在某个时间点上激活并对系统发起攻击。

（5）破坏性。病毒最根本的目的是实现其破坏目标，在某些特定条件被满足时，病毒就会发作，对计算机系统运行进行干扰或对数据进行恶意修改。破坏性的表现形式有两种：一种是把病毒传染给程序，使宿主程序的功能失效，如程序被修改、覆盖、丢失等；另一种是病毒利用自身的表现和破坏模块进行表现和破坏。

（6）衍生性。计算机病毒可以被攻击者所模仿、修改，使之成为一种不同于原病毒的计算机病毒。这种衍生出来的病毒可能与原病毒有很相似的特征，因此被称为原病毒的一个变种；如果衍生病毒已经与原病毒有了很大差别，则认为是一种新的病毒。变种或新的病毒可能比原来的病毒有更大的危害性。

（7）攻击的主动性。计算机病毒为了表明自己的存在和达到某种目的，迟早要主动发作、表现。

（8）隐蔽性。隐蔽性指病毒潜伏、传染和对数据破坏的过程不易被用户发现，主要表现在三个方面。一是病毒的代码设计得非常短小，瞬间附着到正常程序之中，使人不易察觉。二是病毒自身复制到 Windows 目录下或用户目录下，然后把自己的名字改成系统的文件名或与系统文件名相似，达到隐蔽的目的。三是以服务、后台程序、注入线程或驱动程序的形式存在，驻留内存，不易被发现。

（9）寄生性。计算机病毒是一种可直接或间接执行的文件，不以独立文件形式呈现的秘密程序，它必须附着在现有的软硬件资源上而存在。当然也有一些独立文件形式的病毒。

3. 计算机病毒的分类

计算机病毒按照诸多特点及特性可以分成不同的类别，分类方法有很多种，所以同一种病毒按照不同的分类方法可能被分到许多不同的类别中。

（1）按攻击的操作系统分类，可分为攻击 DOS 系统的病毒，攻击 Windows 系统的病毒，攻击 UNIX 或 OS/2 系统的病毒。

（2）按照计算机病毒传播媒介来分类，分为单机病毒和网络病毒。单机病毒的载体是磁盘。从磁盘传入硬盘，感染系统。网络病毒的传播媒介是网络。网络病毒的传播速度更快，传播范围更广，造成的危害更大。网络病毒的主要传播方式有电子邮件、网页和文件三种：① 电子邮件病毒是将病毒体隐藏在邮件附件中，只要执行邮件附件，病毒就会发作。有些邮件病毒甚至没有附件，病毒体就隐藏在邮件中，只要打开邮件电脑就会感染病毒。如"梅丽莎""爱虫"等。② 网页病毒是将病毒体隐藏在网页组件中，只要浏览有病毒的网页组件，病毒就会发作。网页开发者为了增加网页的交互性、可视性，通常需要在网页中加入某些 Java 程序或者 ActiveX 组件，这些程序或组件往往是病毒的宿主。如果浏览了包含病毒程序代码的网页,且浏览器未限制 Java 或者 ActiveX 的执行,其结果就相当于执行了病毒程序。如 CIH 病毒、网络枭雄等。③ 文件传输病毒方式主要是指病毒搜寻网络共享目录,把病毒体拷入其中,远程执行或欺骗用户执行。

(3) 计算机病毒必须进入计算机系统与可能被执行的文件建立链接才能进行感染和破坏。根据病毒与文件的链接形式来划分,病毒可分为以下几类:

① 源码型病毒:这类病毒在高级语言(C 语言、PASCAL 语言等)编写的程序被编译之前,插入目标源程序之中,经编译成为合法程序的一部分。这类病毒程序一般寄生在编译处理程序或链接程序中。

② 嵌入型病毒:这类病毒是将自身嵌入到现有程序中,把病毒的主体程序与其攻击的对象以插入的方式链接,一旦侵入程序体后也较难消除。这种计算机病毒是难以编写的,如果同时采用多态性病毒技术,超级病毒技术和隐蔽性病毒技术将给当前的反病毒技术带来严峻的挑战。

③ 外壳型病毒。这类病毒程序一般链接在宿主程序的首尾,对原来的主程序不做修改或仅做简单修改。当宿主程序执行时,首先执行并激活病毒程序,使病毒得以感染、繁衍和发作。这类病毒易于编写,数量也最多。一般测试文件的大小即可知晓。

④ 操作系统型病毒。这类病毒程序用自己的逻辑部分取代操作系统中的一部分合法程序模块,从而寄生在计算机磁盘的操作系统区,在启动计算机时,能够先运行病毒程序,然后再运行启动程序。这类病毒表现出很强的破坏力,可使系统瘫痪,无法启动。

(4) 计算机病毒按其寄生方式和传染途径可分为三类:

① 文件型病毒:文件型病毒是指通过操作系统的文件系统进行传染的病毒。这类病毒专门传染可执行文件(以.exe 和.com 为主)。这种病毒与可执行文件进行链接,一旦系统运行被传染的文件,计算机病毒即获得系统控制权,并驻留内存监视系统的运行,以寻找满足传染条件的宿主程序进行传染。

② 系统引导型病毒:这类病毒进驻计算机引导区,通过改变计算机引导区的正常分区来达到破坏的目的。引导型病毒通常用病毒程序的全部或部分来取代正常的引导记录,而把正常的引导记录隐藏在磁盘的其他存储空间中。由于磁盘的引导区是磁盘正常工作的先决条件,系统引导型病毒在系统启动时就获得了控制权,因此具有很大的传染性和危害性。

③ 混合型病毒:该类病毒具有文件型病毒和系统引导型病毒两者的特征。

(5) 按照计算机病毒的破坏情况可分两类:

① 良性病毒:所谓良性,是指那些只为表现自己,并不破坏系统和数据的病毒,通常多是一些恶作剧者所制造的。有些人对这类计算机病毒的传染不以为然,认为没什么关系。其实良性、恶性都是相对而言的。良性病毒取得系统控制权后,会导致整个系统和应用程序争抢 CPU 的控制权,随时导致整个系统锁死,给正常操作带来麻烦。有时系统内还会出现几种病毒交叉感染的现象,一个文件反复被几种病毒所感染,整个计算机系统由于多种病毒寄生感染而无法正常工作。因此,不能轻视所谓良性病毒对计算机系统造成的损害。

② 恶性病毒:恶性病毒则是指那些破坏系统数据,删除文件,甚至摧毁系统的危害性较大的病毒。这类恶性病毒是计算机网络用户防范的重点。

7.3.2　计算机病毒的防治

1. 计算机病毒的预防

计算机病毒的预防一般来说有两个方面,一是从管理上的预防,二是从技术上的预防,这一软一硬互为前提,相辅相成。

(1) 用管理手段预防计算机病毒。计算机网络管理者应认识到计算机病毒对计算机系统的危害性,并制定完善计算机使用的有关管理措施,堵塞病毒的传染渠道,尽早发现并清除它们,保护计算机网络安全。计算机网络安全管理措施包括以下几个方面:

① 企业应成立计算机网络中心,制定计算机网络管理制度,明确各部门、部门负责人和员工的管理和使用计算机网络的职责权限。

② 要建立健全详尽的计算机网络设备管理维护制度,做到计算机网络设备定期维护。

③ 每台计算机系统非管理员授权他人无权使用。

④ 用户要杜绝使用来历不明的磁盘和盗版软件。

⑤ 用户要杜绝打开来历不明的网址和邮件,不浏览色情、反动、暴力等非法网站和诱惑性邮件。

⑥ 用户不擅自在网站上链接其他站点、张贴广告、发布盗版软件。

⑦ 用户对于重要的系统盘、数据盘及重要文件要经常备份,以保证系统或数据遭到破坏后能及时得到恢复。

⑧ 每台计算机系统要安装计算机病毒查杀软件,用户要定期对计算机系统做相应的检查,以便及时发现和消除病毒。

⑨ 用户要严于律己,不使用黑客软件攻击他人计算机,不制作、散布计算机病毒。

(2) 用技术手段预防计算机病毒。用技术手段预防计算机病毒的传染是硬道理,只有采用更高的技术手段才能保障计算机网络安全。常用的预防计算机病毒技术手段有:

① 安装防病毒网关。防病毒网关是对病毒等恶意软件进行防御的硬件网络防护设备,可以检测各类病毒和恶意软件并对其进行隔离和清除。在网络的互联网出口部署防病毒网关系统后,可大幅度降低因恶意软件传播带来的安全威胁,能及时发现并限制爆发的网络病毒疫情,同时它还集成了完备的防火墙,为用户构建立体的网络安全保护机制提供了完善的技术手段。防病毒网关广泛适用于政府、公安、军队、金融、证券、保险等多个领域。

② 安装防火墙。防火墙系统是指设置在不同网络或网络之间的一系列部件的组合。它可以通过监测、限制、更改跨越防火墙的数据流,尽可能地对外部屏蔽内部网的信息、结构和运行状况,以此来实现网络的安全保护。在逻辑上,它是一个分离器、一个限制器,也是一个分析器,有效地监控了内部网和互联网之间的任何活动,保证了内部网的安全。

③ 安装防病毒软件。防病毒软件是安装在用户终端和服务器上为当前工作系统提供反病毒功能的程序。它包括文件的实时保护、文件的检测与病毒清除、电子邮件的检测和病毒清除、实时办公应用程序保护、对恶意脚本实时防卫、周期性地更新反病毒库等功能。

衡量杀毒软件性能优劣的主要指标有:

a. 查杀率:查杀率是衡量杀毒软件性能的最主要指标,影响病毒查杀率的关键是它的引擎以及病毒库的大小。

b. 病毒库的更新速度:对新病毒产生的反应速度越快,病毒库的更新频率越高,系统得到的保护就越可靠。按常规反病毒数据库三小时就更新一次数据库(必要时一小时更新)。

c. 引擎:引擎决定了防病毒软件运行动力,优秀的防病毒软件引擎应有业界较高的水准。

d. 病毒库的大小:病毒库应是现时最全的病毒库,病毒样本数目应该是现时最多的。

2. 计算机病毒的清除

一般在正常操作计算机时发现计算机有异常情况,又排除了误操作,那就应怀疑计算机是否中了病毒,中毒的最佳解决办法就是用杀毒软件检查计算机。现今较为流行的杀毒软件有:金山毒霸、360 杀毒、瑞星、百度安全、卡巴斯基、诺顿等。

在进行杀毒时应注意以下几点:

(1) 在对系统进行杀毒之前,应先备份重要的数据文件。即使这些文件已经带病毒,也要备份,万一杀毒失败后还有机会将计算机恢复原貌,然后再使用杀毒软件对数据文件进行修复。

(2) 有些病毒可能通过网络中的共享文件夹进行传播,所以计算机一旦遭受病毒感染应首先断开网络(包括互联网和局域网),再进行病毒的检测和清除以及漏洞的修补,以避免病毒大范围传播,造成更严重的危害。

(3) 有些病毒发作以后,会破坏 Windows 的一些关键文件,导致在 Windows 下无法正常运行杀毒软件,这时,可到 Windows 安全模式下进行杀毒。

(4) 有些病毒针对的是 Windows 操作系统的漏洞,杀毒完成后,应即时给系统打上补丁,防止重复感染。

(5) 经常更新杀毒软件的病毒库,使其可以及时发现并清除最新的病毒。

7.4　网络道德及相关法律

7.4.1　网络道德及法律法规

现代人的生活、学习、工作都离不开计算机网络,不夸张地说,就像人的生命离不开水一样。人们在网上读书读报、交流娱乐、接受教育、求医问诊、经营贸易已是日常行为,但是一些违背社会道德和违法犯罪行为也随之暴露出来,如网上谩骂、造谣传谣、刺探隐私、网络诈骗等。一些"黑客"非法潜入网络进行恶性破坏,蓄意窃取或篡改网络用户的个人资料,甚至盗窃电子银行款项,互联网已成为不法分子犯罪的新领域。因此,大力进行网络道德和法律建设已刻不容缓。

1. 网络道德及相关概念

道德是社会意识的总和,是在一定条件下调整人与人之间以及人与社会之间关系的行为规范的总和,它通过各种形式的教育及社会力量,使人们逐渐形成良好的信念和习惯。

职业道德是从事一定职业的人在其特定的工作或劳动中的行为规范的总和,它是一般社会道德或阶级道德在职业生活中的特殊要求,带有具体职业或行业的特征。职业道德规范是一种基本职业的要求,表明职业人对社会服务应尽的道德义务。

网络道德规范是用来约束计算机网络从业人员的行为准则。完善的网络道德规范体系和法律法规制度能促进计算机网络事业健康发展,能保障计算机信息系统的安全,能预防避免计算机网络犯罪,从而降低计算机网络犯罪给人类社会带来的破坏和损失。建立完善的网络道德规范体系和法律法规制度是当今社会的期盼、政府的责任。

2. 网络道德的特点

(1) 自主性:与现实社会的道德相比,网络社会的伦理道德呈现出更少强制性和依赖性、更多自主性和自觉性的特点与趋势。因特网是人们基于一定的利益与需要(资源共享、互惠合作等)自觉自愿地互联而成的,在这里,每个人既是参与者,又是组织者;自主地确定自己干什么、怎么干,自觉地做网络的主人。

(2) 开放性:与现实社会的道德相比,网络社会道德呈现出一种不同"时空"的道德意识、道德观念和道德行为在一起冲突、碰撞和融合,又似乎消去了"时空"。我们居住的地球正在变成一个"小村庄",住在不同的洲、时区、国家的人们可以在同一个时点工作、娱乐。

(3) 多元性:与传统社会的道德相比,网络社会的道德呈现出一种多元化、多层次化的特点与发展趋势。在网络社会中,既有所有成员共同性的主导道德规范,如不应该制作和传送不健康的信息、禁止非法闯入加密系统等;也有每一个成员自身所特有的道德规范,如民族、地区的独特道德风俗习惯等。

总之,来自不同国家和地区、不同民族和种族,具有不同信仰、习俗的人们以其独特的生产方式、管理方式和生活方式自主自愿地建立起一个庞大的网络社会。在网络社会中多元道德并存,人们互相尊重、互相理解、互相促进,人们的需求和个性可得到充分满足与尊重。

3. 可借鉴的网络规范

(1) 美国计算机伦理协会为计算机伦理学所制定的十条戒律的具体内容是:你不应用计算机去伤害别人;你不应干扰别人的计算机工作;你不应窥探别人的文件;你不应用计算机进行偷窃;你不应用计算机作伪证;你不应该使用或拷贝没有付钱的软件;你不应该未经许可而使用别人的计算机;你不应盗用别人的知识产权;你应该考虑所编写的程序造成的社会后果;你应该以深思熟虑和慎重的方式来使用计算机。

(2) 加利福尼亚大学网络伦理协会指出了六种网络不道德行为:有意地造成网络交通混乱或擅自闯入网络及其相连的系统;商业性或欺骗性地利用大学计算机资源;偷窃资料、设备或知识产权;未经许可而接近他人的文件;在公共用户场合做出引起混乱或造成破坏的行动;伪造电子邮件信息。

4. 我国现有法律法规

目前,我国政府已经颁布的与计算机网络相关的法律法规有:《中华人民共和国计算机信息系统安全保护条例》《计算机软件著作权登记办法》《计算机软件保护条例》《中华人民共和国标准化法》《中华人民共和国保守国家秘密法》《计算机机房用活动地板技术条件》《计算机信息系统国际联网保密管理规定》《互联网信息服务管理办法》《互联网电子公告服务管理规定》《互联网站从事登载新闻业务管理暂行规定》等。这些对网民的行为作出了严格的规定,对网络环境的净化起到了一定的积极作用。但从总体上看,由于网络环境的复杂性,现有的法律法规还难以对层出不穷的网络违规违法行为进行比较全面、超前地约束。因此,建立健全网络法律法规体系依然是一项十分重要的任务。

7.4.2　知识产权及法律保护

随着人类社会的发展,智力劳动成果在现代文明社会财富中占比越来越大,从而知识产权的保护也越来越受到各国政府的重视。现时软件产权的保护是一个全球性的大问题,打击盗版软件、保护智力创新,对于促进软件产业的健康发展意义重大。

1. 知识产权的概念

知识产权是指人们就其智力劳动成果所依法享有的专有权利,通常是国家赋予创造者对其智力成果在一定时期内享有的专有权或独占权。

知识产权从本质上说是一种无形财产权,他的客体是智力成果或者知识产品,是一种无形财产或者一种没有形体的精神财富,是创造性的智力劳动所创造的劳动成果。它与房屋、汽车等有形财产一样,都受到国家法律的保护,都具有价值。

知识产权包括著作权和工业产权两个主要部分。著作权是文学、艺术、科学技术作品的原创作者,依法对其作品所享有的一种民事权利;工业产权是指人们在生产活动中对其取得的创造性的脑力劳动成果依法取得的权利。工业产权除专利权外,还包括商标、服务标记、厂商名称、货源标记或者原产地等产权。

为鼓励草根创新、蓝领创新、全民创新,达到人人皆可创新、创新惠及人人的局面,必须用法律法规来保护这种创新局面。我国已出台了有关知识产权保护的法律法规,如《中华人民共和国商标法》《中华人民共和国著作权法》《中华人民共和国专利法》《计算机软件保护条例》等。

2. 计算机软件的法律保护

计算机软件作为技术作品形式之一,受到《中华人民共和国著作权法》保护。计算机软件具有开发工作量大、开发成本高,易复制盗窃、盗版费用极低的特点。为了保护软件开发者的合法权益,鼓励软件的开发与流通,禁止未经软件著作权人的许可而擅自复制、销售其软件的行为,需要更完善的法律法规对计算机软件著作权进行保护。1991 年,国务院颁布了《计算机软件保护条例》,对计算机软件著作权保护作了具体规定。

《计算机软件保护条例》规定软件著作人享有以下权利:

(1) 发表权,即决定软件是否公之于众的权利。

(2) 署名权,即表明开发者身份,在软件上署名的权利。

(3) 修改权,即对软件进行增补、删节,或者改变指令、语句顺序的权利。

(4) 复制权,即将软件制作一份或者多份的权利。

(5) 发行权,即以出售或赠与的方式向公众提供软件的原件或者复制件的权利。

(6) 出租权,即有偿许可他人临时使用软件的权利,但是软件不是以出租为主要目的的除外。

(7) 信息网络转播权,即以有线或者无线方式向公众提供软件,使公众可以在其个人选定的时间或地点获得软件的权利。

(8) 翻译权,即将原软件从一种自然语言文字转换成另一种自然语言文字的权利。

(9) 应当由软件著作权人享有的其他权利。软件著作权人可以许可他人行使其软件著作权,并有权获得报酬。软件著作权人可以全部或者部分转让其软件著作权,并有权获得报酬。

《计算机软件保护条例》规定,中国公民和单位对其开发的软件,不论是否发表,不论在何地发表,均享有著作权。计算机软件是指计算机程序及其有关文档。凡有侵权行为的,应当根据情况,承担停止侵害、消除影响、公开赔礼道歉、赔偿损失等民事责任,并可由国家软件著作权行政管理部门给予没收非法所得、罚款等行政处罚。该条例发布以后发表的软件,可向软件登记管理机构提出申请，获准之后，由软件登记管理机构发放登记证明文件，并向社会公告。

3. 软件盗版行为

软件盗版行为是指任何未经软件著作权人许可，擅自对软件进行复制、传播，或以其他方式超出许可范围传播、销售和使用的行为。盗版是侵犯受相关知识产权法保护的软件著作权人的财产权的行为。计算机软件的性质决定了软件的易复制性，每一个用户，哪怕是初学者都可以准确无误地将软件从一台计算机复制并安装到另一台计算机上，这是一个简单而不一定合法的行为。

用户使用盗版软件主要体现为：

（1）用户未经著作权人授权使用软件：用户未经著作权人授权将一张正版软件安装到多台计算机上使用，而软件使用协议只许可在一台电脑上使用。

（2）在销售计算机硬件上预装软件：预装在销售计算机硬件中的软件，如果安装前未经过软件著作权人的同意，这种行为就构成侵权。消费者购买电脑时，应向销售商索要软件许可协议、原始光盘、用户手册等相关文件资料和发票。

（3）通过服务器的方式滥用软件：局域网服务器超出所限用户数量范围使用软件。

（4）使用盗版光盘：软件生产商不经软件著作权人的同意，模仿制造其享有著作权的软件光盘。这种仿制更多地出现在套装软件中。消费者在购买软件时应注意检查软件的真伪，并确认软件包括有全部用户材料和特许协议。

（5）从网络上下载、使用未经授权的软件：将未经著作权人授权销售和使用的软件上传到网站上，供网络用户有偿或无偿下载使用。在网上销售仿制的软件也是盗版行为。

7.4.3　网络隐私权及法律保护

1. 隐私权和网络隐私权

隐私权就是法律赋予公民享有的对其个人与公共利益无关的私人活动、私人信息和私人事务进行决定，不被他人非法侵扰的权利。隐私的基本内容应包括以下三个方面：个人生活安宁不受侵扰，私人信息保密不被公开，个人私事决定自由不受阻碍。

网络隐私权是指自然人在网上享有的与公共利益无关的个人活动领域、个人信息秘密和个人网上生活依法受到保护，不被他人非法侵扰、知悉、收集、利用和公开的一种人格权；也包括第三人不得随意下载、转载、传播所知晓他人的隐私，恶意诽谤他人等。

网络隐私权包括的范围如下：

（1）网络个人领域的保护。网络个人领域是指个人电脑和在网上服务商处申请的云空间等，存储在网络个人领域的资料均属个人隐私，如 IP 地址、浏览踪迹、活动内容等。相关服务商应当保证安全，泄露或提供给他人都属侵权行为。

（2）网络个人信息的保护。非法收集、持有、利用个人信息的行为是违法侵权行为。个人信息有身份信息、财产信息、消费信息。身份信息包括用户的开户资料、登录账号和密码、邮箱地址等；消费信息包括服务商提供购物、医疗、交友等服务事项等；财产信息包括信用卡、电子消费卡、上网卡、网上银行交易账号和密码等。这些信息为用户个人隐私，均受到法律保护，未经授权不得泄露。

（3）网络个人生活的保护。在网络上，网民有自己生活空间，可以按照自己的意志选择从事某种网络活动。网络社会中生活涵盖了恋爱、婚姻、家庭、交流、政治等方面，如不触犯法律,他人不得干扰和控制。

2. 侵犯网上隐私权的行为

人们在网络活动中会留下大量的痕迹和信息,网络隐私的侵权者往往出于自身的目的,运用各种手段,对网民的隐私进行收集甚至盗取,从而侵犯了网民的网络隐私权。

侵犯网络隐私权的行为主要表现形式:

(1) 个人的侵权表现:个人未经授权在网络上宣扬、公开、传播或转让他人或自己和他人之间的隐私;未经授权截取、复制他人正在传递的电子信息;未经授权打开他人的电子邮箱或进入私人网上信息领域收集、窃取他人信息资料,致使用户隐私权受到不法侵害。

(2) 网络经营者的侵权表现:网络经营者把用户的电子邮件转移或关闭,造成用户邮件内容丢失和个人隐私、商业秘密泄露;未经用户许可,以不合理的用途或目的收集或保存用户个人信息;对用户发表在网站上关于他人隐私的言论,采取放纵的态度任其扩散,未及时发现并采取相应措施予以删除或屏蔽;未经调查核实或用户许可,擅自篡改个人信息或披露错误信息;未经用户许可,不合理地利用用户信息或超出许可范围滥用用户信息;将通过合法途径获取的信息提供给中介机构、广告公司、经销商等用来谋利,造成用户个人信息的泄漏、公开或传播,致使用户隐私权受到不法侵害。

(3) 商业公司的侵权表现:专门从事网上调查业务的商业公司使用具有跟踪功能的工具,浏览、跟踪、记录用户访问的站点,下载、复制用户网上活动的内容,收集用户个人信息资料,建立用户信息资料库,并将用户的个人信息资料转让、出卖给其他公司以谋利,或是用于其他商业目的,致使用户隐私权受到不法侵害。

(4) 软硬件设备供应商的侵权表现:软硬件厂商在自己生产、销售的产品中专门设计了用于收集用户信息资料的功能,监视用户之间的往来信息,使计算机用户的私人信息受到不适当的跟踪、监视,致使用户隐私权受到不法侵害。

(5) 其他形式的侵权表现:网络的所有者或管理者通过网络中心监视或窃听网内的其他电脑等手段,监控网内人员的电子邮件或其他信息,导致网络用户的个人隐私受到侵害。

3. 网络隐私权的特点

(1) 侵权的容易性。网络隐私的载体是具有虚拟性质的网络,其不可触摸性导致了私人空间、私人信息极容易受到侵犯。网络的高度开放性、流动性和交互性的特性决定了个人信息一旦在网络上传播,其速度之快、范围之广、攫取之便将无法控制,使得侵权者十分容易实施侵权行为。

(2) 侵权主体和手段的隐蔽性。网络虚拟性是侵权者用以保护自身身份的屏障,他们在窃取用户信息时可以不留任何痕迹,可用先进的技术手段把整个侵权过程做得无声无息,甚至可以变换不同的身份作案,以致用户根本不知道是谁盗用过自己的信息。即使会留下痕迹,由于网络的更新速度快,等到用户发现时,“证据早已不复存在”,用户被侵权后要界定侵权主体困难很大。用户在通过网络进行收发邮件、远程登录、网上购物、远程文件传输等活动时,均可能被他人非法收集个人信息,并用于非法用途等。

(3) 侵权后果的严重性。网络具有易发性和传播性,使得网络信息的发布具有更快的传播速度及更广的传播范围,在用户个人私密资料泄露后阻止其扩散难度增大。因此,网络侵权易给用户名誉造成不良的影响,给用户精神造成巨大的伤害,甚至给用户的财产造成不可估量的损失。

(4) 侵权空间的特定性。侵犯网络隐私权的客体是网络,因此网络就是侵犯网络隐私权所特定的空间。

4. 保护网络隐私权的法律基础

我国现行法律中关于隐私权的法律规定：

我国现行《宪法》第三十八条规定：中华人民共和国公民的人格尊严不受侵犯。禁止用任何方法对公民进行侮辱、诽谤和诬告陷害。该条虽然没有明确地规定隐私权，但人格尊严本身就属于隐私权的范围。

《民法通则》第一百零一条规定：公民和法人享有名誉权，公民的人格尊严受法律保护。最高人民法院《关于贯彻执行〈中华人民共和国民法通则〉若干问题的意见(试行)》第一百六十条规定：以书面、口头等形式宣扬他人隐私，或者捏造事实公然丑化他人人格，以及用侮辱、诽谤等方式损害他人名誉，造成一定影响的，应当认定为侵害公民名誉权的行为。

《刑法》第二百四十五条规定：非法搜查他人身体、住宅，或者非法侵入他人住宅的，处三年以下有期徒刑或者拘役。司法工作人员滥用职权，犯前款罪的从重处罚。第二百五十二条规定：隐匿、毁弃或者非法开拆他人信件，侵犯公民通信自由权利，情节严重的，处一年以下有期徒刑或者拘役。这是对隐私权的间接保护，因为公民的身体、住宅、信件本身就属于隐私权的范畴。该条是对隐私权人的私人领域即住宅的直接保护。

《民事诉讼法》第六十六条规定：证据应当在法庭上出示，并由当事人互相质证。对涉及国家秘密、商业秘密和个人隐私的证据应当保密，需要在法庭出示的，不得在公开开庭时出示。第一百二十条规定：人民法院审理民事案件，除涉及国家秘密、个人隐私或者法律另有规定的以外，应当公开进行。离婚案件，涉及商业秘密的案件，当事人申请不公开审理的，可以不公开审理。这是为了避免因民事诉讼公开个人隐私而对公民造成隐私权的侵害。

《刑事诉讼法》第八十五条第三款规定：报案人、控告人、举报人如果不愿公开自己的姓名和报案、控告、举报的行为，应当为他保守秘密。第一百五十二条规定：人民法院审判第一审案件应当公开进行。但是有关国家秘密或者个人隐私的案件，不公开审理。还规定十四岁以上不满十六岁的未成年人犯罪的案件，一律不公开审理。十六岁以上不满十八岁的未成年人犯罪的案件，一般也不公开审理等。这是为了避免因刑事诉讼公开隐私对公民造成伤害。

《侵权责任法》第二条规定：侵害民事权益，应当依照本法承担侵权责任。本法所称民事权益，包括生命权、健康权、姓名权、名誉权、荣誉权、肖像权、隐私权、婚姻自主权、监护权、所有权、用益物权、担保物权、著作权、专利权、商标专用权、发现权、股权、继承权等人身、财产权益。

《计算机信息网络国际联网管理暂行规定实施办法》第十八条规定：用户应当服从接入单位的管理，遵守用户守则；不得擅自进入未经许可的计算机系统，篡改他人信息；不得在网络上散发恶意信息，冒用他人的名义发出信息，侵犯他人隐私；不得制造传播计算机病毒及其他侵犯网络和他人合法权益的活动。

从以上立法概况可以看出，我国对隐私权的保护主要采取的是立法的方法，并且呈现出越来越重视的趋势，虽然我国现在并没有明确出台法律保护网络隐私权，但从立法趋势来看，对网络隐私权给予立法保护已成必然。

5. 网络隐私权保护策略

(1) 加强自我保护意识。侵权者之所以能轻而易举地窃取网络中的个人隐私，不仅是因为互联网安全制度不够完善，还归因于用户的防范意识薄弱，让侵权者有机可乘。我们要高度认识到网络侵权行为是网络犯罪，它将给社会和个人带来巨大的伤害。

（2）加强网络隐私权保护立法。从法律上明确网络隐私权作为独立的权利地位，并细化普通法与特别法相结合的法律保护机制。从民事基本法中将网络隐私权独立出来，使之不再依附于名誉权等其他权利，制定专门的《网络隐私权法》或《个人信息数据保护法》，完善网络隐私权保护法律体系。

（3）加强行业自律。行业自律有利于网络隐私权的保护，有利于互联网业态的发展。我国应在立法保护的基础上，由政府出面倡导行业自律。先由权威行业组织制定网络行为指引，再由中介组织依此行业指引对自愿加入的网站进行认证，最后各网站及网民采取技术手段保护，以达到全面保护公民网络隐私的目的。

（4）加强政府监管力度。公安机关要加强电子警察的执法力度，把侦破网上侵害个人隐私案件作为一项新常态工作。国家安全部门和公安部门要合理使用网络监控技术，明确监控人员的职责、权力，确立所要监控的范围、场合和监控对象，防止监控人员滥用权力。网络管理部门要建立网络隐私权保护的评估体系，定期对网络隐私保护环节中涉及的法律政策、网络运营商、中介机构、网站、消费者等方面做出评价，发现问题，及时纠正。

7.4.4　计算机网络犯罪

1. 计算机网络犯罪的概念

所谓计算机网络犯罪，是指行为人运用计算机技术，借助于网络对网络系统或信息进行攻击、破坏或利用等违法行为。其主要有三个方面：一是行为人运用其编程、加密、解码技术或工具在网络上实施的犯罪；二是行为人利用软件指令、网络系统或产品加密等技术漏洞在网络内外交互实施的犯罪；三是行为人借助于网络服务商（即网站 ISP，分为网络接入提供商 IAP 和网络信息提供商 ICP）的特定地位在网络系统中实施的犯罪。

简而言之，计算机网络犯罪是针对和利用网络进行的犯罪，计算机网络犯罪的本质特征是危害网络及其信息的安全与秩序。

2. 计算机网络犯罪的主要形式

随着计算机网络技术的发展，互联网形成了一个与现实世界相对独立的虚拟世界，计算机网络犯罪就滋生于此。由于不法分子可以在不同"时空"作案的特点，计算机网络犯罪表现出多样形式。

（1）入侵网络，散布破坏性病毒、逻辑炸弹或者放置后门程序犯罪。这种计算机网络犯罪行为以造成最大的破坏性为目的，入侵的后果往往非常严重，轻则造成系统局部功能失灵，重则导致计算机系统全部瘫痪，经济损失大。

（2）入侵网络，偷窥、复制、更改或者删除计算机信息犯罪。由于互联网具有开放性的特点，不法分子可以在受害人毫无察觉的情况下侵入信息系统，进行偷窥、复制、更改或者删除计算机信息，从而损害受害者的利益。

（3）网络诈骗犯罪。由于互联网具有传播快、散布广、匿名性等特点，不法分子常用虚假身份和广告信息诈骗钱财。

（4）网络侮辱、诽谤与恐吓犯罪。出于各种目的，不法分子向众多电子信箱、网络社区发送有人身攻击性的文章、谣言、PS 写真照片等，来侮辱、诽谤与恐吓受害者。

（5）制造传播网络色情内容、教唆犯罪。随着互联网、多媒体和数字压缩等高新技术的发展，网络世界越来越精彩，不法分子利用这些高新技术开设色情网站，发布色情视频、音频、照片等资料，引诱青少年，蒙骗无知的网民，教唆他人犯罪，为自己牟取暴利。

3. 计算机网络犯罪的主要特点

与传统犯罪相比,计算机网络犯罪有以下几个特点:

(1) 犯罪主体的多样性。以前,计算机网络犯罪属于所谓的白领犯罪,是少数计算机专家的专利。现今,随着计算机网络技术的普及,各种职业、各种年龄、各种身份的人都可能实施网络犯罪。

(2) 犯罪客体的广泛性。随着社会的网络化,计算机网络犯罪从窥探个人隐私到危害国家安全,从破译信用卡密码到破坏军事卫星,无所不能。

(3) 犯罪主体的低龄化。据统计,计算机网络犯罪的人员大多数都在 35 岁以下,甚至有很多是尚未达到刑事责任年龄的未成年人。

(4) 犯罪手段的先进性。计算机网络技术的迅猛发展,使得不法分子的犯罪手段也随之水涨船高,不法分子总是比普通民众能够更早、更快地掌握更先进的技术去实施犯罪。

(5) 社会危害性。计算机网络普及程度越高,计算机网络犯罪的危害就越大,这种危害性远非一般传统犯罪所能比拟。如梅利莎(Melissa)病毒就造成了数十亿美元的损失,连英特尔、微软公司都未能幸免。计算机网络犯罪不仅会造成财产损失,而且会危及公共安全和国家安全,甚至会导致战争。

(6) 极高的隐蔽性。由于网络的开放性、不确定性、超越时空性等特点,使得网络犯罪具有极高的隐蔽性。有时不法分子作案几乎不留痕迹,使得网络案件很难侦破。

习　题　7

7.1　单项选择题

1. 下面不属于可控制的技术是_____。

A. 口令　　　　　　B. 授权核查　　　C. 文件加密　　　　D. 登录控制

2. 下面说法正确的是_____。

A. 信息的泄漏只在信息的传输过程中发生

B. 信息的泄漏只在信息的存储过程中发生

C. 信息的泄漏在信息的传输和存储过程中发生

D. 上面三个都不对

3. 下面属于被动攻击的方式是_____。

A. 假冒和拒绝服务　　　　　　　B. 窃听和假冒

C. 窃听和破译　　　　　　　　　D. 流量分析和修改信息

4. 信息机密性服务包括_____。

A. 文件机密性　　　　　　　　　B. 信息传输机密性

C. 通信流的机密性　　　　　　　D. 以上三项都是

5. 完整性服务提供信息的正确性,它必须和_____服务配合才能对抗篡改性攻击。

A. 机密性　　　　　B. 可用性　　　C. 可审性　　　　D. 以上三项都是

6. 基于通信双方所共享的又不为别人所知的秘密,利用计算机强大的计算能力,以该秘密作为加密和解密的密钥的认证是_____。

A. 公钥认证　　　　B. 零知识认证　　C. 共享密钥认证　D. 口令认证

7. 以下关于身份鉴别的叙述正确的是_____。

A. 身份鉴别是授权控制的基础

B. 身份鉴别一般不用提供双向的认证

C. 目前一般采用基于对称密钥加密或公开密钥加密的方法

D. 数字签名机制是实现身份鉴别的重要环节

8. 下列对访问控制影响不大的是_____。

A. 主体身份　　　　B. 客体身份　　　　C. 访问类型　　　　D. 主体与客体的类型

9. 用于实现身份鉴别的安全机制是_____。

A. 加密机制和数字签名机制　　　　　　B. 机密机制和访问控制机制

C. 数字签名机制　　　　　　　　　　　D. 访问控制机制

10. 判断一个计算机程序是否为病毒的最主要依据是看它是否具有_____。

A. 传染性　　　　　B. 破坏性　　　　　C. 欺骗性　　　　　D. 隐蔽性和潜伏性

11. 甲发了邮件给乙,但矢口否认,这破坏了信息安全中的_____。

A. 保密性　　　　　B. 不可抵赖性　　　C. 可用性　　　　　D. 可靠性

12. 访问控制技术主要是实现数据的_____。

A. 保密性和完整性　　　　　　　　　　B. 可靠性和保密性

C. 可用性和保密性　　　　　　　　　　D. 可用性和完整性

13. 在加密技术中,把加密过的消息称为_____。

A. 明文　　　　　　B. 密文　　　　　　C. 加密　　　　　　D. 解密

14. 目前预防计算机病毒体系还不能做到的是_____。

A. 自动完成查杀已知病毒　　　　　　　B. 自动跟踪未知病毒

C. 自动查杀未知病毒　　　　　　　　　D. 自动升级并发布升级包

15. 信息安全需求不包括_____。

A. 保密性、完整性　　　　　　　　　　B. 可用性、可控性

C. 不可否认性　　　　　　　　　　　　D. 正确性

16. 认证的目的不包括_____。

A. 发送者是真的　　　　　　　　　　　B. 接收者是真的

C. 消息内容是真的　　　　　　　　　　D. 消息内容是完整的

17. 让合法用户在自己允许的权限内使用信息,它属于_____。

A. 防病毒技术　　　　　　　　　　　　B. 保证信息完整性的技术

C. 保证信息可靠性的技术　　　　　　　D. 访问控制技术

18. 计算机安全不包括_____。

A. 要防止计算机房发生火灾

B. 要防止计算机信息在传输过程中被泄密

C. 要防止计算机运行过程中散发出的有害气体

D. 要防止病毒攻击造成系统瘫痪

19. 用某种方法伪装消息以隐藏它的内容的过程称为_____。

A. 数据格式化　　　B. 数据加工　　　　C. 数据加密　　　　D. 数据解密

20. 允许用户在输入正确的保密信息时才能进入系统,采用的方法是_____。

A. 口令　　　　　　B. 命令　　　　　　C. 序列号　　　　　D. 公文

21. 密码学的目的是_____。

A. 研究数据加密　　　　　　　　　　B. 研究数据解密

C. 研究数据保密　　　　　　　　　　D. 研究信息安全

22. 网络安全属性不包括_____。

A. 机密性　　　　B. 可判断性　　　　C. 完整性　　　　D. 可用性和可靠性

23. 网络安全属性中的可用性是指_____。

A. 得到授权的用户在需要时能访问资源和得到服务

B. 系统在规定条件下和规定时间内完成规定的功能

C. 信息不被偶然或蓄意地删除、修改、伪造、乱序、重放、插入等

D. 确保信息不被暴露给未经授权的用户

24. 技术安全需求集中在对计算机系统、网络系统、应用程序的控制之上,而技术安全控制的主要目的是保护组织信息资产的_____。

A. 完整性　　　　B. 可用性　　　　C. 机密性　　　　D. 上面三项都是

25. 下列情况中,破坏了数据完整性的攻击是_____。

A. 假冒他人地址发送数据　　　　　　B. 不承认做过信息的递交行为

C. 数据在传输中被篡改　　　　　　　D. 数据在传输中途被窃听

26. 关于防火墙,下列说法错误的是_____。

A. 只适合于宽带上网的个人用户　　　B. 能帮助用户抵挡网络入侵和攻击

C. 提供访问控制和信息过滤功能　　　D. 用户可根据自己设定的安全规则保护网络

27. 目前最安全的防火墙是_____。

A. 由路由器实现的包过滤防火墙　　　B. 由代理服务器实现的应用型防火墙

C. 主机屏蔽防火墙　　　　　　　　　D. 子网屏蔽防火墙

28. 以下关于防火墙的说法,正确的是_____。

A. 防火墙只能检查外部网络访问内网的合法性

B. 只要安装了防火墙,系统就不会受到黑客的攻击

C. 防火墙的主要功能是查杀病毒

D. 防火墙不能防止内部人员对其内部网的非法访问

29. 从防火墙技术上分类,防火墙可分为_____。

A. 天网防火墙和微软防火墙

B. 硬件防火墙和软件防火墙

C. 包过滤型防火墙和应用代理型防火墙

D. 主机屏蔽防火墙和子网屏蔽防火墙

30. 保护计算机网络免受外部的攻击所采用的常用技术称为_____。

A. 网络的容错技术　　　　　　　　　B. 网络的防火墙技术

C. 病毒的防治技术　　　　　　　　　D. 网络信息加密技术

31. 下面加密技术并不支持_____。

A. 数字签名技术　　　　　　　　　　B. 身份认证技术

C. 防病毒技术　　　　　　　　　　　D. 秘密分存技术

32. 目前在用户内部网与外部网之间,检查网络传送的数据是否会对网络安全构成威胁的主要设备是_____。

A. 路由器　　　　B. 防火墙　　　　C. 交换机　　　　D. 网关

33. 下列选项中,属于计算机病毒特征的是_____。

A. 并发性　　　　B. 周期性　　　　C. 衍生性　　　　D. 免疫性

34. 计算机病毒主要破坏数据的_____。

A. 保密性　　　　B. 可靠性　　　　C. 完整性　　　　D. 可用性

35. 下列操作中,不能完全清除文件型计算机病毒的是_____。

A. 删除感染计算机病毒的文件　　　　B. 将感染计算机病毒的文件更名

C. 格式化感染计算机病毒的磁盘　　　　D. 用杀毒软件进行清除

36. 下面关于计算机病毒的叙述不正确的是_____。

A. 计算机病毒是一段程序

B. 计算机病毒能够扩散

C. 计算机病毒是由计算机系统运行混乱造成的

D. 可以预防和消除

37. 下面最不可能是病毒引起的现象是_____。

A. 计算机运用的速度明显减慢

B. 打开原来已排版好的文件,显示的却是面目全非

C. 鼠标无法使用

D. 原来存储的是 *.doc 文件,打开时变成了 *.dot 文件

38. 下列选项中,不属于计算机病毒的特征的是_____。

A. 寄生性　　　　B. 破坏性　　　　C. 传染性　　　　D. 多发性

39. 杀毒软件可以进行检查并杀毒的对象是_____。

A. 软盘、硬盘　　　　　　　　B. 软盘、硬盘和光盘

C. U 盘和光盘　　　　　　　　D. CPU

40. 良性病毒是指_____。

A. 很容易清除的病毒

B. 没有传染性病毒

C. 破坏性不大的病毒

D. 那些只为表现自己,并不破坏系统和数据的病毒

41. 计算机一旦染上病毒,就会_____。

A. 立即破坏计算机系统

B. 立即设法传播给其他计算机

C. 等待时机,等待激发条件具备时才执行

D. 只要不读写磁盘就不会发作

42. 计算机病毒是计算机系统中一类隐藏在_____上蓄意破坏的程序。

A. 内存　　　　B. 软盘　　　　C. 存储介质　　　　D. 网络

43. 计算机病毒_____。

A. 都具有破坏性　　　　　　　　B. 有些病毒无破坏性

C. 都破坏 EXE 文件　　　　　　　　D. 不破坏数据,只破坏文件

44. 计算机病毒_____。

A. 都是人为制造的   B. 是生产计算机硬件时不注意产生的

C. 都必须清除计算机才能使用   D. 有可能是人们无意中制造的

45. 计算机病毒按传染方式分为三种,下面哪项不在其中_____。

A. 引导型病毒   B. 文件型病毒   C. 混合型病毒   D. 操作系统型病毒

46. 知识产权包括_____。

A. 著作权和工业产权   B. 著作权和专利权

C. 专利权和商标权   D. 商标权和著作权

47. 不属于隐私的基本内容的是_____。

A. 个人生活不受打扰   B. 私人信息保密不受公开

C. 个人私事决定自由不受障碍   D. 自己信息自己控制

48. 软件盗版的主要形式有_____。

A. 最终用户盗版

B. 购买硬件预装软件

C. 客户机－服务器连接导致的软件滥用

D. 三者都是

7.2 多项选择题

1. 我国对不良信息治理的措施有_____。

A. 法律规制   B. 行政监督   C. 自律管理   D. 技术控制

2. 从计算机技术方面来了解互联网不良信息的传播方式有_____。

A. HTTP   B. 手机 WAP   C. P2P   D. IM

3. 网络主体要提高自身的道德修养,要做到_____方面。

A. 提高自己的道德修养水平   B. 提高自己的道德修养层次

C. 提高自己的网络技术水平   D. 坚决同不道德的网络行为作斗争

4. _____会对信息安全产生威胁。

A. 计算机病毒的扩散与攻击

B. 信息系统自身的脆弱性

C. 有害信息被恶意传播

D. 黑客行为

5. 电子证据具有_____特征。

A. 无法修正性   B. 无法直接阅读   C. 可解密   D. 保存安全和长期

6. 网络违法犯罪的主观原因是_____。

A. 为获取巨大的经济利益   B. 法律意识、安全意识、责任意识淡薄

C. 道德观念缺乏   D. 互联网立法滞后

7. 影响网络安全产生的因素_____。

A. 网民自身的因素和网络信息因素   B. 社会政治因素

C. 社会主观的环境因素   D. 社会客观的环境因素

8. 网络环境下的舆论信息主要来自_____。

A. 新闻评论   B. BBS   C. 博客   D. 聚合新闻

9.《计算机信息网络国际联网安全保护管理办法》规定,任何单位和个人不得制作、复制、发布、传播的信息内容有_____。

A. 损害国家荣誉和利益的信息　　　　B. 个人家庭住址

C. 个人文学作品　　　　　　　　　　D. 淫秽、色情信息

10. 威胁网络信息安全的软件因素有_____。

A. 外部不可抗力　　　　　　　　　　B. 缺乏自主创新的信息核心技术

C. 网络信息安全意识淡薄　　　　　　D. 网络信息管理存在问题

11. 以下属于网络安全影响社会安全的是_____。

A. 利用网络宣传虚假新闻　　　　　　B. 制造病毒,攻击网络

C. 发布色情、暴力信息　　　　　　　D. 进行网上转账交易

12. 网络违法犯罪的客观社会原因主要有_____。

A. 互联网立法的不健全性　　　　　　B. 技术给网络违法犯罪的防治带来挑战

C. 网络违法犯罪的侦破困难　　　　　D. 网络自身所具有的开放性

参 考 文 献

［1］ 穆晓芳. 大学计算机应用基础上机实践［M］. 北京：北京邮电大学出版社，2022.

［2］ 潘宁. 计算机应用基础项目式教程［M］. 北京：华文出版社，2022.

［3］ 黄侃. 计算机应用基础［M］. 北京：北京理工大学出版社，2021.

［4］ 张波英. 计算机应用基础［M］. 济南：山东科学技术出版社，2022.